●浙江大学数学系列丛书

高等代数

（下　册）

（第二版）

编著　李　方　黄正达　温道伟　汪国军

ZHEJIANG UNIVERSITY PRESS
浙江大学出版社

序

为了弘扬浙江大学数学系的优良传统和学风，适应当代数学研究和教学的发展，2004年起浙江大学数学系组织力量对本科生课程设置和教材进行了重要改革，尤其是对数学系主干课程如数学分析、高等代数、解析几何、实变函数、常微分方程、科学计算、概率论等的教材进行了重新编写，并在浙江大学出版社出版浙江大学数学系列丛书。这是本套系列丛书的第一部分。

丛书的主要特点：

一、加强基础，突出普适性。丛书在内容取舍上，对数学核心内容不仅不削弱，反而有所加强，尤其注重数学基本理论、基本方法的训练。同时，为了适应浙江大学"宽口径"的学生培养制度，对数学应用、数学试验等内容也给予了高度关注。

二、关注前沿理论，强调创新。丛书试图从现代数学的观点审视和选择经典的内容，以新的视角来处理传统的数学内容，使丛书更加适合浙江大学教学改革的需要，适合通才教育的培养目标。

三、注重实践，突出适用性。丛书出版以前，有的作为讲义或正式出版物在浙江大学数学系试用过多次，使丛书的内容和框架、结构比较完善。同时，为了适合不同层次的学生合理取舍，丛书在内容选取上，为学生进一步学习准备了丰富的材料。

在编写过程中，数学系教授们征求了许多学生的意见，并希望能够在教学使用过程中对这套教材作进一步完善。今后我们还会对其他课程的教材进行相应的改革。

为了这套丛书的编写和发行，浙江大学数学系的许多教授和出版社的编辑投入了巨大的精力，我在此对他们表示衷心的感谢。

刘克峰

浙江大学数学系主任

2008年2月

前　言

高等代数课程是数学学科的主要基础课程之一，它和数学分析、空间解析几何组成数学专业大一学生的三门重要基础课程(俗称老三高)。该课程主要由多项式因式分解理论和线性代数两个部分组成。线性代数部分不仅仅对于数学学科非常重要，它也构成了非数学专业类学生的一门重要的基础课程。高等代数内容中的这两个部分都与方程求解这样一个既古老又具现实意义的问题有着千丝万缕的联系，其历史一直可追溯到《九章算术》时代。

正是因为课程的基础性和重要性，在新中国成立至今的半个多世纪里，国内出版了不少高等代数教程，其间闪烁着许多专家的真知灼见。传统意义下的以先多项式因式分解理论后线性代数内容为次序的教材以及将代数和解析几何内容合为一体的教材是其中的代表。传统意义下的教材使得传授的理论体系相对严密，而后一种体系更多的是强调了代数的几何本质。但这些模式的局限是它们把数学专业的该课程和非数学专业对该课程的需要完全分割开来。

浙江大学于2007年开始实施大类招生和大类培养的模式，它要求一年级新生不分专业，高年级时学生可以在一定范围之内选择合适的专业，使本科学生在确定自己最后主修专业前多了一次宝贵的选择机会。这就要求我们建立高等代数课程新的教学模式，使之既要满足以后不选数学学科的学生的教学内容的需要，同时又要符合以后选择数学学科作为专业的学生对该课程的完整要求。因此，更新传统教材中的体系使之符合我们新的模式，势在必行。这正是本书的出版目的。

为了适应体系的改变，我们对高等代数课程重新组织、融合内容下了些工夫。这样的重组融合既要在理论逻辑上自然，也要让不同需求的学生分别在上册和下册的学习中达到自己的需求。无论是上册还是下册的内容，在学习标准和严密性的要求上，都力争做到不低于传统数学专业的要求。我们在本课程上的这些创新尝试是否成功，还有待读者的检验。

本书分两册，上册涵盖了公共线性代数课程的基本内容，下册是对选择数学作为主修专业的学生要求传授的内容。两册包含数学专业高等代数课程的所有内容。

下册的指导思想决定了实际组织材料的困难所在，即：由于线性代数大纲要求的内容穿插在高等代数课程的除多项式理论外的所有章节中。因此，抽出这些内容后的余下的高等代数课程内容在通常体系下是零散的，要把这些零散的内容组织为一个逻辑上自然、由浅入深的课程体系，是有一定难度的。本册目前的授课体系就是为了克服这一难点所作的尝试。

我们以直和理论为线索，研究从线性空间(包括欧氏空间)的子空间出发刻画整体空间的方法，并且进一步用广义逆矩阵理论对方程组通解给出另一种解释。在线性映射的进一步研究中，我们抓住值域与核的关系，来统一理解空间的同构关系及商空间等等。在Jordan标准形理论中，我们强调标准形的具体计算方法及该理论与多项式理论之间的有机联系。最后，我们从将欧氏空间思想用于各类非实域上线性空间的角度，介绍了准欧氏空间、正交空间、辛空间、酉空间等，并尝试性地提出准酉空间、酉辛空间的概念作为这些理论的统一与发展，使读者能在较高的观点上来理解各类线性空间的几何意义及方法上的相互联系。

本书在撰写和出版过程中，得到了学校、理学院、数学系同仁的大力支持，特别是理学院副院长陈杰诚教授和数学系副主任李胜宏教授的关心和帮助，葛根年教授、董烈钊副教授、吴志祥副教授、温道伟博士、乔虎生博士、朱海燕博士为本书提出了宝贵的建议，数学系部分研究生在内容校对和文字打印上提供了帮助，更有理学院近几届学生所给予的大力协助和对讲义初稿中不可避免的错误给予的理解。借此一角，谨向大家表示衷心的感谢。本书难免会出现疏漏之处，谨请各位专家、读者指正。

作　者

2009年初春

第二版说明

在本教材(第一版)的使用过程中,陆续发现了教材中的一些错误及缺陷。本次再版中,我们对第一版教材中的错误做出了修正;对部分内容的组织和措辞进行了修改,对部分结论给出了新的证明,使教材的内容体系更完善,表述更准确,更具易读性;对习题进行了较大的修订,重新编排了习题的顺序,使之与教材内容的结合更紧密;添加了部分新习题,使读者得到更多的锻炼。

本教材第一版的使用,得到了学校、理学部、数学系同仁和读者的大力支持,使得本书的编著理念得到贯彻和肯定。特别是原理学院副院长陈杰诚教授、现理学部副主任李胜宏教授、数学系副主任李松教授和张立新教授的关心和帮助,李慧陵教授、葛根年教授、吴志祥教授、董烈钊副教授、朱海燕博士、易小兰博士为本书所提出的宝贵建议,数学系部分研究生在内容校对和文字打印上所提供的帮助,更有理学大类近几届同学所给予的大力协助和对第一版中不可避免的错误给予的理解。借此一角,谨向大家表示衷心的感谢。

第二版仍难免会有疏漏之处,也仍会有需要推敲和改进之处,谨请各位专家、读者继续帮助、指正。

编著者

2013年元月于玉泉

目录

说明: 上述目录中打星号*的章节可以作为选读内容.

第1章　一元多项式理论

"高等代数"是我国高校对本课程的一种习惯性称谓，通常理解为线性代数和多项式两部分. 它们都是代数学的最基本的研究对象和工具之一, 方法上不同但相互联系.

多项式这个词, 我们是不陌生的, 中学里就有了，并已知道有关多项式因式分解的一些基本方法. 比如x^3+x^2-x-1，它可分解为$(x+1)^2(x-1)$.

但我们现在要上升到一般的多项式理论来讨论，对于多项式所处的数域也不再限于实数域或有理数域.

从方法上来说, 多项式理论可类比于整数理论(见附录A). 这其实不是偶然的, 读者若学过近世代数, 就会发现它们是统一在所谓的唯一分解整环下的.

解多项式方程是数学中最基本的课题之一. 自17世纪以来, 对它的研究几乎未曾中断. 要想获得解任意次多项式方程的较好方法, 就需要建立完整的关于多项式的理论, 比如证明复数域上每个多项式方程必有根, 实数域上怎样的多项式才是不可分解的, 等等. 本章将逐次展开这些相关内容的讨论.

§1.1　一元多项式

首先给出一元多项式的抽象定义.

给定一个数域$\mathbb{P}$, x为一符号(或称文字), 形如

$$f(x) \triangleq a_0 + a_1x + \cdots + a_nx^n + a_{n+1}x^{n+1} + \cdots \tag{1.1.1}$$

的形式表达式称为**系数在数域$\mathbb{P}$上的一元多项式**(或简称: **$\mathbb{P}$上的一元多项式**), 其中对$i=0,1,\cdots,n,\cdots$, 所有$a_i\in\mathbb{P}$至多有限个不等于0. 我们把a_ix^i称为$f(x)$的i**次单项**(或i**次项**), a_i称为i次项的**系数**. 用连加符号可表为

$$f(x) \triangleq \sum_{i=0}^{+\infty} a_ix^i.$$

在上式中, 若$a_n\neq 0$但是对所有$s>n$有$a_s=0$, 就称a_nx^n为**首项**, 称a_n为**首项系数**, 称n为$f(x)$的**次数**, 并表为$\partial(f(x))$. 若一个多项式的所有系数全为 0, 则称之为**零多项式**, 并记作0. 零多项式的次数规定为$-\infty$.

注意: (1) 这里的运算"$+$"仅是一个"形式加法", 只是将不同单项"连结"在一起;

(2) 系数a_i与x^i之间的关系a_ix^i仅表示"形式数乘", 只是说明将两者"放在一起";

(3) 我们约定, 一个多项式$f(x)$中系数为0的单项可以写出来, 也可以不写出来. 比如, 设$\partial(f(x))=n$, 我们可以写

$$f(x) = a_0 + a_1x + \cdots + a_nx^n + 0x^{n+1} + 0x^{n+2} + \cdots,$$

也可以写

$$f(x) = a_0 + a_1x + \cdots + a_nx^n.$$

设

$$f(x)=a_0+a_1x+\cdots+a_nx^n+\cdots,$$
$$g(x)=b_0+b_1x+\cdots+b_nx^n+\cdots$$

是数域$\mathbb{P}$上的两个多项式.

(1) 若对$i=0,1,\cdots$, 有$a_i=b_i$, 则称$f(x)$与$g(x)$是**相等**的, 表为$f(x)=g(x)$.
由于零多项式的系数全为零, 因此它不与任何一个非零多项式相等.

(2) 定义$f(x)$与$g(x)$的**和**为如下的一个新的多项式:

$$f(x)+g(x)\triangleq(a_0+b_0)+(a_1+b_1)x+\cdots+(a_n+b_n)x^n+\cdots;$$

(3) $f(x)$与$g(x)$的**乘积**为如下的一个新的多项式:

$$f(x)g(x)\triangleq c_0+c_1x+\cdots+c_sx^s+\cdots,$$

其中s次单项的系数是

$$c_s=a_sb_0+a_{s-1}b_1+\cdots+a_1b_{s-1}+a_0b_s=\sum_{i+j=s}a_ib_j.$$

因此, 当$f(x)\neq 0$, $g(x)\neq 0$时, 令$\partial(f(x))=n$, $\partial(g(x))=m$, 那么$f(x)=g(x)$当且仅当$n=m$且对$i=0,1,\cdots,n$, 有$a_i=b_i$. 若$n\geqslant m$, 则有

$$\begin{aligned}&f(x)+g(x)\\&=(a_0+a_1x+\cdots+a_mx^m+a_{m+1}x^{m+1}+\cdots+a_nx^n)\\&\quad+(b_0+b_1x+\cdots+b_mx^m+0x^{m+1}+\cdots+0x^n)\\&=(a_0+b_0)+(a_1+b_1)x+\cdots+(a_m+b_m)x^m+(a_{m+1}+0)x^{m+1}+\cdots+(a_n+0)x^n.\end{aligned}$$

这时, 由上面多项式乘积的定义, 对$t>n+m$, 易见$c_t=0$. 因而,

$$f(x)g(x)=c_0+c_1x+\cdots+c_sx^s,$$

其中$s=n+m$. 对$0\leq i\leq s$, i次项的系数是

$$c_i=a_ib_0+a_{i-1}b_1+\cdots+a_1b_{i-1}+a_0b_i.$$

特别地, $c_s=a_nb_m$.

零多项式0起到的作用就是线性空间中零元的作用, 这是因为:

(1) $0+f(x)=f(x)$. 事实上,

$$\begin{aligned}0+f(x)&=(0+0x+\cdots+0x^n)+(a_0+a_1x+\cdots+a_nx^n)\\&=(0+a_0)+(0+a_1)x+\cdots+(0+a_n)x^n\\&=a_0+a_1x+\cdots+a_nx^n\\&=f(x);\end{aligned}$$

(2) 同理, $f(x)+0=f(x)$;

(3) 再由乘法定义可证, $f(x)0=0f(x)=0$.

定义$f(x)$的**负多项式**为:

$$-f(x)\triangleq(-a_0)+(-a_1)x+\cdots+(-a_n)x^n.$$

定义$f(x)$与$g(x)$的**减法**为:

$$f(x)-g(x)\triangleq f(x)+(-g(x)).$$

那么,

$$f(x)-f(x)=0.$$

定义数c在多项式$f(x)$上的**数乘**为

$$cf(x)=ca_0+ca_1x+\cdots+ca_nx^n,$$

这也就是把c看作常数项多项式时与$f(x)$的多项式乘法得到的结果.

显然, 数域$\mathbb{P}$上两个多项式经加、减、乘运算后, 所得结果仍是$\mathbb{P}$上的多项式.

由多项式的次数定义, 我们有如下性质:

性质 1 对于任意两个非零多项式$f(x)=\sum a_ix^i$, $g(x)=\sum b_jx^j$, 若$\partial(f(x))=n$和$\partial(g(x))=m$, 那么,

(1) $\partial(f(x)+g(x))\leqslant \max\{\partial(f(x)),\ \partial(g(x))\}$;

(2) $\partial(f(x)g(x))=\partial(f(x))+\partial(g(x))$.

证明 (1) 不妨设$n\geqslant m$, 即$\partial(f(x))\geqslant\partial(g(x))$. 则由前面给出的两个多项式和的公式, 当$n>m$时, $f(x)+g(x)$ 的首项是$(a_n+0)x^n=a_nx^n\neq 0$, 故这时

$$\partial(f(x)+g(x))=n=\partial(f(x))=\max\{\partial(f(x)),\ \partial(g(x))\};$$

当$n=m$时, 若$a_n+b_n\neq 0$, 则$f(x)+g(x)$ 的首项是$(a_n+b_n)x^n$且

$$\partial(f(x)+g(x))=n=\partial(f(x))=\partial(g(x))=n;$$

若$a_n+b_n=0$, 则$\partial(f(x)+g(x))\leqslant n-1$.

因此总有$\partial(f(x)+g(x))\leqslant \max\{\partial(f(x)),\ \partial(g(x))\}$.

(2) 由多项式乘积的定义可得

$$f(x)g(x)=\sum_{t=0}^{m+n}\left(\sum_{i+j=t}a_ib_j\right)x^t,$$

其中$a_nb_m\neq 0$. 所以它的首项是$a_nb_mx^{n+m}$, 因此

$$\partial(f(x)g(x))=n+m=\partial(f(x))+\partial(g(x)).$$ □

利用下面的性质2, 不难将上面的结论推广到多个多项式的情形.

多项式的运算与数的运算有类似的规律, 即:

性质 2 对数域$\mathbb{P}$上的多项式$f(x)$, $g(x)$, $h(x)$, 有:

(i) 加法交换律: $f(x)+g(x)=g(x)+f(x)$;

(ii) 乘法交换律: $f(x)g(x)=g(x)f(x)$;

(iii) 加法结合律: $(f(x)+g(x))+h(x)=f(x)+(g(x)+h(x))$;

(iv) 乘法结合律: $(f(x)g(x))h(x)=f(x)(g(x)h(x))$;

(v) 乘法对加法的(左、右)分配律:

$$f(x)(g(x)+h(x))=f(x)g(x)+f(x)h(x),$$
$$(g(x)+h(x))f(x)=g(x)f(x)+h(x)f(x);$$

(vi) 乘法的(左、右)消去律:

若$f(x)g(x)=f(x)h(x)$ (或$g(x)f(x)=h(x)f(x)$) 且$f(x)\neq 0$, 则$g(x)=h(x)$.

证明 (i) 对$f(x)=\sum\limits_{i=0}^{n}a_ix^i$, $g(x)=\sum\limits_{i=0}^{m}b_ix^i$, 设$n\geqslant m$. 那么, 由加法定义可得:

$$\begin{aligned}&f(x)+g(x)\\&=(a_0+b_0)+(a_1+b_1)x+\cdots+(a_m+b_m)x^m+(a_{m+1}+0)x^{m+1}+\cdots+(a_n+0)x^n\\&=(b_0+a_0)+(b_1+a_1)x+\cdots+(b_m+a_m)x^m+(0+a_{m+1})x^{m+1}+\cdots+(0+a_n)x^n\\&=g(x)+f(x).\end{aligned}$$

(ii) 对$0 \le i \le n+m$, 有

$$c_i \triangleq a_ib_0 + a_{i-1}b_1 + \cdots + a_1b_{i-1} + a_0b_i = b_ia_0 + b_{i-1}a_1 + \cdots + b_1a_{i-1} + b_0a_i.$$

于是,

$$f(x)g(x) = c_0 + c_1x + \cdots + c_{n+m}x^{n+m} = g(x)f(x).$$

(iii) 由加法定义即可得.

(iv) 对$f(x) = \sum\limits_{i=0}^{n} a_ix^i$, $g(x) = \sum\limits_{i=0}^{m} b_ix^i$, $h(x) = \sum\limits_{i=0}^{l} c_ix^i$, 依乘法定义,

$$\begin{aligned}
(f(x)g(x))h(x) &= \left(\sum_{s=0}^{n+m}\left(\sum_{i+j=s} a_ib_j\right)x^s\right)\left(\sum_{i=0}^{l} c_ix^i\right) \\
&= \sum_{t=0}^{n+m+l}\left(\sum_{s+k=t}\left(\sum_{i+j=s} a_ib_j\right)c_k\right)x^t \\
&= \sum_{t=0}^{n+m+l}\left(\sum_{i+j+k=t} a_ib_jc_k\right)x^t \\
&= \sum_{t=0}^{n+m+l}\left(\sum_{i+p=t} a_i\left(\sum_{j+k=p} b_jc_k\right)\right)x^t \\
&= f(x)(g(x)h(x)).
\end{aligned}$$

(v) 由加法定义和乘法定义可证得, 请读者自证.

(vi) 由$f(x)g(x) = f(x)h(x)$, 得$f(x)(g(x) - h(x)) = 0$.

由$f(x) \neq 0$得$\partial(f(x)) \geq 0$.

若$g(x) - h(x) \neq 0$, 则$\partial(g(x) - h(x)) \geq 0$, 进而

$$\partial(f(x)(g(x) - h(x))) = \partial(f(x)) + \partial(g(x) - h(x)) \geq 0 \neq -\infty.$$

但$\partial(0) = -\infty$, 这与$f(x)(g(x) - h(x)) = 0$矛盾. 所以$g(x) - h(x) = 0$, 即$g(x) = h(x)$.□

由上面(i), 当$i \neq j$时, $a_ix^i + b_jx^j = b_jx^j + a_ix^i$, 因而, 对任一多项式

$$f(x) = a_0 + a_1x + \cdots + a_nx^n,$$

我们可以有另一表达式

$$f(x) = a_nx^n + \cdots + a_1x + a_0.$$

更多地, 我们会用这一降次排序写法, 这也就是为何称a_nx^n $(a_n \neq 0)$ 是$f(x)$的首项的原因.

数域$\mathbb{P}$上的所有一元多项式全体我们表示为集合$\mathbb{P}[x]$. 由上, $\mathbb{P}[x]$中已有加法、乘法和数乘, 由它们的定义和多项式相等的条件, 以及上面的讨论, 特别是性质2 (i) (iii), 可知, $\mathbb{P}[x]$是$\mathbb{P}$上无限维线性空间, 且若令

$$\mathbb{P}[x]_n = \{f(x) \in \mathbb{P}[x] : \partial(f(x)) < n\},$$

则$\mathbb{P}[x]_n$是一个以1, x, $\cdots$, x^{n-1}为基的$\mathbb{P}$上n维线性空间. 由此, 有子空间链:

$$\{0\} = \mathbb{P}[x]_0 \subset \mathbb{P}[x]_1 \subset \cdots \subset \mathbb{P}[x]_n \subset \mathbb{P}[x]_{n+1} \subset \cdots \subset \mathbb{P}[x].$$

又由性质2 (iv) (v), 我们将这个$\mathbb{P}$上线性空间$\mathbb{P}[x]$称为**$\mathbb{P}$上的一元多项式代数**. 一般的代数概念来自于近世代数课程, 它是一个有乘法的线性空间, 我们这里不再涉及.

我们在这里定义多项式的抽象概念, 目的是为了统一不同现实情况下出现的多项

式的共性. 比如, 当符号x具体到中学数学里的未知数时, $f(x) = a_nx^n + \cdots + a_2x^2 + a_1x + a_0$就代表一个未知数$x$的数字表达式, 加法和数乘就恢复到数的加、乘; 当x可以在数的一定范围内变动, 那么$f(x)$就成为x上的一个函数, 称为**多项式函数**. 当符号x具体到一个方阵$\boldsymbol{A}$ 时, $f(x)$就变成$f(\boldsymbol{A}) = a_n\boldsymbol{A}^n + \cdots + a_2\boldsymbol{A}^2 + a_1\boldsymbol{A} + a_0\boldsymbol{E}$, 这是一个矩阵表达式, 加法和数乘就具体到矩阵的加法和数乘. 看实际需要, 这个符号x还可以表示其他待定事物. 进一步, 我们就引入了形式化的多项式的运算来统一研究各类待定事物所满足的运算规律, 以得到它们普遍的共同的性质.

§ 1.2　整除理论

在一元多项式代数$\mathbb{P}[x]$中, 上节已定义了加减乘三种运算, 但乘法的逆运算—–除法—–通常是不可行的. 因为, 对某个多项式$f(x) \in \mathbb{P}[x]$, 若$\partial(f(x)) \geq 1$, 则对任一非零多项式$g(x) \in \mathbb{P}[x]$, 必有

$$\partial(f(x)g(x)) = \partial(f(x)) + \partial(g(x)) \geq \partial(f(x)) \geq 1.$$

因此$f(x)g(x) \neq 1$, 故$\mathbb{P}[x]$中不存在$f(x)^{-1}$. 这说明除法是不可行的. 因此, 整除就成了某些多项式之间的特殊的重要关系.

数域$\mathbb{P}$上的多项式$g(x)$称为**整除**$f(x)$的, 若存在$\mathbb{P}$上的多项式$h(x)$使得

$$f(x) = g(x)h(x)$$

成立. 我们用$g(x) \mid f(x)$表示$g(x)$整除$f(x)$. 当$g(x)$不能整除$f(x)$时, 用$g(x) \nmid f(x)$表示. 当$g(x) \mid f(x)$时, 称$g(x)$是$f(x)$的**因式**, $f(x)$ 是$g(x)$的**倍式**.

显然, 对任一个$\mathbb{P}$ 上多项式$f(x)$ 和$0 \neq a \in \mathbb{P}$, 必有$f(x) = 1 \cdot f(x)$, $0 = 0 \cdot f(x)$, $f(x) - a(a^{-1}f(x))$, 因此总有:

$$f(x)|f(x), \quad f(x)|0, \quad a|f(x)\ .$$

由中学代数我们已经知道, 对两个具体的多项式, 可用一个去除另一个, 求得商和余式. 例如, 设$f(x) = 3x^3 + 4x^2 - 5x + 6$, $g(x) = x^2 - 3x + 1$, 可以按下面的格式来作除法:

$$\begin{array}{r|l}
 & 3x \quad + 13 \\ \hline
x^2 - 3x + 1 & 3x^3 + 4x^2 - 5x + 6 \\
 & \underline{3x^3 - 9x^2 + 3x} \\
 & \qquad 13x^2 - \ \ 8x + 6 \\
 & \qquad \underline{13x^2 - 39x + 13} \\
 & \qquad\qquad\quad 31x - 7
\end{array}$$

即, 所得商为$3x + 13$, 余式为$31x - 7$. 上述竖式也可写为如下表达式:

$$f(x) = (3x + 13)g(x) + (31x - 7).$$

显然上述算式是对数字运算下的数字多项式进行的, 但不难看出, 事实上, 把上述多项式看作第一节中定义的“形式”多项式时, 算式一样成立. 也就是说, 我们可将此求商式和除式的方法用到“形式”多项式上. 这不是偶然的, 它建立在如下的结论上:

定理 1 (带余除法)　*对于$\mathbb{P}[x]$中的任意两个多项式$f(x)$与$g(x)$, 其中$g(x) \neq 0$, 必存在唯一的$q(x)$, $r(x) \in \mathbb{P}[x]$ 使得*

$$f(x) = q(x)g(x) + r(x) \tag{1.2.1}$$

成立, 且或者$r(x) = 0$或者$\partial(r(x)) < \partial(g(x))$.

证明 先证$q(x)$, $r(x)$的存在性.

当$f(x)=0$时, 取$q(x)=r(x)=0$即可.

当$f(x)\neq 0$时, 对$\partial(f(x))=n$用归纳法.

当$\partial(f(x))=0$, 若$\partial(g(x))=0$, 令$g(x)=c\in\mathbb{P}$, 取$q(x)=c^{-1}f(x)$, $r(x)=0$即可. 若$\partial(g(x))>0$, 取$q(x)=0$, $r(x)=f(x)$即可.

假设$\partial(f(x))<n$时结论成立, 考虑$\partial(f(x))=n$时的情况.

事实上, 当$\partial(g(x))>n$时, 取$q(x)=0$, $r(x)=f(x)$即可.

当$\partial(g(x))=m\leq n$时, 令$f(x)$和$g(x)$的首项分别是ax^n和bx^m, 则$b^{-1}ag(x)x^{n-m}$的首项也是ax^n, 故多项式$f_1(x)=f(x)-b^{-1}ax^{n-m}g(x)$的次数小于$f(x)$的次数$n$或$f_1(x)=0$.

若$f_1(x)=0$, 取$q(x)=b^{-1}a^{n-m}$, $r(x)=0$即可;

若$f_1(x)\neq 0$, 则$\partial(f_1(x))<n$. 由归纳假设, 对$f_1(x)$和$g(x)$, 存在$q_1(x)$, $r_1(x)$使得

$$f_1(x)=q_1(x)g(x)+r_1(x)$$

成立, 其中$\partial(r_1(x))<\partial(g(x))$或$r_1(x)=0$. 于是,

$$\begin{aligned}f(x)&=f_1(x)+b^{-1}ax^{n-m}g(x)\\&=(q_1(x)+b^{-1}ax^{n-m})g(x)+r_1(x)\\&=q(x)g(x)+r(x),\end{aligned}$$

其中$q(x)=q_1(x)+b^{-1}ax^{n-m}$, $r(x)=r_1(x)$. 自然地, $\partial(r(x))<\partial(g(x))$.

由归纳法知, $q(x)$, $r(x)$的存在性成立.

再证上述$q(x)$, $r(x)$的唯一性.

若存在另一组$q^o(x)$, $r^o(x)$使得

$$f(x)=q^o(x)g(x)+r^o(x) \tag{1.2.2}$$

成立, 且$\partial(r^o(x))<\partial(g(x))$或$r^o(x)=0$. 将(1.2.1)与(1.2.2)两式相减, 得

$$(q(x)-q^o(x))g(x)=r^o(x)-r(x).$$

若$q(x)\neq q^o(x)$, 则

$$\partial((q(x)-q^o(x))g(x))\geq\partial(g(x))>\partial(r^o(x)-r(x)).$$

这与上述等式矛盾.

因此必有$q(x)=q^o(x)$. 由此, 又得$r(x)=r^o(x)$. □

由此, 把定理1前面的具体例子中的$f(x)$和$g(x)$代入公式(1.2.1), 那么它们计算后的表达式恰符合由形式多项式获得的公式(1.2.1). 这说明我们由抽象多项式的方法导出的结论能覆盖非抽象定义的多项式的相应结论.

上述定理中所得到的$q(x)$称为$g(x)$除$f(x)$的**商**, $r(x)$称为$g(x)$除$f(x)$的**余式**. 由定理1和整除的定义我们不难得出下面的引理.

引理 1 当$g(x)\neq 0$时, $g(x)\mid f(x)$当且仅当$g(x)$除$f(x)$时的余式为0.

当$g(x)|f(x)$, 且$g(x)\neq 0$时, $g(x)$除$f(x)$所得的商$q(x)$有时也用$\dfrac{f(x)}{g(x)}$来表示.

需要指出的是, 两个多项式之间的整除性不会因为系数域的扩大而改变. 即:

定理 2 设$\mathbb{P}$, $\bar{\mathbb{P}}$ 是两个数域, 且$\mathbb{P} \subseteq \bar{\mathbb{P}}$. 设$f(x)$, $g(x) \in \mathbb{P}[x]$, 那么在$\mathbb{P}$ 中$g(x)|f(x)$当且仅当在$\bar{\mathbb{P}}$ 中$g(x)|f(x)$.

证明 若$g(x) = 0$, 则在$\mathbb{P}$ 中$g(x)|f(x)$ 当且仅当$f(x) = 0$, 从而当且仅当在$\bar{\mathbb{P}}$中$g(x)|f(x)$.

若$g(x) \neq 0$, 则由定理1 的带余除法, 存在唯一的$q(x)$, $r(x) \in \mathbb{P}[x]$, 使得

$$f(x) = q(x)g(x) + r(x)$$

(即定理1中的(1.2.1)式)成立, 且$\partial(r(x)) < \partial(g(x))$ 或$r(x) = 0$.

显然上述等式在$\bar{\mathbb{P}}[x]$ 中也成立.

因此, 由引理1, 在$\mathbb{P}[x]$ 中$g(x)|f(x)$ 当且仅当$r(x) = 0$, 从而当且仅当在$\bar{\mathbb{P}}[x]$中$g(x)|f(x)$. □

下面介绍整除性的几个常用性质:

性质 3 若$f(x)|g(x)$, $g(x)|f(x)$, 则存在非零常数c 使得$f(x) = cg(x)$成立.

证明 由$f(x)|g(x)$, $g(x)|f(x)$知, 分别存在$h_1(x)$, $h_2(x)$使得

$$g(x) = h_1(x)f(x), \text{ 且 } f(x) = h_2(x)g(x)$$

成立. 于是

$$f(x) = h_1(x)h_2(x)f(x).$$

如果$f(x) = 0$, 则$g(x) = 0$, 结论显然成立.

如果$f(x) \neq 0$, 则由性质2 (vi)得$h_1(x)h_2(x) = 1$, 从而$\partial(h_1(x)) + \partial(h_2(x)) = 0$. 特别地,

$$\partial(h_2(x)) = 0,$$

故$h_2(x) = c$, 其中$c \in \mathbb{P}$是一个非零常数. □

性质 4 (整除的传递性) 若$f(x)|g(x)$, $g(x)|h(x)$, 则$f(x)|h(x)$.

证明 存在$g_1(x)$, $h_1(x)$, 使得

$$g(x) = g_1(x)f(x), \ h(x) = h_1(x)g(x)$$

成立, 从而$h(x) = h_1(x)g_1(x)f(x)$, 即$f(x)|h(x)$. □

性质 5 若$f(x)|g_i(x)(i = 1, 2, \cdots, r)$, 则对任意多项式$u_i(x)(i = 1, 2, \cdots, r)$, 有$f(x)|(u_1(x)g_1(x) + \cdots + u_r(x)g_r(x))$.

证明 由题设, 存在$h_i(x)(i = 1, 2, \cdots, r)$ 使得$g_i(x) = h_i(x)f(x)$成立. 从而

$$\sum_{i=1}^{r} u_i(x)g_i(x) = \left(\sum_{i=1}^{r} u_i(x)h_i(x)\right) f(x),$$

故

$$f(x)|(u_1(x)g_1(x) + \cdots + u_r(x)g_r(x)).$$ □

推论 1 任一多项式$f(x)$ 与它的任一非零常数倍$cf(x)(c \neq 0)$ 有相同的因式和倍式.

因此, 在多项式整除性讨论中, 不妨假设$f(x)$ 的首项系数为1.

例 1 设$g(x) = ax + b, a, b \in \mathbb{P}, a \neq 0, f(x) \in \mathbb{P}[x]$, 求证: $g(x)|f(x)^2$的充要条件

是$g(x)|f(x)$.

证明 充分性显然成立, 只需证明必要性也成立.

由带余除法, 存在$r\in\mathbb{P}$, 使得$f(x)=g(x)q(x)+r$成立. 所以

$$f(x)^2=g(x)^2q(x)^2+2rg(x)q(x)+r^2.$$

由$g(x)|f(x)^2$得$g(x)|r^2$, 故$r^2=0$, $r=0$, 即$g(x)|f(x)$. □

例 2 设$f(x),g(x)$及$h(x)\neq 0$为三个多项式. 证明: $h(x)|(f(x)-g(x))$当且仅当$f(x)$与$g(x)$除以$h(x)$所得的余式相等.

证明 由带余除法, 可设

$$f(x)=h(x)q_1(x)+r_1(x),\ g(x)=h(x)q_2(x)+r_2(x),$$

其中$r_i(x)=0$或$\partial(r_i(x))<\partial(h(x)), i=1,2$. 上面二式相减, 得

$$f(x)-g(x)=h(x)[q_1(x)-q_2(x)]+r_1(x)-r_2(x). \tag{1.2.3}$$

由于$\partial(r_i(x))<\partial(h(x))$, 故$\partial(r_1(x)-r_2(x))<\partial(h(x))$. 所以$h(x)$除$f(x)-g(x)$的商为$q_1(x)-q_2(x)$, 余式为$r_1(x)-r_2(x)$.

若$r_1(x)=r_2(x)$, 则由上述(1.2.3)式得

$$f(x)-g(x)=h(x)[q_1(x)-q_2(x)],$$

从而

$$h(x)|(f(x)-g(x)).$$

反之, 若$h(x)|(f(x)-g(x))$, 则由引理1知 $r_1(x)-r_2(x)=0$, 即$r_1(x)=r_2(x)$. □

§1.3 最大公因式

定义 1 设$f(x)$, $g(x)$; $\varphi(x)$, $d(x)\in\mathbb{P}[x]$.

i) 若$\varphi(x)|f(x)$ 且$\varphi(x)|g(x)$, 则称$\varphi(x)$ 是$f(x)$, $g(x)$ 的一个**公因式**;

ii) 若$d(x)$ 是$f(x)$, $g(x)$ 的一个公因式, 且对$f(x)$, $g(x)$ 的任一公因式$\varphi(x)$均有$\varphi(x)|d(x)$, 则称$d(x)$ 是$f(x)$, $g(x)$ 的一个**最大公因式**.

例 3 (1) 设$f(x)=2(x-1)^3(x^2+1)$, $g(x)=4(x-1)^2(x+1)$. 则$f(x)$ 和$g(x)$的首项系数为1的公因式有1, $x-1$, $(x-1)^2$, 其中$(x-1)^2$ 是一个最大公因式.

(2) 任一多项式$f(x)$总是它自身和零多项式0的一个最大公因式.

(3) 两个零多项式的最大公因式就是0, 但任一非零多项式都是这两个零多项式的公因式.

注意: 通常, 最大公因式是不唯一的, 比如上述(1) 中, 最大公因式可以是$(x-1)^2$, 也可以是$2(x-1)^2$, 这两个最大公因式相差一个常数倍. 这不是偶然的, 事实上, 我们有:

命题 1 (唯一性) 两个多项式的最大公因式在可以相差非零常数倍的意义下是唯一确定的.

证明 设$f(x)$, $g(x)$ 有两个最大公因式$d_1(x)$ 和$d_2(x)$, 由最大公因式定义知

$$d_1(x)|d_2(x),\quad d_2(x)|d_1(x).$$

故由性质3知, 存在非零常数c, 使得$d_1(x)=cd_2(x)$成立. □

据此, $f(x)$, $g(x)$ 的最大公因式或者等于零(当$f(x)=g(x)=0$), 或者都不等于零(当$f(x)\neq 0$ 或$g(x)\neq 0$), 我们**约定**用$(f(x),\ g(x))$ 表示这一零多项式或其中首项系数为1 的那个最大公因式.

上面我们讨论了在最大公因式存在时的唯一性问题, 但更重要的是最大公因式的存在性. 事实上, 任两个多项式的最大公因式是必然存在的. 我们的证明将提供最大公因式的一个具体的求法. 由于方法上依赖于带余除法, 首先我们提出下述事实:

引理 2 若有等式$f(x)=q(x)g(x)+r(x)$成立, 那么$f(x)$ 和$g(x)$ 的(最大)公因式与$g(x)$ 和$r(x)$ 的(最大)公因式一致.

证明 若$\varphi(x)|f(x)$且$\varphi(x)|g(x)$, 由已知等式得$r(x)=f(x)-q(x)g(x)$. 从而$\varphi(x)$整除$r(x)$, 即$\varphi(x)$ 是$g(x)$, $r(x)$ 的公因式. 反之, 若$\varphi(x)|g(x)$且$\varphi(x)|r(x)$, 由已知等式得$\varphi(x)$整除$f(x)$, 即$\varphi(x)$是$f(x)$, $g(x)$ 的公因子. 因此, 两组多项式的公因式是一致的.

再由最大公因式的定义, 即有$(f(x),g(x))=(g(x),r(x))$. □

定理 3 (存在性) 对于$\mathbb{P}[x]$ 中任意两个多项式$f(x)$及$g(x)$, 均存在最大公因式$d(x)=(f(x),\ g(x))\in\mathbb{P}[x]$, 且存在$u(x)$, $v(x)\in\mathbb{P}[x]$ 使$d(x)=u(x)f(x)+v(x)g(x)$.

证明 当$f(x)$, $g(x)$ 中至少有一个为零多项式时, 不妨设$g(x)=0$, 那么$f(x)$ 就是它们的一个最大公因式. 设$f(x)$的首项系数a_0, 则有

$$d(x)=\frac{1}{a_0}f(x)=\frac{1}{a_0}f(x)+1\cdot 0.$$

当$f(x)$, $g(x)$ 均非零时, 由带余除法, 存在商$q_1(x)$, 余式$r_1(x)$使得

$$f(x)=q_1(x)g(x)+r_1(x).$$

若$r_1(x)=0$, 则$f(x)=q_1(x)g(x)$, 这时$g(x)$就是$f(x)$和$g(x)$的最大公因式, 且

$$g(x)=f(x)+(1-q_1(x))g(x).$$

若$r_1(x)\neq 0$, 用$r_1(x)$ 除$g(x)$, 存在商$q_2(x)$, 余式$r_2(x)$ 使得

$$g(x)=q_2(x)r_1(x)+r_2(x).$$

若$r_2(x)=0$, 则$r_1(x)|g(x)$, 从而$r_1(x)$ 是$g(x)$和$r_1(x)$ 的最大公因式. 由引理2, 它也是$f(x)$, $g(x)$ 的最大公因式.

若$r_2(x)\neq 0$, 用$r_2(x)$ 除$r_1(x)$, 存在商$q_3(x)$, 余式$r_3(x)$, 如此辗转相除下去, 由带余除法知, 所得余式链$r_1(x)$, $r_2(x)$, $\cdots$, 次数不断降低, 即

$$\partial(g(x))>\partial(r_1(x))>\partial(r_2(x))>\cdots$$

因此, 有限次之后, 必有余式$r_{s+1}(x)=0$, 从而得:

$$f(x)=q_1(x)g(x)+r_1(x), \tag{1.3.1}$$

$$g(x)=q_2(x)r_1(x)+r_2(x), \tag{1.3.2}$$

$$r_1(x)=q_3(x)r_2(x)+r_3(x), \tag{1.3.3}$$

$$\vdots \qquad\qquad \vdots$$

$$r_{i-2}(x)=q_i(x)r_{i-1}(x)+r_i(x), \tag{1.3.i}$$

$$\vdots \qquad\qquad \vdots$$

$$r_{s-3}(x)=q_{s-1}(x)r_{s-2}(x)+r_{s-1}(x), \tag{1.3.(s–1)}$$

$$r_{s-2}(x)=q_s(x)r_{s-1}(x)+r_s(x), \tag{1.3.s}$$

$$r_{s-1}(x)=q_{s+1}(x)r_s(x)+0, \tag{1.3.(s+1)}$$

由此, $r_s(x)|r_{s-1}(x)$, 故$r_s(x)$ 是$r_s(x)$ 和$r_{s-1}(x)$ 的一个公因式. 据引理2, $r_s(x)$ 也是 $r_{s-1}(x)$ 和$r_{s-2}(x)$ 的公因式, 依次倒推上去, $r_s(x)$ 是$f(x)$ 和$g(x)$ 的公因式.

又若$h(x)$是$f(x)$和$g(x)$的一个最大公因式, 由(1.3.1) 式得$h(x)|r_1(x)$; 由(1.3.2)式得$h(x)|r_2(x)$; 依次下去, 由(1.3.s)式得$h(x)|r_s(x)$. 故$r_s(x)$ 是$f(x)$和$g(x)$的最大公因式.

另一方面,

$$\begin{aligned}r_s(x)&=r_{s-2}(x)-q_s(x)r_{s-1}(x)\\&=r_{s-2}(x)-q_s(x)(r_{s-3}(x)-q_{s-1}(x)r_{s-2}(x))\\&=-q_s(x)r_{s-3}(x)+(1+q_s(x)q_{s-1}(x))r_{s-2}(x)\\&=\cdots\cdots\\&=u(x)f(x)+v(x)g(x),\end{aligned}$$

上述过程是用(1.3.(s–1)), $\cdots$, (1.3.2), (1.3.1)逐个地消去$r_{s-2}(x)$, $\cdots$, $r_2(x)$, $r_1(x)$等, 再并项得到$u(x)$和$v(x)$.

令$r_s(x)$的首项系数为$c\neq 0$, 则

$$(f(x),\ g(x))=\frac{1}{c}r_s(x),\quad \frac{1}{c}r_s(x)=\frac{1}{c}u(x)f(x)+\frac{1}{c}v(x)g(x). \qquad \square$$

上述定理证明中通过(1.3.1), $\cdots$, (1.3.s), (1.3.(s + 1)) 式, 求出最大公因式$r_s(x)$ 的方法称为**辗转相除法**. 可按下面格式来操作. 例如:

例 4 设$f(x)=x^4+3x^3-x^2-4x-3$, $g(x)=3x^3+10x^2+2x-3$. 求$(f(x),\ g(x))$, 并求$u(x)$, $v(x)$使得$(f(x),\ g(x))=u(x)f(x)+v(x)g(x)$成立.

用辗转相除法的格式来操作, 可写为:

	$g(x)$	$f(x)$	
$q_2(x)=$	$3x^3+10x^2+2x-3$	$x^4+3x^3-x^2-4x-3$	$\frac{1}{3}x-\frac{1}{9}$
$-\frac{27}{5}x+9$	$3x^3+15x^2+18x$	$x^4+\frac{10}{3}x^3+\frac{2}{3}x^2-x$	$=q_1(x)$
	$-5x^2-16x-3$	$-\frac{1}{3}x^3-\frac{5}{3}x^2-3x-3$	
	$-5x^2-25x-30$	$-\frac{1}{3}x^3-\frac{10}{9}x^2-\frac{2}{9}x+\frac{1}{3}$	
	$r_2(x)=9x+27$	$r_1(x)=-\frac{5}{9}x^2-\frac{25}{9}x-\frac{10}{3}$	$-\frac{5}{81}x-\frac{10}{81}$
		$-\frac{5}{9}x^2-\frac{5}{3}x$	$=q_3(x)$
		$-\frac{10}{9}x-\frac{10}{3}$	
		$-\frac{10}{9}x-\frac{10}{3}$	
		0	

用等式写出来, 为:

$$f(x) = (\frac{1}{3}x - \frac{1}{9})g(x) + (-\frac{5}{9}x^2 - \frac{25}{9}x - \frac{10}{3}),$$
$$g(x) = (-\frac{27}{5}x + 9)(-\frac{5}{9}x^2 - \frac{25}{9}x - \frac{10}{3}) + (9x + 27),$$
$$-\frac{5}{9}x^2 - \frac{25}{9}x - \frac{10}{3} = (-\frac{5}{81}x - \frac{10}{81})(9x + 27).$$

因此, $9x + 27$ 是 $f(x), g(x)$ 的最大公因式, 故 $(f(x),\ g(x)) = x + 3$.

又, 由

$$\begin{aligned} 9x + 27 &= g(x) - (-\frac{27}{5}x + 9)(-\frac{5}{9}x^2 - \frac{25}{9}x - \frac{10}{3}) \\ &= g(x) - (-\frac{27}{5}x + 9)(f(x) - (\frac{1}{3}x - \frac{1}{9})g(x)) \\ &= (\frac{27}{5}x - 9)f(x) + (-\frac{9}{5}x^2 + \frac{18}{5}x)g(x) \end{aligned}$$

得

$$(f(x),\ g(x)) = (\frac{3}{5}x - 1)f(x) + (-\frac{1}{5}x^2 + \frac{2}{5}x)g(x).$$

定义 2 $\mathbb{P}[x]$ 中两个多项式 $f(x), g(x)$ 称为**互素(或互质)**的, 若 $(f(x),\ g(x)) = 1$.

由定义知, 两个多项式互素当且仅当它们除零次多项式外没有其他的公因式.

下面的定理刻画了两个多项式互素的特征:

定理 4 $\mathbb{P}[x]$ 中两个多项式 $f(x), g(x)$ 互素的充要条件是存在 $u(x), v(x) \in \mathbb{P}[x]$, 使得 $u(x)f(x) + v(x)g(x) = 1$ 成立.

证明 **必要性:** 由定理3 直接得.

充分性: 设有 $u(x), v(x) \in \mathbb{P}[x]$ 使 $u(x)f(x) + v(x)g(x) = 1$ 成立. 令 $(f(x),\ g(x)) = d(x)$, 则 $d(x)|f(x)$, $d(x)|g(x)$, 从而 $d(x)|(u(x)f(x) + v(x)g(x))$, 于是 $d(x)|1$. 由性质3可知, $d(x)$ 是非零常数. □

注 一般情况下, 对于多项式 $f(x), g(x) \in \mathbb{P}[x]$, 即使存在多项式 $u(x), v(x), d(x) \in \mathbb{P}[x]$ 使得 $u(x)f(x) + v(x)g(x) = d(x)$ 成立，我们也不能断定 $d(x)$ 是 $f(x), g(x)$ 的一个最大公因式. 但是, 如果此时我们已知 $d(x)$ 是 $f(x), g(x)$ 的一个公因式，那么 $d(x)$ 一定是 $f(x), g(x)$ 的一个最大公因式.

对于多个多项式 $f_1(x), \cdots, f_s(x)(s \geq 2)$, 从最大公因式的定义到性质刻画, 都是类似的. 我们下面列出, 不加以证明.

称 $\varphi(x) \in \mathbb{P}[x]$ 为 $f_1(x), \cdots, f_s(x)$ 的**公因式**, 若 $\varphi(x)|f_i(x)(i = 1, \cdots, s)$; 设 $d(x)$ 是 $f_1(x), \cdots, f_s(x)$ 的公因式, 且对任一其他公因式 $\varphi(x)$ 都有 $\varphi(x)|d(x)$, 那么就称 $d(x)$ 是 $f_1(x), \cdots, f_s(x)$ 的**最大公因式**. 当 $d(x)$ 是零多项式或首项系数为1的多项式时, 表示为:

$$d(x) = (f_1(x), \cdots, f_s(x)).$$

多个多项式的最大公因式的关键是有下面的递推关系:

$$(f_1(x), \cdots, f_{s-1}(x), f_s(x)) = ((f_1(x), \cdots, f_{s-1}(x)), f_s(x)).$$

事实上, 令

$$(f_1(x), \cdots, f_{s-1}(x)) = d(x),\ (d(x),\ f_s(x)) = h(x),$$

那么

$$h(x)|f_s(x),\ h(x)|d(x),\ \text{而}d(x)|f_i(x),\ i=1,\ \cdots,\ s-1,$$

从而

$$h(x)|f_i(x)\ \ (i=1,\ \cdots,\ s-1,\ s).$$

设$\varphi(x)$ 是$f_1(x),\ \cdots,\ f_s(x)$ 的公因式, 那么$\varphi(x)|f_i(x)$ $(i=1,\ \cdots,\ s-1,\ s)$, 从而$\varphi(x)|d(x)$. 又, $\varphi(x)|f_s(x)$, 故$\varphi(x)|h(x)$. 因此, $h(x)=(f_1(x),\ \cdots,\ f_s(x))$.

由此递推关系, 即可得到多个多项式的最大公因式的存在性以及存在多项式$u_1(x),\ \cdots,\ u_s(x)\in\mathbb{P}[x]$, 使得

$$u_1(x)f_1(x)+\cdots+u_s(x)f_s(x)=(f_1(x),\ \cdots,\ f_s(x))$$

成立.

一般地, 对满足$1<t_1<t_2<\cdots<t_l<s$的正整数$t_1,t_2,\cdots,t_l$, 有:

$$\begin{aligned}&((f_1(x),\cdots,f_{t_1}(x)),(f_{t_1+1}(x),\cdots,f_{t_2}(x)),\cdots,(f_{t_l+1}(x),\cdots,f_s(x)))\\&=(f_1(x),\ \cdots,\ f_{s-1}(x),\ f_s(x)).\end{aligned}$$

当$((f_1(x),\ \cdots,\ f_s(x))=1$时, 称$f_1(x),\ \cdots,\ f_s(x)$ 是**互素**(或**互质**)的.

注意: $f_1(x),\ \cdots,\ f_s(x)$ 互素时, 它们未必两两互素. 反之, 当$f_1(x),\ \cdots,\ f_s(x)$ 两两互素时, $f_1(x),\ \cdots,\ f_s(x)$ 必然是互素的.

对多个多项式的情况, 类似于定理4的结论也成立, 请读者自证.

现在给出与最大公因式有关的一些基本结论.

命题 2 若$(f(x),\ g(x))=1$ 且$f(x)|g(x)h(x)$, 那么$f(x)|h(x)$.

证明 由定理3, 存在$u(x),\ v(x)\in\mathbb{P}[x]$使得$u(x)f(x)+v(x)g(x)=1$成立, 从而

$$u(x)f(x)h(x)+v(x)g(x)h(x)=h(x).$$

因为$f(x)|g(x)h(x)$, 所以

$$f(x)|(u(x)f(x)h(x)+v(x)g(x)h(x)),$$

从而$f(x)|h(x)$. □

命题 3 若$(f_1(x),f_2(x))=1$ 且$f_1(x)|g(x),\ f_2(x)|g(x)$. 那么, $f_1(x)f_2(x)|g(x)$.

证明 由 $f_1(x)|g(x)$ 知, 存在 $h_1(x)$ 使得 $g(x)=f_1(x)h_1(x)$; 又由$f_2(x)|g(x)$知, $f_2(x)|(f_1(x)h_1(x))$. 由命题2知$f_2(x)|h_1(x)$, 所以存在$h_2(x)$, 使得$h_1(x)=f_2(x)h_2(x)$成立. 于是将此式代入前式可得$g(x)=f_1(x)f_2(x)h_2(x)$, 故$(f_1(x)f_2(x))|g(x)$. □

与最大公因式对偶的一个概念是最小公倍式. 多项式$m(x)$称为多项式$f(x)$和$g(x)$的**最小公倍式**, 如果:

1) $m(x)$是$f(x),g(x)$的公倍式, 即$f(x)|m(x),\ g(x)|m(x)$;

2) $f(x),g(x)$ 的任一个公倍式$h(x)$都是$m(x)$的倍式, 即$m(x)|h(x)$.

在不考虑首项系数的情况下, 由定义直接可得最小公倍式的唯一性. 关于存在性, 我们由下面叙述即可知.

事实上, 当$f(x),\ g(x)$不全为0时, 则$(f(x),\ g(x))\neq 0$且$(f(x),\ g(x))|f(x)g(x)$. 这时可证明$\dfrac{f(x)g(x)}{(f(x),\ g(x))}$是$f(x),\ g(x)$的最小公倍式(见后面习题15, 请读者自己完成证明). 据此, 我们以$[f(x),\ g(x)]$表示$f(x)$和$g(x)$的或为零或为首项系数为1的那个唯一的最小

公倍式. 从而, 我们知道, 当$f(x)$, $g(x)$ 的首项系数为1时,

$$[f(x),\ g(x)] = \frac{f(x)g(x)}{(f(x),\ g(x))}.$$

例 5 若$f(x)$和$g(x)$互素, 求证: $f(x^m)$和$g(x^m)$也互素.

证明 因为$f(x)$和$g(x)$互素, 存在多项式$u(x)$, $v(x)$, 使得

$$f(x)u(x) + g(x)v(x) = 1$$

成立. 故$f(x^m)u(x^m) + g(x^m)v(x^m) = 1$, 即$f(x^m)$和$g(x^m)$互素. □

例 6 若$(f(x),\ g(x)) = d(x)$, 求证: $(f(x^m),\ g(x^m)) = d(x^m)$.

证明 因为$(f(x),\ g(x)) = d(x)$, 存在多项式$u(x)$, $v(x)$, 使得

$$f(x)u(x) + g(x)v(x) = d(x),\ d(x)|f(x),\ d(x)|g(x)$$

成立. 故

$$f(x^m)u(x^m) + g(x^m)v(x^m) = d(x^m),\ d(x^m)|f(x^m),\ d(x^m)|g(x^m),$$

即$(f(x^m),\ g(x^m)) = d(x^m)$. □

例 7 (i) 对$f(x), g(x), h(x) \in \mathbb{P}[x]$, 设有$(f(x), g(x)) = 1$, $(f(x), h(x)) = 1$, 则

$$(f(x), g(x)h(x)) = 1;$$

(ii) 设$f_1(x), \cdots, f_m(x), g_1(x), \cdots, g_n(x) \in \mathbb{P}[x]$, 则

$$(f_1(x) \cdots f_m(x),\ g_1(x) \cdots g_n(x)) = 1$$

当且仅当对任意$i = 1, \cdots, m;\ j = 1, 2, \cdots n$均有$(f_i(x), g_j(x)) = 1$.

证明 (i) 由已知, 存在$u(x), v(x), s(x), t(x) \in \mathbb{P}[x]$使得

$$u(x)f(x) + v(x)g(x) = 1,\ s(x)f(x) + t(x)h(x) = 1$$

成立, 两式相乘, 得:

$$\big(u(x)s(x)f(x) + v(x)g(x)s(x) + u(x)t(x)h(x)\big)f(x) + \big(v(x)t(x)\big)\big(g(x)h(x)\big) = 1.$$

由定理4, $(f(x), g(x)h(x)) = 1$.

(ii) 先证必要性. 因为

$$(f_1(x) \cdots f_m(x),\ g_1(x) \cdots g_n(x)) = 1,$$

所以存在$u(x), v(x) \in \mathbb{P}[x]$, 使得

$$u(x)f_1(x) \cdots f_m(x) + v(x)g_1(x) \cdots g_n(x) = 1$$

成立. 可得

$$f_i(x)p_i(x) + g_j(x)q_j(x) = 1,$$

其中

$$p_i(x) = u(x)f_1(x) \cdots f_{i-1}(x)f_{i+1}(x) \cdots f_m(x),$$
$$q_j(x) = v(x)g_1(x) \cdots g_{j-1}(x)g_{j+1}(x) \cdots g_n(x).$$

这意味着

$$(f_i(x), g_j(x)) = 1, (i = 1, 2, \cdots, m;\ j = 1, 2, \cdots, n).$$

再证充分性.

因为$(f_1(x), g_j(x)) = 1$, $(j = 1, 2, \cdots, n)$, 所以由(i)得:

$$(f_1(x), g_1(x) \cdots g_n(x)) = 1.$$

同理

$$(f_2(x), g_1(x)\cdots g_n(x)) = 1, \cdots, (f_m(x), g_1(x)\cdots g_n(x)) = 1.$$

所以

$$(f_1(x)f_2(x)\cdots f_m(x), g_1(x)g_2(x)\cdots g_n(x)) = 1. \qquad \square$$

§1.4 因式分解

多项式的一个核心问题，就是讨论因式分解，即将一个多项式表达为同样数域上的若干个多项式的乘积. 在这方面我们在中学代数中已学过一些具体方法，使得一个多项式分解为“不能再分”的因式的乘积. 但那时对这个问题的讨论是不深入的，所谓的“不能再分”，常常只是看不出怎样“分”下去的意思，而不是严格地论证确实“不可再分”的. 其实是否能再分解常常是相对于所在数域而言的，例如x^4-4, 在$\mathbb{Q}$上，$x^4-4=(x^2-2)(x^2+2)$就不能再分了；但在数域$\mathbb{P}=\mathbb{Q}(\sqrt{2})$，或更大的数域$\mathbb{R}$上，可再分解为$x^4-4=(x-\sqrt{2})(x+\sqrt{2})(x^2+2)$，进一步，在$\mathbb{C}$上，还可再分解为$x^4-4=(x-\sqrt{2})(x+\sqrt{2})(x-\sqrt{2}i)(x+\sqrt{2}i)$.

因此，只有明确所在系数域后，才能确定是否可再分解.

在下面讨论中，我们选定一个数域$\mathbb{P}$作为系数域，然后研究$\mathbb{P}[x]$中多项式的因式分解.

定义 3 设$p(x)\in\mathbb{P}[x]$且$\partial(p(x))\geqslant 1$，若$p(x)$不能表成$\mathbb{P}[x]$中两个次数小于$p(x)$的多项式之积，就称$p(x)$是**$\mathbb{P}$上的不可约多项式**. 常数项多项式我们排除在不可约多项式之外.

比如，$\mathbb{P}$上的一次多项式总是不可约的. x^2+2是$\mathbb{R}$上不可约多项式，但在$\mathbb{C}$上不是不可约的. 从例子看出，一个多项式是否不可约依赖于它所在的系数域.

由定义可见，一个多项式是不可约的当且仅当它的因式只有非零常数和它自身的非零常数倍. 据此可得:

性质 6 若$p(x)\in\mathbb{P}[x]$是不可约多项式，则对任一$f(x)\in\mathbb{P}[x]$，或者$(p(x),\ f(x))=1$或者$p(x)|f(x)$.

证明 令$(p(x),\ f(x))=d(x)$，则$d(x)|p(x)$，从而$d(x)$或者是1或者是$cp(x)$，这儿$c\in\mathbb{P}$是一个非零常数.

若$d(x)=1$，则 $(p(x),\ f(x))=1$ 成立.

若$d(x)\neq 1$，则$d(x)=cp(x)$，故$p(x)|d(x)$，而$d(x)|f(x)$，于是$p(x)|f(x)$. $\square$

性质 7 设$p(x)\in\mathbb{P}[x]$是不可约的，$f(x),\ g(x)\in\mathbb{P}[x]$，那么当$p(x)|f(x)g(x)$时，必$p(x)|f(x)$或$p(x)|g(x)$.

证明 若$p(x)\nmid f(x)$，由性质6知，$(p(x),\ f(x))=1$；由命题2知，$p(x)|g(x)$. $\square$

推论 2 设$p(x)\in\mathbb{P}[x]$是不可约的，$f_i(x)\in\mathbb{P}[x](i=1,\cdots,s)$，那么当$p(x)$整除$f_1(x)\cdots f_s(x)$时，必存在某$i$使得$p(x)|f_i(x)$成立.

关于多项式因式分解的最关键性质是如下的主要结论:

定理 5 (因式分解及唯一性定理) 设$f(x)$是数域$\mathbb{P}$上的多项式且其次数≥ 1. 则

(i) $f(x)$可以分解成数域$\mathbb{P}$上的有限个不可约多项式的乘积;

(ii) 如果不计零次因式的差异, $f(x)$分解成数域$\mathbb{P}$上的有限个不可约多项式的乘积时, 其分解式是唯一的. 即, 如果

$$f(x) = p_1(x)p_2(x)\cdots p_s(x) = q_1(x)q_2(x)\cdots q_t(x),$$

其中$p_i(x)$, $q_j(x)$ $(i,\ j = 1,\ 2,\ \cdots,\ s)$均为不可约的, 那么$s = t$且适当排列因式的次序后有$p_i(x) = c_iq_i(x)$ $(i = 1,\ 2,\ \cdots,\ s)$, 其中$c_i \in \mathbb{P}, c_i \neq 0$ $(i = 1,\ 2,\ \cdots,\ s)$.

证明 (i) 对$\partial(f(x)) = k$作数学归纳法. 当$\partial(f(x)) = 1$时, $f(x)$是一次多项式, 故$f(x)$是不可约的.

假设$\partial(f(x)) < k$时, 结论成立. 下面考虑$\partial(f(x)) = k$时的情况.

如果$f(x)$已是不可约的, 结论自然成立.

如果$f(x)$不是不可约的, 那么存在$f_1(x)$, $f_2(x) \in \mathbb{P}[x]$使得$f(x) = f_1(x)f_2(x)$成立, 且满足$\partial(f_1(x)) < k$, $\partial(f_2(x)) < k$. 由归纳假设, $f_1(x)$和$f_2(x)$分别可分解为$\mathbb{P}$上不可约多项式之积, 从而得到$f(x)$的分解.

(ii) 设

$$f(x) = p_1(x)p_2(x)\cdots p_s(x) = q_1(x)q_2(x)\cdots q_t(x),$$

其中$p_i(x)$, $q_j(x) \in \mathbb{P}[x], (i = 1, \cdots, s; j = 1, \cdots, t)$均为不可约多项式. 对$s$作归纳法证明.

当$s = 1$时, $f(x)$是不可约多项式, 由不可约多项式定义, 必有$t = 1$, 从而

$$f(x) = p_1(x) = q_1(x).$$

假设$s = l - 1$时结论成立. 考虑$s = l$时的情况, 即:

$$f(x) = p_1(x)\cdots p_{l-1}(x)p_l(x) = q_1(x)\cdots q_t(x).$$

这时$p_l(x)|q_1(x)\cdots q_t(x)$, 由推论2, 不妨设$p_l(x)|q_t(x)$, 但$q_t(x)$也不可约, 故存在$c_t \in \mathbb{P}(c_t \neq 0)$使得$p_l(x) = c_tq_t(x)$成立. 于是,

$$p_1(x)\cdots p_{l-1}(x) = c_t^{-1}q_1(x)\cdots q_{t-1}(x).$$

由归纳假设知, $l - 1 = t - 1$即$l = t$, 并且适当排列次序后有非零常数$c_1, \cdots, c_{l-1}$使得

$$p_1(x) = c_1c_t^{-1}q_1(x),\ p_2(x) = c_2q_2(x),\ \cdots,\ p_{l-1}(x) = c_{l-1}q_{l-1}(x)$$

成立. □

在上述定理的不可约分解式中, 某些不可约因式相互间可能仅差一个常数项. 把它的首项系数提出, 那么它们就成为相等的首项系数为1的因式. 再把相同的不可约因式合并, 于是$f(x)$的分解式可写成

$$f(x) = cp_1^{r_1}(x)p_2^{r_2}(x)\cdots p_s^{r_s}(x),$$

其中$0 \neq c \in \mathbb{P}$是$f(x)$的首项系数, $p_i(x)(i = 1,\ \cdots,\ s)$均为不同的首项系数为1的不可约多项式, $r_1,\ \cdots,\ r_s$是正整数. 上述分解式称为$f(x)$的**标准分解式**.

如果我们已知多项式$f(x)$和$g(x)$的标准分解式, 则可以直接写出它们的最大公因式和最小公倍式. 事实上, 令

$$f(x) = ap_1^{r_1}(x)p_2^{r_2}(x)\cdots p_u^{r_u}(x), \quad g(x) = bp_1^{s_1}(x)p_2^{s_2}(x)\cdots p_u^{s_u}(x),$$

其中$p_i(x)$是不可约的, $r_i,\ s_i \geq 0\ (i=1,\ \cdots,\ u)$且$r_i,\ s_i$至少有一个是非零的. 那么,

$$(f(x),\ g(x)) = p_1^{t_1}(x)p_2^{t_2}(x)\cdots p_u^{t_u}(x),$$
$$[f(x),\ g(x)] = p_1^{k_1}(x)p_2^{k_2}(x)\cdots p_u^{k_u}(x),$$

其中$t_i = \min\{r_i,\ s_i\}$, $k_i = \max\{r_i,\ s_i\}$对$i=1,\cdots,u$.

于是, 得关系式:

$$(f(x),g(x))[f(x),g(x)] = f(x)g(x).$$

这恰好是前面提到过的两个多项式的最大公因式和最小公倍式的关系.

下面讨论不可约多项式为重因式的刻画问题.

定义 4 (i) 对$f(x),\ p(x)\in\mathbb{P}[x]$, 其中$p(x)$是不可约的, 若$p^k(x)|f(x)$且$p^{k+1}(x)\nmid f(x)$, 则称$p(x)$是$f(x)$的$k$-**重因式**.

(ii) 上述k的情形: 若$k=0$, 则$p(x)$不是$f(x)$的因式; 若$k=1$, 称$p(x)$是$f(x)$的**单因式**; 若$k>1$, 称$p(x)$是$f(x)$的**重因式**.

如果能直接写出$f(x)$的标准分解式$f(x) = cp_1^{r_1}(x)p_2^{r_2}(x)\cdots p_s^{r_s}(x)$, 当然马上知道$p_i(x)$是否重因式了. 但问题是, 通常未必有办法写出标准分解式. 因此有必要在没给出分解式的情况下, 给出判别某不可约因式是否重因式的方法.

为此, 我们需引入多项式微分(或称导数)的概念.

设

$$f(x) = a_nx^n + a_{n-1}x^{n-1} + \cdots + a_1x + a_0 \in \mathbb{P}[x],$$

则定义

$$f'(x) = a_nnx^{n-1} + a_{n-1}(n-1)x^{n-2} + \cdots + a_1,$$

称$f'(x)$是$f(x)$的**微商**(也称**导数**). 进一步, 我们可定义**高阶微商**,

$$f''(x) = (f'(x))',\ \cdots,\ f^{(k)}(x) = (f^{(k-1)}(x))'.$$

显然, 当$\partial(f(x)) = n$, 则

$$\partial(f'(x)) = n-1,\ \partial(f''(x)) = n-2,\ \cdots,\ \partial(f^{(n)}(x)) = 0,\ \partial(f^{(n+1)}(x)) = -\infty,$$

即: $f(x)$的n阶微商为常数, $n+1$阶微商为0.

由定义直接看出, 把$f(x)$看作一个可导函数, 那么$f'(x)$和微积分中导数的定义导出的公式是一致的. 但它的定义的意义和可导函数的微商意义是不同的, 在这里只能看作是一个形式的定义. 即使如此, 由于微分定义的形式的一致, 由此导出的一些关系也是一样的. 比如, 直接验证即可得出如下基本公式:

$$(f(x)+g(x))' = f'(x)+g'(x);$$
$$(cf(x))' = cf'(x);$$
$$(f(x)g(x))' = f'(x)g(x)+f(x)g'(x);$$
$$(f^m(x))' = mf^{m-1}(x)f'(x).$$

有意思的是, 虽然微商定义对多项式只是形式的, 但是却可用于刻画多项式的实际问题, 比如下面刻画是否有重因式的问题.

定理 6 (i) 在$\mathbb{P}[x]$中, 若不可约多项式$p(x)$是$f(x)$的k-重因式$(k\geq 1)$, 那么它是微商$f'(x)$的$(k-1)$-重因式;

(ii) 反之, 若不可约多项式$p(x)$是$f'(x)$的$(k-1)$-重因式同时也是$f(x)$的因式, 则$p(x)$是$f(x)$的k-重因式.

证明 (i) 由假设, 存在$g(x) \in \mathbb{P}[x]$使得$f(x) = p^k(x)g(x)$, 但$p(x) \nmid g(x)$. 于是

$$f'(x) = p^{k-1}(x)\big(kg(x)p'(x) + p(x)g'(x)\big),$$

从而

$$p^{k-1}(x) | f'(x).$$

又, 因为$p(x) \nmid g(x)$且$p(x) \nmid p'(x)$, 所以$p(x) \nmid g(x)p'(x)$, 从而

$$p(x) \nmid (kg(x)p'(x) + p(x)g'(x)).$$

因此$p^k(x) \nmid f'(x)$, 即$p(x)$是$f'(x)$的$(k-1)$-重因式.

(ii) 因为$p(x)$是$f(x)$的因式, 可设$p(x)$是s-重因式, $s \geq 1$. 那么由(i), $p(x)$是$f'(x)$的$(s-1)$-重因式. 于是, $s-1 = k-1$, 从而$s = k$. □

推论 3 如果不可约多项式$p(x)$是$f(x)$的k-重因式($k \geq 1$), 则$p(x)$分别是$f(x)$, $f'(x), \cdots, f^{(k-1)}(x)$ 的k-重, $(k-1)$-重, $\cdots$, 1-重因式, 但不是$f^{(k)}(x)$的因式.

说明: 定理6 (ii)中若没有条件"$p(x)$同时也是$f(x)$的因式", 一般是导不出"$p(x)$是$f(x)$的k-重因式"的. 例如, $f(x) = (x+1)^2(x-1)$, $f'(x) = (3x-1)(x+1)$, 其中$3x-1$是$f'(x)$的单重因式, 但不是$f(x)$的因式, 更不是2-重因式.

推论 4 不可约多项式$p(x)$是多项式$f(x)$的重因式当且仅当$p(x)$是$f(x)$和$f'(x)$的公因式.

证明 当 $p(x)$是 $f(x)$的k-重因式 $(k > 1)$, 则 $p(x)$是 $f'(x)$的$(k-1)$-重因式, 从而 $p(x)$是 $f(x)$和$f'(x)$的公因式.

反之, 若 $p(x) | (f(x),\ f'(x))$, 设 $p(x)$是 $f(x)$的k-重因式, 那么是 $f'(x)$的$(k-1)$-重因式. 于是 $k-1 \geq 1$, 故 $k \geq 2$. □

推论 5 多项式$f(x)$没有重因式当且仅当$f(x)$与$f'(x)$互素.

证明 由推论4直接得. □

由推论5知, 判别多项式$f(x)$有无重因式, 只需通过辗转相除法求出$f(x)$和$f'(x)$的最大公因式即可. 这是机械的方法.

另一方面, 用这种方法可以由一个多项式找出和它有相同因式但没有重因式的对应多项式. 事实上, 令

$$f(x) = cp_1^{r_1}(x)p_2^{r_2}(x)\cdots p_s^{r_s}(x) \ \ (c \in \mathbb{P},\ r_1,\ \cdots,\ r_s \geq 1).$$

由定理6可得,

$$(f(x),\ f'(x)) = p_1^{r_1-1}(x)p_2^{r_2-1}(x)\cdots p_s^{r_s-1}(x),$$

于是

$$\frac{f(x)}{(f(x),\ f'(x))} = cp_1(x)p_2(x)\cdots p_s(x)$$

是无重因式的.

§ 1.5 重根和多项式函数

对于$f(x) = a_nx^n + \cdots + a_1x + a_0 \in \mathbb{P}[x]$, 我们可定义$\mathbb{P}$上的函数$f: \mathbb{P} \to \mathbb{P}$使得$\alpha \mapsto f(\alpha) = a_n\alpha^n + \cdots + a_1\alpha + a_0$, 称之为$\mathbb{P}$上的一个**多项式函数**. 当$\mathbb{P}$是实域或复域时, 此多项式函数$f$分别是实分析和复分析研究的对象. 注意: $f(x) = \sum a_ix^i$中的加

法和数乘是形式的; 但$f(\alpha)=\sum a_i\alpha^i$ 中的加法、乘法和数乘都是$\mathbb{P}$的加法和乘法.

虽然$f(x)$是抽象地定义的多项式, x只是一个文字, 但与此多项式函数f有着非常密切的关系. 我们可以借助此$\mathbb{P}$上函数f来刻画说明多项式$f(x)$的结构. 首先, 我们有:

引理 3 对$f(x)$, $g(x)\in\mathbb{P}[x]$, 若$f(x)=g(x)$, 那么作为$\mathbb{P}$上函数, $f=g$.

证明 只要证明当$f(x)=0$时, $\mathbb{P}$上函数$f=0$.

令$f(x)=a_nx^n+\cdots+a_1x+a_0$. 由$f(x)=0$, 则$a_i=0$, 对$i=0, 1, \cdots, n$. 从而对任何$\alpha\in\mathbb{P}$, $f(\alpha)=\sum a_i\alpha=0$, 即$f=0$. □

因此, 当$h_1(x)=f(x)+g(x)$, $h_2(x)=f(x)g(x)$时, 自然有: 对$\alpha\in\mathbb{P}$,

$$h_1(\alpha)=f(\alpha)+g(\alpha),\quad h_2(\alpha)=f(\alpha)g(\alpha).$$

对一个多项式, 一次因式如果存在当然是最简单的不可约因式. 它们直接和多项式的根联系在一起. 首先, 我们有:

定理 7 (余数定理) 对任一$f(x)\in\mathbb{P}[x]$, $\alpha\in\mathbb{P}$, 用$x-\alpha$去除多项式$f(x)$, 所得余式必为常数, 且此常数等于函数值$f(\alpha)$.

证明 由带余除法, 存在$q(x)$, $r(x)\in\mathbb{P}[x]$, 使得$f(x)=(x-\alpha)q(x)+r(x)$成立, 其中$\partial(r(x))<\partial(x-\alpha)=1$, 从而$r(x)=c$为一个常数项多项式. 于是, 由引理3,

$$f(\alpha)=(\alpha-\alpha)q(\alpha)+c=c.$$ □

据此, 我们得

推论 6 对$f(x)\in\mathbb{P}[x]$, $\alpha\in\mathbb{P}$, $(x-\alpha)|f(x)$ 当且仅当$f(\alpha)=0$.

当多项式函数f在α处值为0, 即$f(\alpha)=0$时, 我们称α是多项式$f(x)$的一个**根**或**零点**.

对一般不可约多项式前面已经有重因式的概念. 对一次因式是重因式的情况, 我们就有重根的概念, 即: 当$x-\alpha$是$f(x)$的$k-$重因式, 称α是$f(x)$的k-**重根**. 当$k=1$时, 称α是**单根**; 当$k\geq 2$时, α称为**重根**.

例 8 设u是复数域中的某个数, 若u是某个有理系数多项式(或整系数多项式) $f(x)=a_nx^n+a_{n-1}x^{n-1}+\cdots+a_1x+a_0$的根, 则称$u$是一个**代数数**. 证明: 对任一代数数$u$, 存在唯一的次数最小的首一有理不可约多项式$g(x)$, 使得$g(u)=0$. 这时, $g(x)$被称为u的**最小多项式**或**极小多项式**.

证明 存在性显然, 只需证明唯一性. 若$h(x)$是另一个最小多项式, 假设

$$h(x)=g(x)q(x)+r(x),\quad \partial(r(x))<\partial(g(x)),$$

则由$h(u)=g(u)=0$, 可知$r(u)=0$. 若$r(x)\neq 0$, 则与$g(x)$是最小多项式矛盾(u适合一个次数比$g(x)$更小的多项式$r(x)$). 因此$r(x)=0$, 即$g(x)|h(x)$. 再因为$h(x)$也是最小多项式, $h(x)$和$g(x)$次数相等且只差一个常数, 而它们又都是首一的, 所以只能相等, 唯一性得证. □

正如前面已经提到, 求解一元多项式的根是多项式理论发展的基本动力. 关于根的存在性, 下一节我们会再讨论. 现在先给出根的个数的一个估计.

定理 8 $\mathbb{P}[x]$中n次多项式$f(x)(n\geq 0)$在数域$\mathbb{P}$中的根不可能多于n个(重根按重数计算).

证明 当$\partial(f(x)) = 0$, 根的个数当然是零个.

当$\partial(f(x)) \neq 0$, 设$\alpha_1, \cdots, \alpha_s$分别是$f(x)$的$r_1, \cdots, r_s$-重根且$\alpha_i \neq \alpha_j$, 对任何$i \neq j$, 则对任何$i$, $(x-\alpha_i)^{r_i} \mid f(x)$. 于是, 由$((x-\alpha_i)^{r_i}, (x-\alpha_j)^{r_j}) = 1$对任何$i, j$, 导出

$$(x-\alpha_1)^{r_1} \cdots (x-\alpha_s)^{r_s} \mid f(x),$$

这意味着$r_1 + \cdots + r_s \leq \partial(f(x))$. □

再回到多项式与它的多项式函数的关系, 考虑引理3的逆命题, 即, 当$f = g$时, 是否$f(x) = g(x)$?

作为准备, 下面定理以$n+1$个数代替所有的数取值, 对讨论问题是有很强可操作性的方法.

定理 9 若多项式$f(x), g(x) \in \mathbb{P}[x]$的次数都不超过正整数$n$, 而函数$f, g$在$n+1$个不同的数$\alpha_1, \cdots, \alpha_{n+1}$上有相同的值, 即$f(\alpha_i) = g(\alpha_i)$ $(i = 1, \cdots, n+1)$, 那么$f(x) = g(x)$.

证明 令$h(x) = f(x) - g(x)$, 则 $\partial(h(x)) \leq \max\{\partial(f(x)), \partial(g(x))\} \leq n$, 且

$$h(\alpha_i) = f(\alpha_i) - g(\alpha_i) = 0 \ \ (i = 1, \cdots, n+1),$$

即$h(x)$有$n+1$个不同的根, 由定理8, $h(x) = 0$, 从而$f(x) = g(x)$. □

由定理9, 容易证明著名的拉格朗日插值定理(留作练习).

推论 7 (拉格朗日插值定理) 对于数域$\mathbb{P}$上给定的$2(n+1)$个数

$$\alpha_1, \alpha_2, \cdots, \alpha_{n+1}, \beta_1, \beta_2, \cdots, \beta_{n+1},$$

其中$\alpha_i \neq \alpha_j$ $(\forall i \neq j)$. 构造多项式

$$f(x) = \beta_1 f_1(x) + \beta_2 f_2(x) + \cdots + \beta_{n+1} f_{n+1}(x),$$

称之为**拉格朗日插值公式**, 其中, 对$j = 1, 2, \cdots, n+1$,

$$f_j(x) = \frac{(x-\alpha_1)\cdots(x-\alpha_{j-1})(x-\alpha_{j+1})\cdots(x-\alpha_{n+1})}{(\alpha_j-\alpha_1)\cdots(\alpha_j-\alpha_{j-1})(\alpha_j-\alpha_{j+1})\cdots(\alpha_j-\alpha_{n+1})}.$$

则

(1) 多项式函数$f(x)$的次数不超过n且满足$f(\alpha_i) = \beta_i$ $(i = 1, 2, \cdots, n+1)$;

(2) 拉格朗日插值公式中$f(x)$是满足(1)的唯一多项式.

推论 8 对$f(x)$, $g(x) \in \mathbb{P}[x]$, 当它们的多项式函数$f = g$时, 有$f(x) = g(x)$.

证明 设$\partial(f(x))$, $\partial(g(x))$都小于n. $f = g$意味着对任何$\alpha \in \mathbb{P}$, $f(\alpha) = g(\alpha)$, 当然能找到$n+1$个不同的$\alpha_1, \cdots, \alpha_{n+1} \in \mathbb{P}$ 使得$f(\alpha_i) = g(\alpha_i)$, 再由定理9即可. □

由引理3和推论8知, 对$f(x)$, $g(x) \in \mathbb{P}[x]$, 作为$\mathbb{P}$上函数, $f = g$当且仅当$f(x) = g(x)$.

例 9 设$f(x) = a_n x^n + a_{n-1}x^{n-1} + \cdots + a_1 x + a_0$是实系数多项式, 求证:

(1) 若$(-1)^i a_i$全是正数或全是负数, 则$f(x)$没有负实根;

(2) 若a_i全是正数或全是负数, 则$f(x)$没有正实根.

证明 (1) 若$f(x)$有负实根$-c, c > 0$, 代入后得

$$f(-c) = a_n(-c)^n + a_{n-1}(-c)^{n-1} + \cdots + a_1(-c) + a_0,$$

则当$(-1)^i a_i$全是正数, 有$f(-c) > 0$; 当$(-1)^i a_i$全是负数, 有$f(-c) < 0$, 这和$-c$是根

矛盾. 因此$f(x)$无负实根.

同理可证(2). □

例 10 设$h(x), k(x), f(x), g(x)$是实系数多项式, 且

$$(x^2+1)h(x)+(x+1)f(x)+(x-2)g(x)=0, \tag{1.5.1}$$

$$(x^2+1)k(x)+(x-1)f(x)+(x+2)g(x)=0. \tag{1.5.2}$$

则$f(x), g(x)$能被x^2+1整除.

证明 将$x=i$, 这里$i^2=-1$, 代入(1.5.1)和(1.5.2), 得

$$(i+1)f(i)+(i-2)g(i)=0,$$
$$(i-1)f(i)+(i+2)g(i)=0,$$

解得$f(i)=g(i)=0$, 所以$(x-i)|f(x), (x-i)|g(x)$.

类似将$x=-i$代入, 可得$f(-i)=g(-i)=0$, 故$(x+i)|f(x)$, $(x+i)|g(x)$.

从而

$$(x^2+1)|f(x),\ (x^2+1)|g(x).$$ □

§ 1.6 代数基本定理与复、实多项式因式分解

以后对于$\mathbb{P}=\mathbb{C}$, $\mathbb{R}$, $\mathbb{Q}$的情况, 多项式分别称为**复多项式、实多项式、有理多项式**.

上节我们给出了一般数域$\mathbb{P}$上多项式的根的个数估计, 即根的个数不能超过它的次数. 另一方面, 对于根的存在性, 我们可以看到, 比如: $f(x)=x^2+1$, 它在$\mathbb{Q}$上和$\mathbb{R}$上都不可能有根的, 但在$\mathbb{C}$上是有根$\pm i$的, 由此可见, 数域$\mathbb{P}$越大, 多项式的根越可能存在且个数也可能越多. 事实上, 我们有

定理 10 (代数基本定理) 任一次数≥ 1的复多项式在复数域中至少有一个根.

这一定理体现了复数域作为一个数系是完善的, 也是讨论具体数域$\mathbb{C}$和$\mathbb{R}$上多项式因式分解的出发点. 它的证明可以在复函数论课程中由复函数的性质很简洁地给出, 而其完全的代数方法证明则较为复杂, 所以本书省略这一证明. 代数基本定理的第一个实质性证明是德国数学家高斯(Gauss)在他的博士学位论文中给出的.

由前面根与一次因式的关系, 即推论6, 代数基本定理等价于说: 每个次数≥ 1的多项式在复数域上必有一次因式(或说: 次数≥ 2的多项式在复数域上都是可约的).

设$f(x)\in\mathbb{C}[x]$且$\partial(f(x))\geq 1$, 那么$f(x)$有一次因式, 设为$x-\alpha_1$. 令$x-\alpha_1$在$f(x)$中是l_1-重因式, 则$(x-\alpha_1)^{l_1}|f(x)$. 令

$$f_1(x)=\frac{f(x)}{(x-\alpha_1)^{l_1}}.$$

若$\partial(f_1(x))\geq 1$, 则同理, $f_1(x)=\dfrac{f(x)}{(x-\alpha_1)^{l_1}}$也有一次因式$x-\alpha_2$, 设其重数为$l_2$. 则$(x-\alpha_2)^{l_2}|f_1(x)$, 依次得

$$f(x),\quad f_1(x)=\frac{f(x)}{(x-\alpha_1)^{l_1}},\ \cdots,\ f_t(x)=\frac{f_{t-1}(x)}{(x-\alpha_t)^{l_t}},$$

使得

$$\partial(f_t(x))=0.$$

因此
$$f(x)=a_n(x-\alpha_1)^{l_1}(x-\alpha_2)^{l_2}\cdots(x-\alpha_t)^{l_t},$$
其中$\alpha_1,\cdots,\alpha_t$是不同的复数，$l_1,\cdots,l_t$是正整数，且$l_1+\cdots+l_t=\partial(f(x))$. 这是$f(x)$的标准分解，从而得：

定理 11 (i) 复数域上每个次数≥ 1的多项式都可以唯一地分解成一次因式的乘积；

(ii) 复数域上每个n次多项式恰有n个复根(重根按重数计算).

下面讨论实多项式的因式分解.

设$f(x)=a_nx^n+\cdots+a_1x+a_0\in\mathbb{R}[x]$. 当然$f(x)$也是$\mathbb{C}[x]$中的多项式. 由代数基本定理，$f(x)$至少有一个复根，设为$\alpha$, 即：
$$f(\alpha)=a_n\alpha^n+\cdots+a_1\alpha+a_0=0.$$
上式两边取复数共轭，因为$a_i=\bar{a}_i$, 从而：
$$f(\bar{\alpha})=a_n\bar{\alpha}^n+\cdots+a_1\bar{\alpha}+a_0=0.$$
这说明$\bar{\alpha}$也是$f(x)$的一个根.

如果α是一个实数，那么$\alpha=\bar{\alpha}$且$x-\alpha$是$f(x)$的一个一次因式.

如果$\alpha\in\mathbb{C}$不是实数，那么$\alpha\neq\bar{\alpha}$, 从而$x-\alpha$和$x-\bar{\alpha}$是$f(x)$的两个不同的复一次因式. 因为
$$(x-\alpha,\ x-\bar{\alpha})=1,$$
所以，在$\mathbb{C}[x]$上，
$$(x-\alpha)(x-\bar{\alpha})\mid f(x).$$
因为
$$(x-\alpha)(x-\bar{\alpha})=x^2-(\alpha+\bar{\alpha})x+\alpha\bar{\alpha}$$
是一个实二次多项式. 从而在$\mathbb{R}[x]$上也有$(x^2-(\alpha+\bar{\alpha})x+\alpha\bar{\alpha})|f(x)$成立. 又，由因式分解唯一性知道，
$$x^2-(\alpha+\bar{\alpha})x+\alpha\bar{\alpha}$$
是实不可约多项式. 据此，我们得

命题 4 一个实多项式$f(x)$的非实复根总是成对出现的，即当非实复数α是$f(x)$的根时，$\bar{\alpha}$也是$f(x)$的根，并且$x^2-(\alpha+\bar{\alpha})x+\alpha\bar{\alpha}$是$f(x)$在实数域上的不可约二次因式.

对于$f(x)\in\mathbb{R}[x]$, 把它看作$\mathbb{C}[x]$中的多项式，由命题4，不妨设$f(x)$在$\mathbb{C}$中的不同根有：
$$\alpha_1,\cdots,\alpha_r,\ \beta_1,\cdots,\beta_s,\ \bar{\beta}_1,\cdots,\bar{\beta}_s,$$
其中$\alpha_1,\cdots,\alpha_r\in\mathbb{R}$, $\beta_1,\cdots,\beta_s\in\mathbb{C}$是非实的. 那么$f(x)$的标准分解式可以写为：
$$\begin{aligned}f(x)&=a_n\left(\prod_{i=1}^{r}(x-\alpha_i)^{l_i}\right)\left(\prod_{j=1}^{s}(x-\beta_j)^{k_j}(x-\bar{\beta}_j)^{k_j}\right)\\&=a_n\left(\prod_{i=1}^{r}(x-\alpha_i)^{l_i}\right)\left(\prod_{j=1}^{s}(x^2-(\beta_j+\bar{\beta}_j)x+\beta_j\bar{\beta}_j)^{k_j}\right),\end{aligned}$$
其中$x-\alpha_i$ $(i=1,\cdots,r)$是实一次因式，$x^2-(\beta_j+\bar{\beta}_j)x+\beta_j\bar{\beta}_j$是实二次不可约因式.

综上所述，即有：

定理 12 每个次数≥ 1的实多项式在实数域上总可以唯一地分解为一次因式和

二次不可约因式的乘积.

§1.7 有理多项式的因式分解

作为一种特殊情形, 我们当然可以说, 每个次数≥ 1的有理多项式总能唯一地分解为有理不可约多项式的乘积, 这里有理不可约多项式是指它是有理多项式且在$\mathbb{Q}[x]$是不可约的.

由前面可知, 复不可约多项式是一次的, 实不可约多项式是一次或二次的, 那么有理不可约多项式如何呢? 本节我们将证明, 有理不可约多项式的次数可以是任意的.

本节的另一个主要任务是讨论有理多项式的有理根判别问题.

我们的方法是将有理多项式的因式分解归结为整系数多项式的因式分解问题.

对于整系数多项式, 我们有如下概念:

定义 5 一个非零的整系数多项式

$$g(x) = b_n x^n + \cdots + b_1 x + b_0$$

的系数$b_n, \cdots, b_1, b_0$如果是互素的, 即

$$(b_0, b_1, \cdots, b_n) = 1,$$

那么称$g(x)$是一个**本原多项式**.

命题 5 任一非零有理多项式$f(x)$可表成一个有理数r与一个本原多项式$g(x)$之积, 且这样的分解在允许差一个正负号的情况下是唯一的.

证明 令$f(x) = a_n x^n + \cdots + a_1 x + a_0$, 其中$a_i = \dfrac{b_i}{c_i} \in \mathbb{Q}$, b_i, $c_i \neq 0$是整数, $a_n \neq 0$. 则

$$\begin{aligned} f(x) = & \frac{1}{c_0 c_1 \cdots c_n}(c_0 c_1 \cdots c_{n-1} b_n x^n + c_0 c_1 \cdots c_{n-2} c_n b_{n-1} x^{n-1} + \cdots \\ & + c_0 c_2 c_3 \cdots c_n b_1 x^1 + c_1 \cdots c_n b_0). \end{aligned}$$

令

$$c_0 c_1 \cdots c_n = c,\ c_0 c_1 \cdots c_{n-1} b_n = d_n,\ c_0 c_1 \cdots c_{n-2} c_n b_{n-1} = d_{n-1},\ \cdots,$$
$$c_0 c_2 c_3 \cdots c_n b_1 = d_1,\ c_1 c_2 c_3 \cdots c_n b_0 = d_0.$$

再令$(d_0, d_1, \cdots, d_n) = d$, $\dfrac{d_i}{d} = t_i$. 则

$$f(x) = \frac{d}{c}\left(\sum_{i=0}^{n} t_i x^i\right),$$

其中$(t_0, t_1, \cdots, t_n) = 1$, 即

$$f_1(x) \triangleq \sum_{i=0}^{n} t_i x^i$$

是本原的.

假设有另一个分解$f(x) = \dfrac{d'}{c'} f_2(x)$, 其中

$$f_2(x) = \sum_{i=0}^{n} t'_i x^i$$

是本原的, d', c' 是整数, 则

$$c'df_1(x) = cd'f_2(x)\,.$$

因为$f_1(x)$与$f_2(x)$都是本原的，所以整系数多项式$c'df_1(x)$ 与$cd'f_2(x)$ 的系数的最大公因数分别是$c'd$与cd', 但它们其实是同一个多项式. 故

$$c'd = \pm cd',\ t_i = \pm t_i'\ \ (i = 0,\ 1,\ \cdots,\ n).$$

从而结论成立. □

由命题5, 我们可以将有理多项式的因式分解归结为本原多项式的因式分解. 进一步的关键是我们将证明(定理13), 一个本原多项式能否分解为两个次数较低的有理多项式之积, 与它能否分解为两个次数较低的整系数多项式之积是一致的. 这样我们就把问题完全转化到了整系数多项式的范围内的因式分解了. 作为准备, 首先证明:

引理 4 (Gauss引理) 两个本原多项式的积仍为本原多项式.

证明 设

$$\begin{aligned} f(x) &= a_nx^n + \cdots + a_1x + a_0,\\ g(x) &= b_mx^m + \cdots + b_1x + b_0 \end{aligned}$$

是两个本原多项式, 则:

$$h(x) \triangleq f(x)g(x) = d_{n+m}x^{n+m} + \cdots + d_1x + d_0,$$

其中$d_l = \sum\limits_{s+t=l} a_sb_t$ 对于$l = 0,\ 1,\ \cdots,\ n+m$.

令$(d_0,\ d_1,\ \cdots,\ d_{n+m}) = d$. 假如$h(x)$不是本原多项式, 则整数$d \neq 1$, 从而$d$至少有一个素因数, 设为$p$, 那么$p \mid d_i\ \ (i = 0,\ 1,\ \cdots,\ n+m)$.

但$f(x)$和$g(x)$是本原的, 故p不能整除它们所有的系数, 从而存在i和j, 使得:

$$\begin{aligned} &p \mid a_0,\ \cdots,\ p \mid a_{i-1}\text{但}p \nmid a_i;\\ &p \mid b_0,\ \cdots,\ p \mid b_{j-1}\text{但}p \nmid b_j. \end{aligned}$$

考虑

$$\begin{aligned} d_{i+j} = a_ib_j &+ (a_{i+1}b_{j-1} + a_{i+2}b_{j-2} + \cdots + a_{i+j}b_0) +\\ &(a_{i-1}b_{j+1} + a_{i-2}b_{j+2} + \cdots + a_0b_{i+j}), \end{aligned}$$

其中$p \mid d_{i+j}$, 从而也整除右边. 但p实际上整除右边除了a_ib_j外的所有项, 所以p不能整除右边. 这是矛盾.

所以$h(x)$是本原多项式. □

定理 13 一个非零的整系数多项式若能分解为两个较低次有理多项式之积, 必也能分解为两个较低次整系数多项式之积.

证明 设整系数多项式

$$f(x) = g(x)h(x),$$

其中$g(x)$, $h(x) \in \mathbb{Q}[x]$且$\partial(g(x)) < \partial(f(x))$, $\partial(h(x)) < \partial(f(x))$, 则存在本原多项式$f_1(x)$, $g_1(x)$, $h_1(x)$ 使得

$$f(x) = af_1(x),\quad g(x) = rg_1(x),\quad h(x) = sh_1(x),$$

其中$a \in \mathbb{Z}$, r, $s \in \mathbb{Q}$, 从而$af_1(x) = rsg_1(x)h_1(x)$. 由Gauss引理, $g_1(x)h_1(x)$是本原多

项式, 由命题5, $f_1(x)=\pm g_1(x)h_1(x)$, $a=\mp rs$, 即$rs\in\mathbb{Z}$. 于是

$$f(x)=(rsg_1(x))h_1(x),$$

其中$rsg_1(x)$是整系数多项式. □

用证明此定理的同样方法, 易得:

命题 6 *设$f(x)$, $g(x)$是整系数多项式且$g(x)$是本原的. 若$f(x)=g(x)h(x)$, 其中$h(x)$是有理多项式, 那么$h(x)$必为整系数的.*

请读者作为练习自己完成上述命题的证明.

由这一命题我们可以得到求整系数多项式全部有理根的方法. 即, 我们有:

定理 14 *设$f(x)=a_nx^n+\cdots+a_1x+a_0$是一个整系数多项式, $\alpha=\dfrac{r}{s}$是$f(x)$ 的一个有理根, 其中r与s是互素的整数, 那么必有$r\mid a_0$, $s\mid a_n$.*

证明 因为$f(\alpha)=0$, 所以在$\mathbb{Q}$上有$(x-\alpha)\mid f(x)$. 从而$(sx-r)\mid f(x)$. 由r与s互素知, $sx-r$是本原多项式, 故由命题6知存在整系数多项式$b_{n-1}x^{n-1}+\cdots+b_1x+b_0$, 使得

$$f(x)=(sx-r)(b_{n-1}x^{n-1}+\cdots++b_1x+b_0).$$

比较上式两边的整系数, 得:

$$a_n=sb_{n-1},\quad a_0=-rb_0.$$

因此我们有$r\mid a_0$, $s\mid a_n$. □

直接考虑定理14中$a_n=1$, 易得:

推论 9 *若$f(x)=x^n+a_{n-1}x^{n-1}+\cdots+a_0$是一个首项系数为1的整系数多项式, 那么$f(x)$可能的有理根必为整数且均为$a_0$的因子.*

根据上述定理, 我们可以给出求任一有理多项式$f(x)$的有理根的步骤如下:

(1) 分解

$$f(x)=af_1(x),$$

其中$a\in\mathbb{Q}$, $f_1(x)=a_nx^n+\cdots+a_1x+a_0$是本原多项式.

(2) 给出a_n与a_0的完全素数分解, 找出a_n和a_0的所有整数因子, 分别设为

$$s_1,\cdots,s_p;\ r_1,\cdots,r_q.$$

(3) 看哪些$\dfrac{r_i}{s_j}$满足

$$f_1(\frac{r_i}{s_j})=0,$$

这些就是$f(x)$的所有有理根.

例 11 *求多项式$f(x)=3x^4+5x^3+x^2+5x-2$的所有有理根.*

解 $a_4=3$, 所有因子是±1, ±3; $a_0=-2$, 所有因子是±1, ±2. 因此$f(x)$的所有可能的有理根是: ±1, $\pm\dfrac{1}{3}$, ±2, $\pm\dfrac{2}{3}$. 将它们分别代入$f(x)$中, 或者用带余除法, 求出$f(x)$的值, 可得:

$$f(1)=12,\qquad f(-1)=-8,\qquad f(\frac{1}{3})=0,\qquad f(-\frac{1}{3})=-\frac{100}{27},$$

$$f(2)=100,\qquad f(-2)=0,\qquad f(\frac{2}{3})=\frac{104}{27},\qquad f(-\frac{2}{3})=-\frac{156}{27}.$$

因此$f(x)$共有两个有理根$\frac{1}{3}$和-2.

例 12 证明$f(x)=x^3+2x^2+x+1$在有理数域上是不可约的.

证明 若$f(x)$可约, 因$\partial(f(x))=3$, 故至少有一个一次因式, 即$f(x)$有有理根. 由定理14, $f(x)$的有理根只能是±1, 但$f(\pm1)\neq 0$. 所以实际上$f(x)$没有有理根, 因此$f(x)$是不可约的. □

需要指出的是, 上述方法只是给出可能的有理根, 也就是有理一次因式. 当$f(x)$没有有理根时, 不能说$f(x)$就是不可约的, 即可能有次数大于1的有理因式.

上面我们解决了有理多项式的有理根求解问题. 下面讨论有理不可约多项式的判别问题.

定理 15 (Eisenstein判别法) 设$f(x)=a_nx^n+\cdots+a_1x+a_0$是一个整系数多项式. 如果存在素数$p$使得:

1) $p\nmid a_n$;

2) $p\mid a_{n-1},\ a_{n-2},\ \cdots,\ a_0$;

3) $p^2\nmid a_0$.

那么$f(x)$在有理数域上是不可约多项式.

证明 用反证法. 若$f(x)$在$\mathbb{Q}$上可约的, 即由定理13, $f(x)$可分解为两个次数较低次整系数多项式之积, 设为:

$$f(x)=(b_sx^s+\cdots+b_1x+b_0)(c_tx^t+\cdots+c_1x+c_0).$$

那么, $a_n=b_sc_t$, $a_0=b_0c_0$. 一般地, 对$0\leq k\leq n$, 有

$$a_k=b_kc_0+b_{k-1}c_1+\cdots+b_0c_k.$$

因为$p\mid a_0$, 所以$p\mid b_0$或$p\mid c_0$, 但$p^2\nmid a_0$. 故不能同时有$p\mid b_0$和$p\mid c_0$, 不妨设$p\mid b_0$但$p\nmid c_0$.

另一方面, $p\nmid a_n$故$p\nmid b_s$, 假设$b_0,\ b_1,\ \cdots,\ b_s$中第一个不能被p整除的是b_i, 那么$0\leq i\leq s\lneqq n$. 但是

$$a_i=b_ic_0+b_{i-1}c_1+\cdots+b_0c_i,$$

其中$a_i,\ b_0,\ \cdots,\ b_{i-1}$均可被$p$整除, 故$p\mid b_ic_0$, 得$p\mid b_i$或$p\mid c_0$, 这与假设矛盾. □

例 13 证明下述多项式在$\mathbb{Q}$中是不可约的:

i) $f(x)=2x^4+3x^3-9x^2-3x+6$;

ii) $f(x)=x^n+2x+2$;

iii) $f(x)=x^n+2$,

其中 ii)和 iii)中的n可取任意正整数.

证明 i) 用Eisenstein判别法. 取$p=3$, 则

$$3\nmid 2,\ 3^2\nmid 6,\ 3\mid 3,\ 3\mid(-9),\ 3\mid(-3),\ 3\mid 6.$$

所以$f(x)$在$\mathbb{Q}$上是不可约的.

ii)和 iii) 取$p=2$, 由Eisenstein判别法即可. □

例 14 多项式x^p+px+1 (p为奇素数)在有理数域上是否可约?

解 令$x=y-1$, 则:

$$\begin{aligned}f(x)&=x^p+px+1\\&=(y^p-py^{p-1}+C_p^2y^{p-2}+\cdots+C_p^{p-1}y-1)+(py-p)+1\\&=y^p-py^{p-1}+C_p^2y^{p-2}-\cdots-C_p^{p-2}y^2+2py-p\\&\triangleq g(y),\end{aligned}$$

这里

$$C_n^i=\frac{n!}{(n-i)!i!}.$$

显然$f(x)$的可约性等价于$g(y)$的可约性. 但对素数p, 用Eisenstein判别法知, $g(y)$是不可约的, 从而$f(x)$也是不可约的.

需要注意的是, Eisenstein判别法只是给出了多项式不可约的一个充分而非必要的条件. 即如果找不到适当的p使条件成立, 也不能说多项式一定是可约的.

§1.8 习 题

1. 用带余除法, 求$g(x)$除$f(x)$所得的商$q(x)$与余式$r(x)$.

   (1) $f(x)=x^5-x^3+3x^2-1, g(x)=x^3-3x+2$;
   (2) $f(x)=x^3-3x^2-x-1, g(x)=3x^2-2x+1$;
   (3) $f(x)=x^5-x^3-1, g(x)=x-2$.

2. a,b是什么数时, 下列各题中的$f(x)$能被$g(x)$整除:

   (1) $f(x)=x^4-3x^3+6x^2+ax+b, g(x)=x^2-1$;
   (2) $f(x)=ax^4+bx^3+1, g(x)=(x-1)^2$.

3. 试给出$x^3-3px+2q$被$x^2+2ax+a^2$整除的条件.

4. 设$a\in\mathbb{P}$. 证明: 对任意的正整数n, 有$(x-a)\mid(x^n-a^n)$.

5. 设$f(x)\in\mathbb{P}[x]$, k是任一正整数. 证明: $x\mid f^k(x)$当且仅当$x\mid f(x)$.

6. 把$f(x)$表成$x-x_0$的方幂的和的形式, 即$f(x)=\sum\limits_{i=0}^{+\infty}a_i(x-x_0)^i$:

   (1) $f(x)=5x^4-6x^3+x^2+4, x_0=1$;
   (2) $f(x)=2x^5+5x^4-x^3+10x-6, x_0=-2$.

7. 设$f(x)=4x^4-2x^3-16x^2+5x+9$, $g(x)=2x^3-x^2-5x+4$. 求$(f(x),\ g(x))$, 并求$u(x),v(x)$, 使得$u(x)f(x)+v(x)g(x)=(f(x),\ g(x))$成立.

8. 设$f(x)=x^3+(1+t)x^2+2x+2u$, $g(x)=x^3+tx+u$的最大公因式是二次多项式, 求t, u.

9. 设$(f_1(x),f_2(x))=d(x)\neq0$. 证明: $\left(\dfrac{f_1(x)}{d(x)},\dfrac{f_2(x)}{d(x)}\right)=1$.

10. 设在$\mathbb{P}[x]$中有不全为零的多项式$g_1(x), g_2(x), \cdots, g_s(x)$, $d(x)$是这些多项式的一个公因式, 且在$\mathbb{P}[x]$中有分解式

$$g_j(x) = d(x)h_j(x), j = 1, 2, \cdots, s.$$

证明: $d(x)$是$g_1(x)$, $g_2(x)$, $\cdots$, $g_s(x)$的一个最大公因式当且仅当$h_1(x), h_2(x), \cdots, h_s(x)$互素.

11. 证明: $(f(x),\ g(x)) = 1$的充要条件是$(f(x)g(x),\ f(x) + g(x)) = 1$.

12. 证明: 如果$(f(x),\ g(x)) = 1$, $(f(x),\ h(x)) = 1$, 那么$(f(x),\ g(x)h(x)) = 1$. 该结论能推广吗？为什么？

13. 设$f(x)$, $g(x)$, $h(x)$是任意多项式, 且$f(x) \neq 0$.

(1) 证明: 若$(f(x),\ g(x)) = 1$则$(f(x),\ g(x)h(x)) = (f(x),\ h(x))$.

(2) 问: 上述结论反之是否成立？

14. 设$f(x)$, $g(x)$, $h(x) \in \mathbb{P}[x]$, 且$(f(x),\ g(x)) = 1$. 证明: 若$f(x)$与$g(x)$都整除$h(x)$, 那么$f(x)g(x)$也整除$h(x)$. 此结论能推广吗？为什么？

15. 用最小公倍式的定义证明: 如果$f(x)$与$g(x)$都是首项系数为1的多项式, 则

$$[f(x),\ g(x)](f(x),\ g(x)) = f(x)g(x).$$

16. 证明: 两个多项式的一个公因式是最大公因式当且仅当这个公因式是次数最大的公因式.

17. 证明:

(1) $(8x^9 - 6x^7 + 4x - 7)^3(2x^5 - 3)^7$的展开式中各项系数之和为1.

(2) $(6 - \frac{1}{\sqrt{2}}\,x - 5x^2 - x^3)^{97}(1 - 6x^2 + 5x^4 + \sqrt{2}\,x^6)^{99}$ 的展开式各项系数之和为-2.

18. 证明: 多项式

$$f(x) = (x^{50} - x^{49} + x^{48} - x^{47} + \cdots + x^2 - x + 1)(x^{50} + x^{49} + \cdots + x + 1)$$

的展开式中无奇数次项.

(提示: $f(x)$对应的多项式函数是偶函数.)

19. 若复系数非零多项式$f(x)$没有重因式，证明: $(f(x) + f'(x), f(x)) = 1$.

20. 求下列多项式的公共根:

$$f(x) = x^4 + 2x^2 + 9与g(x) = x^4 - 4x^3 + 4x^2 - 9.$$

21. (1) 证明: a是$f(x)$的$k+1$重根的充分必要条件是

$$f(a) = f'(a) = \cdots = f^{(k)}(a) = 0,\ 而f^{(k+1)}(a) \neq 0.$$

(2) 举例说明断语“若a是$f'(x)$的m重根，那么a是$f(x) = m+1$重根”是不对的.

22. 判断$f(x) = x^5 - 10x^2 + 15x - 6$有无重根，若有，试求它的所有根并确定重数.

23. 问p, q取何值时, 多项式$f(x) = x^3 + px + q$有重根？

24. 证明: 多项式$f(x) = x^n + ax^{n-m} + b$不存在重数大于2的非零根.

25. 问当正整数n取何值时, 多项式$f(x) = (x+1)^n - x^n - 1$有重因式？

26. 证明: 下列多项式没有重根.

(1) $f(x)=1+x+\dfrac{x^2}{2!}+\cdots+\dfrac{x^n}{n!}$;

(2) $g(x)=x^n+nx^{n-1}+n(n-1)x^{n-2}+\cdots+n(n-1)\cdots 3\cdot 2x+n!$

27. 分别写出下列多项式在实数域$\mathbb{R}$和复数域$\mathbb{C}$上的因式分解.

(1) $f(x)=x^4-4x^3+2x^2+x+6$;

(2) $g(x)=x^3+x^2+x+1$.

28. 设复系数多项式

$$f(x)=a_nx^n+a_{n-1}x^{n-1}+\cdots+a_2x^2+a_1x+a_0$$

(其中$a_n\neq 0,\ a_0\neq 0$)的n个复根为$\alpha_1,\ \alpha_2,\ \cdots,\ \alpha_n$，求复系数多项式

$$g(x)=a_0x^n+a_1x^{n-1}+\cdots+a_{n-2}x^2+a_{n-1}x+a_n$$

的所有复根.

29. 若已知多项式$f(x)$为本原多项式，证明：多项式$f(x+1)$也为本原多项式.

30. 判断下列多项式是否有有理根, 若有, 请求之:

(1) $2x^5-4x^4-5x^3+10x^2-3x+6$;

(2) $5x^4+3x^3-x^2+2x+14$;

(3) $12x^4-20x^3-11x^2+5x+2$.

31. 判断下列多项式在有理数域上是否可约.

(1) $5x^4-6x^3+12x+6$;

(2) x^6+x^3+1;

(3) $f(x)=x^p+px+2p-1$, p为素数;

(4) $f(x)=1+x+\dfrac{x^2}{2!}+\cdots+\dfrac{x^p}{p!}$, p为素数.

补 充 题

1. 设$f_0(x),\ f_1(x),\ \cdots,\ f_{n-1}(x)\in\mathbb{P}[x]$, 并且在$\mathbb{P}$上, x^n-a整除$\sum\limits_{i=0}^{n-1}f_i(x^n)x^i$. 证明: $x-a$整除$f_i(x)$, $i=0,\ 1,\ 2,\ \cdots,\ n-1$.
(提示: 设$f_i(x)=(x-a)q_i(x)+r_i$, $i=0,\ 1,\ 2,\ \cdots,\ n-1$. 由此可得
$$\sum_{i=0}^{n-1}f_i(x^n)x^i=(x^n-a)\sum_{i=0}^{n-1}q_i(x^n)x^i+\sum_{i=0}^{n-1}r_ix^i,$$
再利用已知条件即可.)

2. 设d, n是两个正整数, 证明: $(x^d-1)\mid(x^n-1)$当且仅当$d\mid n$.

3. 设$f_1(x)=af(x)+bg(x)$, $g_1(x)=cf(x)+dg(x)$, 且$ad-bc\neq 0$, 证明
$$(f(x),\ g(x))=(f_1(x),\ g_1(x)).$$

4. 设m, n为大于1的整数. 证明: 多项式
$$f(x)=x^{m-1}+x^{m-2}+\cdots+x+1,\ g(x)=x^{n-1}+x^{n-2}+\cdots+x+1$$
互素当且仅当m与n互素.

5. 设$f_1(x), f_2(x), g_1(x), g_2(x)$为非零多项式，且$(f_i(x), g_j(x)) = 1,\ i, j = 1, 2$, 证明:
$$(f_1(x)g_1(x),\ f_2(x)g_2(x)) = (f_1(x),\ f_2(x))(g_1(x),\ g_2(x)).$$
6. 设m为任一自然数，证明: $g^m(x)|f^m(x)$当且仅当$g(x)|f(x)$.
7. 证明: 多项式$f(x)$与$g(x)$互素的充要条件是，对任意正整数n, $f^n(x)$与$g^n(x)$都互素.
8. 证明: 设$f(x) \in \mathbb{P}[x]$, 且$\partial(f(x)) = n \geq 1$, 则如下陈述等价:

   (1) $f'(x)|f(x)$;
   (2) $f'(x)$中不含$f(x)$中没有的不可约因式;
   (3) $f(x)$有n重根.

9. 证明: 如果n次多项式$f(x)$的根为$x_1,\ x_2,\ \cdots,\ x_n$, 而数c不是$f(x)$的根，则
$$\sum_{i=1}^{n} \frac{1}{x_i - c} = -\frac{f'(c)}{f(c)}.$$
10. 设$f_1(x),\ f_2(x),\ \cdots,\ f_n(x)$都是实多项式. 证明: 存在实多项式$f(x)$和$g(x)$, 使得
$$\sum_{i=1}^{n} f_i^2(x) = f^2(x) + g^2(x).$$
11. 证明: 三次实多项式$f(x) = x^3 + a_1x^2 + a_2x + a_3$ 的根都在左半复平面内(即根的实部为负数)当且仅当$a_1,\ a_2,\ a_3$均为正数，且$a_3 < a_2a_1$.
12. 设 n次整系数多项式函数$f(x)$在多于 n个整数 x处取值1或-1, 这里 $n \geq 1$. 证明: 多项式$f(x)$在有理数域上不可约.

第 2 章　多元多项式理论

§ 2.1　多元多项式

设$\mathbb{P}$是一个数域, $x_1, \cdots, x_n$是n个文字, 形式为

$$\sum_{k_1, k_2, \cdots, k_n} a_{k_1 k_2 \cdots k_n} x_1^{k_1} x_2^{k_2} \cdots x_n^{k_n}$$

的式子被称为一个n**元多项式**, 其中和是形式和, 不同文字间的乘积是可换的, $a_{k_1 \cdots k_n} \in \mathbb{P}$ 是$x_1^{k_1} x_2^{k_2} \cdots x_n^{k_n}$的系数, 且和式中至多有限个系数非零, $a_{k_1 \cdots k_n} x_1^{k_1} \cdots x_n^{k_n}$被称为一个**单项式**(或**单项**). 我们通常用$f(x_1, \cdots, x_n)$表示上述n元多项式, 有时也表为$f(x)$, 其中$x = (x_1, \cdots, x_n)^{\mathrm{T}}$. 如果两个单项式中相同文字的幂完全一样, 就称它们是**同类项**, 它们可以相加, 将系数相加即可.

n元多项式的**相等**、**相加**、**相减**、**相乘**与一元多项式一样类似可以定义. 例如:

$$(5x_1^3x_2x_3^2 + 4x_1^2x_2^2x_3) + (2x_1^2x_2^2x_3 - x_1^4x_2x_3) = 5x_1^3x_2x_3^2 + 6x_1^2x_2^2x_3 - x_1^4x_2x_3;$$

$$(5x_1^3x_2x_3^2 + 4x_1^2x_2^2x_3)(2x_1^2x_2^2x_3 - x_1^4x_2x_3) = 10x_1^5x_2^3x_3^3 - 5x_1^7x_2^2x_3^3 + 8x_1^4x_2^4x_3^2 - 4x_1^6x_2^3x_3^2.$$

所有系数在$\mathbb{P}$中的n元多项式的全体被称为$\mathbb{P}$上的n**元多项式环**, 记为$\mathbb{P}[x_1, \cdots, x_n]$.

每个单项式$ax_1^{k_1}x_2^{k_2}\cdots x_n^{k_n}$ 由一个对应的n元数组$(k_1, k_2, \cdots, k_n)$唯一决定, 其中$k_i \geq 0$. 这样的对应是$1-1$的, 表示$\boldsymbol{\alpha} = (k_1, k_2, \cdots, k_n)$, 那么$ax_1^{k_1}x_2^{k_2}\cdots x_n^{k_n}$可以表示为$ax^{\boldsymbol{\alpha}} = ax_1^{k_1}x_2^{k_2}\cdots x_n^{k_n}$. 对于此单项式, 当$a \neq 0$时 $k_1 + k_2 + \cdots + k_n$称为其**次数**.

当一个多项式$f(x_1, x_2, \cdots, x_n)$表成一些不同类的单项式之和时, 其系数不为零的单项式的次数最大数被称为此**多项式的次数**, 表示为$\partial(f(x_1, x_2, \cdots, x_n))$. 例如: $\partial(3x_1^2x_2^2 + 2x_1x_2^2x_3 + x_3^3) = 4$.

一元多项式中的单项式依照各单项的次数自然地排出了一个顺序, 但这种顺序法对多元多项式中的单项就不适用了, 因为不同类的单项式可能有相同的次数. 正如一元多项式单项的降幂排法对于问题的讨论带来方便, 也有必要在多元多项式的单项间引入一种适当的排序法, 最常用的就是模仿字典中单词排列原则给出的所谓**字典排序法**.

前已提到, 每一类单项式$x_1^{k_1}x_2^{k_2}\cdots x_n^{k_n}$对应于一个$n$元数组$(k_1, k_2, \cdots, k_n)$. 因此, 要定义两类单项式间的排序, 只要定义这样的n元数组间的一种序就可以了, 具体如下:

对两个n元数组$(k_1, k_2, \cdots, k_n)$和$(l_1, l_2, \cdots, l_n)$, 如果数列

$$k_1 - l_1, k_2 - l_2, \cdots, k_n - l_n$$

中第一个不为零的数是正的, 即: 存在$i \leqslant n$使得

$$k_1 - l_1 = 0, \cdots, k_{i-1} - l_{i-1} = 0, k_i - l_i > 0,$$

就称$(k_1, k_2, \cdots, k_n)$先于$(l_1, l_2, \cdots, l_n)$，表为

$$(k_1, k_2, \cdots, k_n) > (l_1, l_2, \cdots, l_n).$$

这时，就说单项$x_1^{k_1}x_2^{k_2}\cdots x_n^{k_n}$排在单项$x_1^{l_1}x_2^{l_2}\cdots x_n^{l_n}$之前.

例如: 多项式$2x_2^2x_3^4 - x_1x_2^2x_3^4 + x_2x_3^5 + x_3^7 + 3x_1x_2^3x_3^2$的对应数组按大小排列为

$$(1, 3, 2) > (1, 2, 4) > (0, 2, 4) > (0, 1, 5) > (0, 0, 7).$$

因此这个多项式按字典排序法写就是:

$$3x_1x_2^3x_3^2 - x_1x_2^2x_3^4 + 2x_2^2x_3^4 + x_2x_3^5 + x_3^7.$$

按字典排序法写出来的第一个系数不为零的单项式称为是多项式的**首项**，例如上面的多项式的首项是$3x_1x_2^3x_3^2$. 应该注意的是: 首项的次数未必是所有单项式中最大的，比如上面的多项式的首项的次数是6，小于末项x_3^7的次数7. 这与一元多项式是不同的.

当$n = 1$时，字典排序法就是一元多项式中的降幂排序法.

由定义易见, 对任意两个不同的n元数组$(k_1, k_2, \cdots, k_n)$和$(l_1, l_2, \cdots, l_n)$，必有

$$(k_1, k_2, \cdots, k_n) > (l_1, l_2, \cdots, l_n)$$

或者

$$(l_1, l_2, \cdots, l_n) > (k_1, k_2, \cdots, k_n)$$

其一成立. 而且排序具有传递性，即若

$$(k_1, k_2, \cdots, k_n) > (l_1, l_2, \cdots, l_n),\ (l_1, l_2, \cdots, l_n) > (m_1, m_2, \cdots, m_n),$$

则必有

$$(k_1, k_2, \cdots, k_n) > (m_1, m_2, \cdots, m_n).$$

因此，这种排序法保证了任一多元多项式均可据此对各单项式进行排序.

引理 1 设n元数组

$$(p_1, p_2, \cdots, p_n) \geq (l_1, l_2, \cdots, l_n),\ (q_1, q_2, \cdots, q_n) \geq (k_1, k_2, \cdots, k_n).$$

则有

$$(p_1 + q_1, p_2 + q_2, \cdots, p_n + q_n) \geq (l_1 + k_1, l_2 + k_2, \cdots, l_n + k_n).$$

证明 当$(p_1, p_2, \cdots, p_n) = (l_1, l_2, \cdots, l_n)$, $(q_1, q_2, \cdots, q_n) > (k_1, k_2, \cdots, k_n)$时，必存在$i$使得$q_1 = k_1, \cdots, q_{i-1} = k_{i-1}, q_i > k_i$. 从而$p_1 + q_1 = k_1 + l_1, \cdots, p_{i-1} + q_{i-1} = k_{i-1} + l_{i-1}, p_i + q_i > k_i + l_i$，即

$$(p_1 + q_1, p_2 + q_2, \cdots, p_n + q_n) \geq (l_1 + k_1, l_2 + k_2, \cdots, l_n + k_n).$$

当$(p_1, p_2, \cdots, p_n) > (l_1, l_2, \cdots, l_n)$, $(q_1, q_2, \cdots, q_n) = (k_1, k_2, \cdots, k_n)$时，同理可得结论成立.

当$(p_1, p_2, \cdots, p_n) > (l_1, l_2, \cdots, l_n)$，$(q_1, q_2, \cdots, q_n) > (k_1, k_2, \cdots, k_n)$时, 存在$i, j$使得:

$$p_1 = l_1, \cdots, p_{i-1} = l_{i-1}, p_i > l_i;$$

$$q_1 = k_1, \cdots, q_{j-1} = k_{j-1}, q_j > k_j.$$

不妨设$i \geq j$，那么

$$p_1 + q_1 = l_1 + k_1,\ \cdots,\ p_{j-1} + q_{j-1} = l_{j-1} + k_{j-1},\ p_j + q_j > l_j + k_j,$$

从而

$$(p_1 + q_1, p_2 + q_2, \cdots, p_n + q_n) \geq (l_1 + k_1, l_2 + k_2, \cdots, l_n + k_n). \qquad \square$$

字典排序法的一个重要的性质是如下的:

定理 1 设$f(x_1, x_2, \cdots, x_n)$, $g(x_1, x_2, \cdots, x_n)$是两个非零n元多项式. 则它们的乘积$f(x_1, x_2, \cdots, x_n)g(x_1, x_2, \cdots, x_n)$的首项等于$f(x_1, x_2, \cdots, x_n)$的首项与$g(x_1, x_2, \cdots, x_n)$的首项乘积.

证明 由n元多项式的首项的定义和上面引理1易得. □

由定理1, 不难得:

推论 1 若$f(x_1, x_2, \cdots, x_n) \neq 0$, $g(x_1, x_2, \cdots, x_n) \neq 0$, 则

$$f(x_1, x_2, \cdots, x_n)g(x_1, x_2, \cdots, x_n) \neq 0.$$

用归纳法进一步可得:

推论 2 若$f_1(x), \cdots, f_m(x)$是n元非零多项式, 则$f_1(x)\cdots f_m(x)$是非零多项式且它的首项是$f_1(x), \cdots, f_m(x)$ 的首项之积.

多元多项式的众多单项式的次数看起来没有次序而难以把握, 但我们可以依次数的大小而把多项式分解为若干多项式之和, 其中每个作为加法项的多项式中所有单项式的次数一致. 这样分解后, 可以让多项式的性质讨论变得容易.

首先, 一个多项式

$$r(x_1, \cdots, x_n) = \sum_{k_1, k_2, \cdots, k_n} a_{k_1 k_2 \cdots k_n} x_1^{k_1} x_2^{k_2} \cdots x_n^{k_n}$$

中, 若每个单项式的次数都相等, 设为m, 即总有$k_1 + \cdots + k_n = m$, 则称此多项式$r(x_1, \cdots, x_n)$ 是一个m**次齐次多项式**. 例如:

$$f(x_1, x_2, x_3) = 2x_1 x_2 x_3^2 + x_1^2 x_2^2 + 3x_1^4$$

是一个4次齐次多项式.

显然, 两个齐次多项式之积仍是齐次多项式, 其次数是原两个齐次多项式的次数之和.

任取一个m次多项式$f(x_1, \cdots, x_n)$. 对$0 \leq i \leq m$, 把$f(x_1, \cdots, x_n)$中所有i次单项式之和记为$f_i(x_1, \cdots, x_n)$, 那么$f_i(x_1, \cdots, x_n)$是一个i次齐次多项式且

$$f(x_1, \cdots, x_n) = \sum_{i=0}^{m} f_i(x_1, \cdots, x_n).$$

称$f_i(x_1, \cdots, x_n)$是$f(x_1, \cdots, x_n)$的i **次齐次成分**. 若$f(x_1, \cdots, x_n)$没有i次单项式, 那么$f_i(x_1, \cdots, x_n) = 0$.

设另一个l次多项式

$$g(x_1, \cdots, x_n) = \sum_{j=0}^{l} g_j(x_1, \cdots, x_n),$$

其中$g_j(x_1, \cdots, x_n)$是其j次齐次成分. 那么

$$f(x_1, \cdots, x_n)g(x_1, \cdots, x_n) = \sum_{k=0}^{m+l} \sum_{i+j=k} f_i(x_1, \cdots, x_n)g_j(x_1, \cdots, x_n),$$

其中

$$h_k(x_1, \cdots, x_n) \triangleq \sum_{i+j=k} f_i(x_1, \cdots, x_n)g_j(x_1, \cdots, x_n)$$

是此乘积的k次齐次成分, 其最高次齐次成分为

$$h_{m+l}(x_1, \cdots, x_n) = f_m(x_1, \cdots, x_n)g_l(x_1, \cdots, x_n).$$

从而我们得:

定理 2 多元多项式的乘积的次数等于各因式次数的和.

最后, 与一元多项式一样, 由一个多元多项式我们可以定义一个多元**多项式函数**. 设$\mathbb{P}$上的n元多项式:

$$f(x_1, \cdots, x_n) = \sum_{k_1,k_2,\cdots,k_n} a_{k_1k_2\cdots k_n} x_1^{k_1} x_2^{k_2} \cdots x_n^{k_n}.$$

定义$f : \mathbb{P}^n \longrightarrow \mathbb{P}$ 使得

$$(c_1, \cdots, c_n) \longmapsto f(c_1, \cdots, c_n) \triangleq \sum_{k_1,k_2,\cdots,k_n} a_{k_1k_2\cdots k_n} c_1^{k_1} c_2^{k_2} \cdots c_n^{k_n}.$$

那么f是一个$\mathbb{P}^n$到$\mathbb{P}$的n元函数. 显然, 当

$$f(x_1, \cdots, x_n) + g(x_1, \cdots, x_n) = h(x_1, \cdots, x_n),$$
$$f(x_1, \cdots, x_n)g(x_1, \cdots, x_n) = p(x_1, \cdots, x_n)$$

时, 对任一$(c_1, \cdots, c_n) \in \mathbb{P}^n$, 有下列等式:

$$f(c_1, \cdots, c_n) + g(c_1, \cdots, c_n) = h(c_1, \cdots, c_n),$$
$$f(c_1, \cdots, c_n)g(c_1, \cdots, c_n) = p(c_1, \cdots, c_n).$$

§ 2.2 对称多项式

对称多项式是多元多项式中常用的而且重要的一种. 本节专门讨论对称多项式. 让我们先从一元多项式的求根问题入手.

设

$$f(x) = x^n + a_1x^{n-1} + \cdots + a_n$$

是$\mathbb{P}[x]$中的一个多项式, 并假设$f(x)$在$\mathbb{P}$中恰有n个根$\alpha_1, \alpha_2, \cdots, \alpha_n$, 那么

$$f(x) = (x - \alpha_1)(x - \alpha_2)\cdots(x - \alpha_n),$$

展开, 得

$$\begin{aligned} f(x) = & \; x^n - (\alpha_1 + \alpha_2 + \cdots + \alpha_n)x^{n-1} + (\alpha_1\alpha_2 + \alpha_1\alpha_3 + \cdots + \alpha_{n-1}\alpha_n)x^{n-2} \\ & - \cdots + (-1)^i \left(\sum_{k_1<k_2<\cdots<k_i} \alpha_{k_1}\alpha_{k_2}\cdots\alpha_{k_i} \right) x^{n-i} + \cdots + (-1)^n \alpha_1\alpha_2\cdots\alpha_n . \end{aligned}$$

与$f(x)$的原表示式比较, 得

$$\begin{cases} -a_1 = \alpha_1 + \alpha_2 + \cdots + \alpha_n, \\ a_2 = \sum\limits_{k_1<k_2} \alpha_{k_1}\alpha_{k_2}, \\ \quad \vdots \\ (-1)^i a_i = \sum\limits_{k_1<k_2<\cdots<k_i} \alpha_{k_1}\alpha_{k_2}\cdots\alpha_{k_i}, \\ \quad \vdots \\ (-1)^n a_n = \alpha_1\alpha_2\cdots\alpha_n. \end{cases} \tag{2.2.1}$$

上述各式对于各个α_i是对称的. 因此可以说, $f(x)$系数对称地依赖于方程的根.

上面(2.2.1)式表达了$f(x)$的**根与系数的关系**, 又称为**韦达(Vieta)定理**.

易见, (2.2.1)式中右边事实上是如下的n个n元多项式的多项式函数, 这些多项式

是

$$\begin{cases} \sigma_1 = x_1 + x_2 + \cdots + x_n, \\ \sigma_2 = \sum\limits_{k_1<k_2} x_{k_1}x_{k_2}, \\ \quad\vdots \\ \sigma_i = \sum\limits_{k_1<k_2<\cdots<k_i} x_{k_1}x_{k_2}\cdots x_{k_i}, \\ \quad\vdots \\ \sigma_n = x_1x_2\cdots x_n. \end{cases} \tag{2.2.2}$$

它们对称地依赖于文字$x_1, x_2, \cdots, x_n$, 因此是一种特殊的"对称"多项式. 对于一般的对称多项式, 可以如下定义:

定义 1 如果n元多项式$f(x_1, \cdots, x_n)$对于任意的$i, j\ (1 \le i < j \le n)$, 都有

$$f(x_1, \cdots, x_i, \cdots, x_j, \cdots, x_n) = f(x_1, \cdots, x_j, \cdots, x_i, \cdots, x_n)$$

就称$f(x_1, \cdots, x_n)$是一个**对称多项式**.

从定义可知, 所谓"对称"的意义就是, 任换两个文字得到的多项式仍是原来的多项式.

据定义1, (2.2.2)式中的多项式$\sigma_1, \cdots, \sigma_n$都是关于$x_1, \cdots, x_n$的对称多项式. 下面定理3将说明, 它们是最基本的, 称为**初等对称多项式**.

当然, 绝大多数对称多项式都是非初等的, 比如:

$$f(x_1, x_2, x_3) = x_1^2x_2 + x_2^2x_1 + x_1^2x_3 + x_3^2x_1 + x_2^2x_3 + x_3^2x_2$$

由对称多项式的定义1直接可得:

引理 2 (i) 对称多项式的和、差、积还是对称多项式.

(ii) 对称多项式的多项式还是对称多项式, 即若$f_1(x_1, \cdots, x_n), \cdots, f_m(x_1, \cdots, x_n)$是$n$元对称多项式, 而$g(y_1, \cdots, y_m)$是任一多项式, 那么

$$g(f_1(x_1, \cdots, x_n), \cdots, f_m(x_1, \cdots, x_n)) = h(x_1, x_2, \cdots, x_n)$$

仍是n元对称多项式.

注意, 上面$g(f_1(x), \cdots, f_m(x))$相当于函数的复合, 称为**复合多项式**.

特别地, 虽然初等对称多项式的多项式还是对称多项式, 但不一定是初等对称的.

对称多项式的基本事实是: 任一对称多项式都能表成初等对称多项式的多项式, 即

定理 3 设$f(x_1, x_2, \cdots, x_n)$是n元对称多项式, 那么存在唯一的n元多项式$\varphi(y_1, y_2, \cdots, y_n)$, 使得

$$f(x_1, x_2, \cdots, x_n) = \varphi(\sigma_1, \sigma_2, \cdots, \sigma_n).$$

证明 首先用构造法证明存在性.

设$f(x_1, x_2, \cdots, x_n)$的首项是$ax_1^{l_1}x_2^{l_2}\cdots x_n^{l_n}\ (a \ne 0)$, 则必有

$$l_1 \ge l_2 \ge \cdots \ge l_n \ge 0.$$

否则, 设有$l_i < l_{i+1}$, 因为$f(x_1, x_2, \cdots, x_n)$是对称的, 所以在包含$ax_1^{l_1}x_2^{l_2}\cdots x_n^{l_n}$的同时必包含$ax_1^{l_1}\cdots x_i^{l_{i+1}}x_{i+1}^{l_i}\cdots x_n^{l_n}$, 但此项按字典排序法应先于$ax_1^{l_1}x_2^{l_2}\cdots x_n^{l_n}$, 与首

项要求不符.

作多项式

$$\varphi_1 = a\sigma_1^{l_1-l_2}\sigma_2^{l_2-l_3}\cdots\sigma_n^{l_n},$$

由引理2, φ_1是对称多项式, 而$\sigma_1, \sigma_2, \cdots, \sigma_n$ 的首项分别是x_1, x_1x_2, $\cdots$, $x_1x_2\cdots x_n$. 所以由推论2, φ_1的首项是

$$ax_1^{l_1-l_2}(x_1x_2)^{l_2-l_3}\cdots(x_1x_2\cdots x_n)^{l_n} = ax_1^{l_1}x_2^{l_2}\cdots x_n^{l_n},$$

即φ_1与$f(x_1,\ x_2,\ \cdots,\ x_n)$的首项相同, 从而对称多项式

$$f_1(x) = f(x) - \varphi_1$$

的首项比$f(x) = f(x_1,\ x_2,\ \cdots,\ x_n)$的首项要排后.

对$f_1(x)$重复对$f(x)$的做法, 并继续做下去, 得到一系列的对称多项式:

$$f(x),\ f_1(x) = f(x) - \varphi_1,\ f_2(x) = f_1(x) - \varphi_2,\ \cdots$$

其中$f_i(x)$的首项随i 越排越后, 而φ_i是$\sigma_1,\ \sigma_2,\ \cdots,\ \sigma_n$的多项式.

但因为排在$ax_1^{l_1}x_2^{l_2}\cdots x_n^{l_n}$后面的单项的指数$n$元数组只有有限个, 所以$f_i(x)$只能有有限个非零, 即存在$h > 0$, 使得$f_h(x) = f_{h-1}(x) - \varphi_h = 0$. 于是,

$$f(x) = \varphi_1 + \varphi_2 + \cdots + \varphi_h$$

是$\sigma_1,\ \sigma_2,\ \cdots,\ \sigma_n$的多项式.

要证明唯一性, 只需证明: 对多项式 $\varphi(y_1,\ y_2,\ \cdots,\ y_n)$, 若 $\varphi(\sigma_1, \sigma_2, \cdots, \sigma_n) = 0$, 则有 $\varphi(y_1,\ y_2,\ \cdots,\ y_n) = 0$.

若否, 因为 $\varphi(\sigma_1,\ \sigma_2,\ \cdots,\ \sigma_n) = 0$, 所以 $\varphi(y_1,\ y_2,\ \cdots,\ y_n)$必不是单项式. 设$ay_1^{k_1}y_2^{k_2}\cdots y_n^{k_n}$与$by_1^{l_1}y_2^{l_2}\cdots y_n^{l_n}$是$\varphi(y_1,\ y_2,\ \cdots,\ y_n)$的两个非零单项, 则$a\sigma_1^{k_1}\sigma_2^{k_2}\cdots\sigma_n^{k_n}$的首项为

$$ax_1^{k_1+k_2+\cdots+k_n}x_2^{k_2+\cdots+k_n}\cdots x_n^{k_n},$$

而 $b\sigma_1^{l_1}\sigma_2^{l_2}\cdots\sigma_n^{l_n}$的首项为

$$ax_1^{l_1+l_2+\cdots+l_n}x_2^{l_2+\cdots+l_n}\cdots x_n^{l_n}.$$

显然, 这两个首项是同类项当且仅当

$$k_1 = l_1,\ k_2 = l_2,\ \cdots,\ k_n = l_n,$$

即 $ay_1^{k_1}y_2^{k_2}\cdots y_n^{k_n}$与 $by_1^{l_1}y_2^{l_2}\cdots y_n^{l_n}$也是同类项. 所以对于 $\varphi(y_1,\ y_2,\ \cdots,\ y_n)$的所有互异非零单项 $ay_1^{k_1}y_2^{k_2}\cdots y_n^{k_n}$, 多项式 $a\sigma_1^{k_1}\sigma_2^{k_2}\cdots\sigma_n^{k_n}$的首项互不相同. 而这些首项按字典排序法重新排序后的首项即为$\varphi(\sigma_1,\ \sigma_2,\ \cdots,\ \sigma_n)$的首项, 从而有 $\varphi(\sigma_1,\ \sigma_2,\ \cdots,\ \sigma_n) \neq 0$. 此为矛盾. □

上述用构造法证明存在性的过程也是把一个对称多项式具体表为初等对称多项式的多项式的过程.

例 1 把对称多项式$f(x_1,\ x_2,\ x_3) = x_1^3 + x_2^3 + x_3^3$表成初等对称多项式$\sigma_1,\ \sigma_2,\ \sigma_3$的多项式.

解法一 $f(x_1,\ x_2,\ x_3)$的首项x_1^3, 其三元数组为(3, 0, 0), 因此

$\varphi_1 = \sigma_1^{3-0}\sigma_2^{0-0}\sigma_3^0 = \sigma_1^3 = (x_1 + x_2 + x_3)^3$,

$f_1(x_1,\ x_2,\ x_3) = f(x_1,\ x_2,\ x_3) - \varphi_1 = -3(x_1^2x_2 + x_2^2x_3 + \cdots) - 6x_1x_2x_3$.

因为$f_1(x_1, x_2, x_3)$的首项$-3x_1^2x_2$，其三元数组为(2, 1, 0)，故

$$\varphi_2=-3\sigma_1^{2-1}\sigma_2^{1-0}\sigma_3^0=-3\sigma_1\sigma_2=-3(x_1^2x_2+x_2^2x_1+\cdots)-9x_1x_2x_3.$$

于是

$$f_2(x_1, x_2, x_3)=f_1(x_1, x_2, x_3)-\varphi_2=3x_1x_2x_3=3\sigma_3,$$

从而

$$\begin{aligned}f(x_1, x_2, x_3)&=f_1(x_1, x_2, x_3)+\varphi_1=f_2(x_1, x_2, x_3)+\varphi_2+\varphi_1\\&=3\sigma_3-3\sigma_1\sigma_2+\sigma_1^3.\end{aligned}$$

解法二(待定系数法) 因为多项式$f(x_1, x_2, x_3)$的首项是x_1^3, 所以有

指数组	对应σ的方幂的乘积
$(3,0,0)$	σ_1^3
$(2,1,0)$	$\sigma_1\sigma_2$
$(1,1,1)$	σ_3

故可设$f(x_1, x_2, x_3)=\sigma_1^3+a\sigma_1\sigma_2+b\sigma_3$.

令$x_1=x_2=1, x_3=0$, 则$f(x_1, x_2, x_3)=2, \sigma_1=2, \sigma_2=1, \sigma_3=0$. 所以$8+2a=2$, 即$a=-3$.

令$x_1=x_2=x_3=1$, 则$f(x_1, x_2, x_3)=3, \sigma_1=\sigma_2=3, \sigma_3=1$. 所以$27-27+b=3$, 即$b=3$.

所以$f(x_1, x_2, x_3)=\sigma_1^3-3\sigma_1\sigma_2+3\sigma_3$.

最后，作为对称多项式理论的一个应用，我们介绍一元高次多项式的重根存在性的判别法.

设$f(x)=x^n+a_1x^{n-1}+\cdots+a_n\in\mathbb{C}[x]$, 那么在$\mathbb{C}$中，$f(x)$可表为

$$f(x)=(x-\alpha_1)(x-\alpha_2)\cdots(x-\alpha_n),$$

其中$\alpha_i(i=1, 2, \cdots, n)$是$f(x)$在$\mathbb{C}$上的$n$个根. 令

$$g(x_1, x_2, \cdots, x_n)=\prod_{1\le i<j\le n}(x_i-x_j)^2\in\mathbb{C}[x_1, \cdots, x_n],$$

$$D(f)\triangleq g(\alpha_1, \alpha_2, \cdots, \alpha_n)=\prod_{1\le i<j\le n}(\alpha_i-\alpha_j)^2.$$

那么，$f(x)$在$\mathbb{C}$中有重根当且仅当$D(f)=0$.

但要讨论$D(f)$是否为零, 不可能通过直接求出$\alpha_1, \cdots, \alpha_n$再代入$g(x_1, \cdots, x_n)$算出$D$来进行. 我们的办法是将$D(f)$表达为$f(x)$的系数$a_1, a_2, \cdots, a_n$的函数，从而可算出$D(f)$.

事实上，$g(x_1, x_2, \cdots, x_n)$显然是$x_1, x_2, \cdots, x_n$的对称多项式，故由定理3知，$g(x_1, x_2, \cdots, x_n)$可表达为$\sigma_1, \sigma_2, \cdots, \sigma_n$的多项式. 但是，由韦达定理，

$$\begin{cases}a_1=-\sigma_1(\alpha_1, \alpha_2, \cdots, \alpha_n),\\a_2=\sigma_2(\alpha_1, \alpha_2, \cdots, \alpha_n),\\\quad\vdots\\a_k=(-1)^k\sigma_k(\alpha_1, \alpha_2, \cdots, \alpha_n),\\\quad\vdots\\a_n=(-1)^n\sigma_n(\alpha_1, \alpha_2, \cdots, \alpha_n).\end{cases}$$

于是, $D(f) = g(\alpha_1, \alpha_2, \cdots, \alpha_n)$可表达为$a_1, a_2, \cdots, a_n$的一个多项式函数, 写为$D(f) = D(a_1, a_2, \cdots, a_n)$, 从而直接计算即可得$D(f)$的值. 这样求得的$D(f) = D(a_1, a_2, \cdots, a_n)$称为$f(x)$的**判别式**. 从而, $f(x)$有重根当且仅当

$$D(f) = D(a_1, a_2, \cdots, a_n) = 0\,.$$

例 2 求多项式$f(x) = x^2 + px + q$的判别式.

解 设$g(x_1, x_2) = (x_1 - x_2)^2$, 首项是 x_1^2, 则

$$\varphi_1 = \sigma_1^{2-0}\sigma_2^0 = \sigma_1^2 = (x_1 + x_2)^2,$$

于是得

$$f_1(x_1, x_2) = g(x_1, x_2) - \varphi_1 = (x_1 - x_2)^2 - (x_1 + x_2)^2 = -4x_1x_2.$$

又有

$$\varphi_2 = -4\sigma_1^{1-1}\sigma_2^1 = -4\sigma_2,$$

故

$$f_2(x_1, x_2) = f_1(x_1, x_2) - \varphi_2 = 0,$$

从而,

$$g(x_1, x_2) = \varphi_1 + \varphi_2 = \sigma_1^2 - 4\sigma_2.$$

于是,

$$D(f) = g(\alpha_1, \alpha_2) = \sigma_1(\alpha_1, \alpha_2)^2 - 4\sigma_2(\alpha_1, \alpha_2).$$

由韦达定理, $\sigma_1(\alpha_1, \alpha_2) = -p$, $\sigma_2(\alpha_1, \alpha_2) = q$. 因此,

$$D(f) = p^2 - 4q.$$

进一步, 请读者自己用类似方法证明三次多项式

$$x^3 + a_1x^2 + a_2x + a_3$$

的判别式是

$$D(f) = a_1^2a_2^2 - 4a_2^3 - 4a_1^3a_3 - 27a_3^2 + 18a_1a_2a_3.$$

上面描述的是多项式判别式求解的一般原则, 具体的计算方法常常通过下节的结式理论.

§ 2.3 二元高次方程组的求解

本节的目的是利用多项式理论和线性方程组求解, 给出二元高次方程组的求解方法. 我们的基本工具是所谓的结式.

首先, 讨论两个一元多项式有非常数公因式的条件.

引理 3 设$f(x) = a_0x^n + a_1x^{n-1} + \cdots + a_n$和$g(x) = b_0x^m + b_1x^{m-1} + \cdots + b_m$是数域$\mathbb{P}$上的两个非零多项式, 且$a_0$, b_0 均不为0. 那么$f(x)$和$g(x)$非互素的充要条件是在$\mathbb{P}[x]$中存在$u(x)$, $v(x)$满足$\partial(u(x)) < m$, $\partial(v(x)) < n$, 并且$u(x)f(x) = v(x)g(x)$.

证明 **必要性:** 令$(f(x), g(x)) = d(x) \neq 1$, 那么, 存在$f_1(x), g_1(x) \in \mathbb{P}[x]$, 使得

$$f(x) = d(x)f_1(x),\ g(x) = d(x)g_1(x),$$

其中, $\partial(f_1(x)) < \partial(f(x)) \leq n$, $\partial(g_1(x)) < \partial(g(x)) \leq m$.

取$u(x)=g_1(x)$, $v(x)=f_1(x)$, 则

$$u(x)f(x)=g_1(x)d(x)f_1(x)=g(x)v(x).$$

充分性: 因为$a_0\neq 0$, 故$\partial(f(x))=n$. 由条件, 存在$u(x),v(x)\in\mathbb{P}[x]$, 满足$\partial(u(x))<m,\partial(v(x))<n$, 使得$u(x)f(x)=v(x)g(x)$.

如果$(f(x),g(x))=1$, 则由$f(x)\mid v(x)g(x)$可得$f(x)\mid v(x)$, 这与$\partial(v(x))<\partial(f(x))$矛盾. 故$f(x)$和$g(x)$非互素. □

由上述引理, $\partial(u(x))<m$, $\partial(v(x))<n$, 故不妨设

$$u(x)=u_0x^{m-1}+u_1x^{m-2}+\cdots+u_{m-1},$$
$$v(x)=v_0x^{n-1}+v_1x^{n-2}+\cdots+v_{n-1},$$

其中u_0, v_0可能为零.

两边乘法展开, 比较对应系数相等, 那么, 由$u(x)f(x)=v(x)g(x)$,

$$\begin{cases} a_0u_0 & =b_0v_0\cdots\cdots\cdots\cdots\cdots\cdots\cdots\cdots x^{n+m-1} \\ a_1u_0+a_0u_1 & =b_1v_0+b_0v_1\cdots\cdots\cdots\cdots\cdots x^{n+m-2} \\ a_2u_0+a_1u_1+a_0u_2 & =b_2v_0+b_1v_1+b_0v_2\cdots\cdots\cdots x^{n+m-3} \\ & \vdots \\ a_nu_{m-2}+a_{n-1}u_{m-1} & =b_mv_{n-2}+b_{m-1}v_{n-1}\cdots\cdots\cdots x \\ a_nu_{m-1} & =b_mv_{n-1}\cdots\cdots\cdots\cdots\cdots\cdots\cdots 1 \end{cases} \tag{2.3.1}$$

把这$n+m$个等式看作$n+m$个未知数$u_0,u_1,\cdots,u_{m-1},v_0,v_1,\cdots,v_{n-1}$的方程组. 令

$$\boldsymbol{A}=\begin{pmatrix} a_0 & a_1 & a_2 & \cdots & a_n & 0 & \cdots & 0 \\ 0 & a_0 & a_1 & a_2 & \cdots & a_n & \cdots & 0 \\ \vdots & \vdots & \ddots & \ddots & \ddots & & \ddots & \vdots \\ 0 & 0 & \cdots & a_0 & a_1 & a_2 & \cdots & a_n \end{pmatrix}_{m\times(n+m)},$$

$$\boldsymbol{B}=\begin{pmatrix} b_0 & b_1 & b_2 & \cdots & b_m & 0 & \cdots & 0 \\ 0 & b_0 & b_1 & b_2 & \cdots & b_m & \cdots & 0 \\ \vdots & \vdots & \ddots & \ddots & \ddots & & \ddots & \vdots \\ 0 & 0 & \cdots & b_0 & b_1 & b_2 & \cdots & b_m \end{pmatrix}_{n\times(n+m)}.$$

不难看出, 此线性方程组的系数矩阵$\boldsymbol{C}$的转置是$\boldsymbol{C}^{\mathrm{T}}=\begin{pmatrix} \boldsymbol{A} \\ -\boldsymbol{B} \end{pmatrix}$.

显然$|\boldsymbol{C}^{\mathrm{T}}|=0$当且仅当行列式:

$$R(f,\ g)\triangleq\begin{vmatrix} \boldsymbol{A} \\ \boldsymbol{B} \end{vmatrix}$$

等于零.

因此$R(f,\ g)=0$, 当且仅当$|\boldsymbol{C}^{\mathrm{T}}|=0$, 当且仅当方程组(2.3.1)有非零解, 当且仅当存在非零的$u(x)$, $v(x)$, 满足$\partial(u(x))<m$, $\partial(v(x))<n$, 使得, $u(x)f(x)=v(x)g(x)$. 又由引理3, 当且仅当$f(x)$和$g(x)$在$\mathbb{P}[x]$中有非常数的公因式.

称$R(f,\ g)$是$f(x)$与$g(x)$的**结式**.

综上可得:

定理 4 设

$$f(x) = a_0x^n + a_1x^{n-1} + \cdots + a_n,$$
$$g(x) = b_0x^m + b_1x^{m-1} + \cdots + b_m$$

是$\mathbb{P}[x]$中的两个多项式, 且$a_0 \neq 0$, $b_0 \neq 0$, m, $n > 0$. 那么, $f(x)$和$g(x)$有非常数的公因式当且仅当结式$R(f,\ g) = 0$.

由于当$\mathbb{P} = \mathbb{C}$时, $f(x)$和$g(x)$有非常数的公因式当且仅当它们有公共根, 因此有

推论 3 设

$$f(x) = a_0x^n + a_1x^{n-1} + \cdots + a_n,$$
$$g(x) = b_0x^m + b_1x^{m-1} + \cdots + b_m$$

是$\mathbb{C}[x]$中的两个多项式, 且$a_0 \neq 0, b_0 \neq 0$, 则$f(x)$和$g(x)$有公共根当且仅当$R(f,g) = 0$.

由此推论, 我们可进一步给出解二元高次方程组的方法, 即:

假设$f(x,\ y)$, $g(x,\ y) \in \mathbb{C}[x,\ y]$, 求解方程组

$$\begin{cases} f(x,\ y) = 0, \\ g(x,\ y) = 0 \end{cases} \tag{2.3.2}$$

在$\mathbb{C}[x]$中的全部解.

事实上, $f(x,\ y)$和$g(x,\ y)$可以分别写成

$$F_y(x) = f(x,\ y) = a_0(y)x^n + a_1(y)x^{n-1} + \cdots + a_n(y),$$
$$G_y(x) = g(x,\ y) = b_0(y)x^m + b_1(y)x^{m-1} + \cdots + b_m(y),$$

其中$a_i(y), b_j(y)\ (i = 0, 1, \cdots, n; j = 0, 1, \cdots, m)$是$y$的多项式, 且$a_0(y) \neq 0, b_0(y) \neq 0$.

考虑上述方程组的解时, 实际上是将$f(x,\ y)$和$g(x,\ y)$看作x, $y \in \mathbb{C}$的多项式函数. 因此, 将y看作一个固定值时, $f(x,\ y)$和$g(x,\ y)$就成为了x的一元多项式函数.

令

$$\boldsymbol{A} = \begin{pmatrix} a_0(y) & a_1(y) & a_2(y) & \cdots & a_n(y) & 0 & \cdots & 0 \\ 0 & a_0(y) & a_1(y) & a_2(y) & \cdots & a_n(y) & \cdots & 0 \\ \vdots & \vdots & \ddots & \ddots & \ddots & & \ddots & \vdots \\ 0 & 0 & \cdots & a_0(y) & a_1(y) & a_2(y) & \cdots & a_n(y) \end{pmatrix}_{m\times(n+m)},$$

$$\boldsymbol{B} = \begin{pmatrix} b_0(y) & b_1(y) & b_2(y) & \cdots & b_m(y) & 0 & \cdots & 0 \\ 0 & b_0(y) & b_1(y) & b_2(y) & \cdots & b_m(y) & \cdots & 0 \\ \vdots & \vdots & \ddots & \ddots & \ddots & & \ddots & \vdots \\ 0 & 0 & \cdots & b_0(y) & b_1(y) & b_2(y) & \cdots & b_m(y) \end{pmatrix}_{n\times(n+m)}.$$

则

$$R_x(f,\ g) \triangleq R(F_y,\ G_y) = \begin{vmatrix} \boldsymbol{A} \\ \boldsymbol{B} \end{vmatrix}$$

是一个关于y的复系数多项式函数.

当$(x_0,\ y_0)$是方程组(2.3.2)的一个复数解, 那么x_0就是一元多项式$F_{y_0}(x)$和$G_{y_0}(x)$的一个公共根. 由推论3, 有$R(F_{y_0},\ G_{y_0}) = 0$, 从而y_0是$R(F_y,\ G_y) = 0$的一个根. 由此

可得:

定理 5 给定$f(x, y), g(x, y) \in \mathbb{C}[x, y]$. 若$(x_0, y_0)$是方程组

$$\begin{cases} f(x, y) = 0, \\ g(x, y) = 0 \end{cases}$$

的一个复数解, 那么y_0是$R_x(f, g)$的一个根. 反之, 若y_0是$R_x(f, g)$的一个根, 那么, 或者$a_0(y_0) = b_0(y_0) = 0$, 或者存在一个复数x_0, 使(x_0, y_0)是该方程组的一个解.

证明 第一部分结论由前面讨论即得.

第二部分的证明: 反之, 假设y_0是$R_x(f, g)$的一个根.

当 $a_0(y_0) = b_0(y_0) = 0$时, 总有$R_x(f, g) = 0$, 这与y_0是$R_x(f, g)$的根的条件符合. 但这时定理4的条件不满足, 所以可以看出, 未必有x_0使得(x_0, y_0)是该方程组的解.

当 $a_0(y_0) \neq 0$, $b_0(y_0) \neq 0$时, 由定理4知, $F_{y_0}(x) = f(x, y_0)$与$G_{y_0}(x) = g(x, y_0)$有关于x的非常数的公因式, 从而存在复数x_0, 使(x_0, y_0)是方程组(2.3.2)的一个解.

当$a_0(y_0) \neq 0$, $b_0(y_0) = 0$时, 若所有$b_0(y_0), \cdots, b_m(y_0)$ 均为0, 则只要求出

$$F_{y_0}(x) = f(x, y_0) = a_0(y_0)x^n + a_1(y_0)x^{n-1} + \cdots + a_n(y_0)$$

的根x_0, 则(x_0, y_0)就是方程组(2.3.2)的一个解.

若存在l使得$b_0(y_0) = \cdots = b_{l-1}(y_0) = 0$但$b_l(y_0) \neq 0$, 令$g_1(x) = b_l(y_0)x^{m-l} + \cdots + b_m(y_0)$, 则

$$R(f(x, y_0), g_1(x)) = R(F_{y_0}(x), G_{y_0}(x)) = R_x(f, g)(y_0) = 0.$$

于是, 由定理4知, 存在一个复数x_0使(x_0, y_0)是方程组

$$\begin{cases} f(x, y) = 0, \\ g_1(x) = 0 \end{cases}$$

的一个解, 从而也是方程组(2.3.2)的一个解.

$a_0(y_0) = 0$, $b_0(y_0) \neq 0$的情形同理. □

此定理后半部分说明, 只要先由$R_x(f, g) = 0$求解出$y = y_0$, 将$y = y_0$代入方程组

$$\begin{cases} f(x, y) = 0, \\ g(x, y) = 0, \end{cases}$$

就成为求两个一元多项式公共根的问题. 若能求出其公共根$x = x_0$, 就可求得方程组的解(x_0, y_0).

例 3 解方程组

$$\begin{cases} y^2 - 7xy + 4x^2 + 13x - 2y - 3 = 0, \\ y^2 - 14xy + 9x^2 + 28x - 4y - 5 = 0. \end{cases}$$

解 原方程组改写为

$$\begin{cases} F_x(y) = f(x, y) = y^2 - (7x + 2)y + (4x^2 + 13x - 3) = 0, \\ G_x(y) = g(x, y) = y^2 - (14x + 4)y + (9x^2 + 28x - 5) = 0, \end{cases} \tag{2.3.3}$$

于是,

$$R_y(f,\ g)=\begin{vmatrix}1 & -7x-2 & 4x^2+13x-3 & 0\\ 0 & 1 & -7x-2 & 4x^2+13x-3\\ 1 & -14x-4 & 9x^2+28x-5 & 0\\ 0 & 1 & -14x-4 & 9x^2+28x-5\end{vmatrix}$$

$$=\begin{vmatrix}1 & -7x-2 & 4x^2+13x-3 & 0\\ 0 & 1 & -7x-2 & 4x^2+13x-3\\ 0 & -7x-2 & 5x^2+15x-2 & 0\\ 0 & 0 & -7x-2 & 5x^2+15x-2\end{vmatrix}$$

$$=(5x^2+15x-2)^2+(7x+2)^2(4x^2+13x-3)-(7x+2)^2(5x^2+15x-2)$$

$$=(5x^2+15x-2)^2-(7x+2)^2(x+1)^2$$

$$=(5x^2+15x-2-7x^2-9x-2)(5x^2+15x-2+7x^2+9x+2)$$

$$=-24(x^2-3x+2)(x^2+2x)$$

$$=-24x(x-1)(x-2)(x+2),$$

从而，得$R_y(f,\ g)$的4个根是$x=0,\ 1,\ 2,\ -2.$

将$x=0$代入原方程组，得

$$\begin{cases}y^2-2y-3=0,\\ y^2-4y-5=0.\end{cases}$$

这个方程组中两个方程的根分别是$y=3,\ -1$和$y=5,\ -1$, 故有公共根$y=-1$，于是得到原方程组的解是$(0,\ -1)$. 另外，分别代入$x=1,\ 2,\ -2$，依次可得方程组的解是$(1,\ 2)$, $(2,\ 3)$, $(-2,\ 1)$. 这四个解是方程组的全部解.

本节最后给出结式的计算公式和用于求解一元多项式判别式的公式.

定理 6 设$\mathbb{C}[x]$中多项式

$$f(x)=a_0x^n+\cdots+a_{n-1}x+a_n,\ g(x)=b_0x^m+\cdots+b_{m-1}x+b_m,$$

其中$a_0\neq 0,\ b_0\neq 0$. 令$\alpha_1,\cdots,\alpha_n$和$\beta_1,\cdots,\beta_m$分别是$f(x)$和$g(x)$的所有复根，那么,

$$\begin{aligned}R(f,g)&=a_0^m\prod_{i=1}^{n}g(\alpha_i)\\ &=(-1)^{mn}b_0^n\prod_{j=1}^{m}f(\beta_j)\\ &=a_0^mb_0^n\prod_{i=1}^{n}\prod_{j=1}^{m}(\alpha_i-\beta_j).\end{aligned}$$

证明 对$g(x)$的次数进行归纳.

当$\partial(g(x))=1$, 即$g(x)=b_0x+b_1$时，$g(x)$有唯一根$\beta=-\dfrac{b_1}{b_0}$. 此时多项式$f(x)$与$g(x)$的

结式是

$$R(f,g) = \begin{vmatrix} a_0 & a_1 & a_2 & \cdots & a_{n-1} & a_n \\ b_0 & b_1 & 0 & \cdots & 0 & 0 \\ 0 & b_0 & b_1 & \cdots & 0 & 0 \\ \vdots & \cdots & \vdots & \ddots & \vdots & \vdots \\ 0 & 0 & 0 & \cdots & b_1 & 0 \\ 0 & 0 & 0 & \cdots & b_0 & b_1 \end{vmatrix} \xlongequal[i=1,2,\cdots,n]{C_{i+1}+\beta C_i}$$

$$\begin{vmatrix} a_0 & a_1+a_0\beta & \cdots & a_{n-1}+a_{n-2}\beta+\cdots+a_0\beta^{n-1} & f(\beta) \\ b_0 & 0 & \cdots & 0 & 0 \\ 0 & b_0 & \cdots & 0 & 0 \\ \vdots & \vdots & \ddots & \vdots & \vdots \\ 0 & 0 & \cdots & 0 & 0 \\ 0 & 0 & \cdots & b_0 & 0 \end{vmatrix}$$

$$= (-1)^n b_0^n f(\beta) = a_0 b_0^n (\beta-\alpha_1)\cdots(\beta-\alpha_n) = a_0 \prod_{i=1}^n g(\alpha_i) .$$

假设$\partial(g(x)) = m-1$时结论成立, 下证$\partial(g(x)) = m$时结论也成立.

当$g(x) = b_0x^m + \cdots + b_{m-1}x + b_m$时, 令$g(x) = (x-\beta_m)g_1(x)$, 其中$g_1(x) = c_0x^{m-1} + \cdots + c_{m-2}x + c_{m-1}$. 则有

$$b_0 = c_0,\ b_1 = c_1 - c_0\beta_m,\ \cdots,\ b_{m-1} = c_{m-1} - c_{m-2}\beta_m,\ b_m = -c_{m-1}\beta_m.$$

此时$f(x)$与$g(x)$的结式是

$$R(f,g) = \begin{vmatrix} a_0 & a_1 & a_2 & \cdots & a_n & 0 & \cdots & 0 \\ 0 & a_0 & a_1 & a_2 & \cdots & a_n & \cdots & 0 \\ \vdots & \vdots & \ddots & \ddots & \ddots & & \ddots & \vdots \\ 0 & 0 & \cdots & a_0 & a_1 & a_2 & \cdots & a_n \\ b_0 & b_1 & b_2 & \cdots & b_m & 0 & \cdots & 0 \\ 0 & b_0 & b_1 & b_2 & \cdots & b_m & \cdots & 0 \\ \vdots & \vdots & \ddots & \ddots & \ddots & & \ddots & \vdots \\ 0 & 0 & \cdots & b_0 & b_1 & b_2 & \cdots & b_m \end{vmatrix}$$

$$\xlongequal[\substack{i=1,2,\cdots,n+m-1 \\ j=1,2,\cdots,m-1}]{\substack{C_{i+1}+\beta_m C_i \\ R_j-\beta_m R_{j+1}}} \begin{vmatrix} a_0 & a_1 & a_2 & \cdots & f(\beta_m) & 0 & \cdots & 0 \\ 0 & a_0 & a_1 & a_2 & \cdots & f(\beta_m) & \cdots & 0 \\ \vdots & \vdots & \ddots & \ddots & \ddots & & \ddots & \vdots \\ 0 & 0 & \cdots & a_0 & a_1 & a_2 & \cdots & f(\beta_m) \\ c_0 & c_1 & c_2 & \cdots & 0 & 0 & \cdots & 0 \\ 0 & c_0 & c_1 & c_2 & \cdots & 0 & \cdots & 0 \\ \vdots & \vdots & \ddots & \ddots & \ddots & & \ddots & \vdots \\ 0 & 0 & \cdots & c_0 & c_1 & c_2 & \cdots & 0 \end{vmatrix}$$

$= (-1)^n f(\beta_m) R(f, g_1)$

$= (-1)^n f(\beta_m)(-1)^{(m-1)n} b_0^n \prod_{j=1}^{m-1} f(\beta_j)$

$= (-1)^{mn} b_0^n \prod_{j=1}^{m} f(\beta_j)$

$= a_0^m b_0^n \prod_{i=1}^{n} \prod_{j=1}^{m} (\alpha_i - \beta_j)$

$= a_0^m \prod_{i=1}^{n} g(\alpha_i).$

从而结论成立. □

定理 7 设$\mathbb{C}[x]$中多项式

$$f(x) = a_0 x^n + \cdots + a_{n-1} x + a_n,$$

其中$a_0 \neq 0$, 那么, $f(x)$的判别式

$$D(f) = (-1)^{\frac{n(n-1)}{2}} a_0^{-(2n-1)} R(f, f').$$

证明 设$f(x)$的所有复根是$\alpha_1, \cdots, \alpha_n$, 那么由定理6, 可得

$$R(f, f') = a_0^{n-1} \prod_{i=1}^{n} f'(\alpha_i). \tag{2.3.4}$$

由$f(x) = a_0(x - \alpha_1) \cdots (x - \alpha_n)$易得

$$f'(\alpha_i) = a_0 \prod_{j \neq i} (\alpha_i - \alpha_j), \quad i = 1, \cdots, n.$$

将此代入(2.3.4)式, 得

$$R(f, f') = a_0^{2n-1} \prod_{i=1}^{n} \prod_{j \neq i} (\alpha_i - \alpha_j). \tag{2.3.5}$$

对于任意i和j $(i < j)$, 在(2.3.5)式中, $\alpha_i - \alpha_j$和$\alpha_j - \alpha_i$这两个因子都出现了一次, 它们的乘积为$-(\alpha_i - \alpha_j)^2$. 由于满足$1 \leq i < j \leq n$的指标对(i, j)共有$\dfrac{n(n-1)}{2}$对, 所以由(2.3.5)式可得

$$R(f, f') = (-1)^{\frac{n(n-1)}{2}} a_0^{2n-1} \prod_{1 \leq i < j \leq n} (\alpha_i - \alpha_j)^2 = (-1)^{\frac{n(n-1)}{2}} a_0^{2n-1} D(f). \qquad \square$$

例 4 求二次多项式$f(x) = ax^2 + bx + c$的判别式.

解 $f'(x) = 2ax + b$, 于是

$$\begin{vmatrix} a & b & c \\ 2a & b & 0 \\ 0 & 2a & b \end{vmatrix} = -a(b^2 - 4ac).$$

由定理7得,

$$D(f) = (-1)^{\frac{2(2-1)}{2}} a^{-(2\times 2-1)} R(f, f') = a^{-2}(b^2 - 4ac).$$

注意: 上述例4所得的二次多项式的判别式与在通常二次函数观点下所定义的判别式差一个常数a^{-2}, 这并不影响我们对于是否有重根的判别. 关键是本教材的判别式定义对任意阶多项式而言是完全自然的.

§2.4* 多元高次方程组的消元法简介

宋元之交的杰出数学家朱世杰, 在《四元玉鉴》中以天元、地元、人元、物元为未知数, 建立了高次联立方程组求解的消元法. 到近代, 多元多项式方程组的求解理论的研究促进产生了代数几何这个重要的理论分支的发展.

本节, 我们仅介绍求解多元高次方程组的初步理论①. 该理论通常被称为吴文俊-Ritt方法, 是吴文俊关于数学机械化工作的核心, 是方程求解、几何定理机器证明的基础. 这一方法是吴文俊基于中国古代数学的求解代数方程组消去法的思想并借鉴Ritt关于微分代数的工作 (J. F. Ritt. *Differential Algebra*. Amer. Math. Soc. Colloquium. 1950) 提出的.

本节中, 为书写方便, 我们总假设

$$p(x)=p(x_1,x_2,\cdots,x_n)\in\mathbb{P}[x_1,x_2,\cdots,x_n]$$

是数域 $\mathbb{P}$上关于变元$x_1,\cdots,x_n$的一个 n元多项式. 如果 $p(x)$中实际出现的变元的最大下标为$i(1\leq i\leq n)$, 则称x_i为$p(x)$**的主变元**. 我们有

$$p(x)=I(x)\cdot x_i^{d_i}+(x_i\text{ 的低次项}),$$

其中 d_i是 $p(x)$对主元 x_i的最高次幂, 记作

$$d_i=\deg_{x_i}(p),$$

而$I(x)$是数域$\mathbb{P}$上关于变元$x_1,x_2,\cdots,x_{i-1}$ 的多项式, 一般称之为 $p(x)$的**初式**.

设 $p(x)$与 $q(x)$ 均为 $\mathbb{P}[x_1,x_2,\cdots,x_n]$ 中的多项式, $p(x)$的主变元为 x_i, 初式为 $I(x)=I(x_1,x_2,\cdots,x_{i-1})$, 则与一元多项式相类似, 成立如下**余式公式**

$$I^s(x)q(x)=\lambda(x)p(x)+R(x),\qquad \deg_{x_i}(R(x))<\deg_{x_i}(p(x)),\tag{2.4.1}$$

这里 s是某个非负整数, $R(x)\in\mathbb{P}[x_1,x_2,\cdots,x_n]$为多项式. 类似地, 我们称 $R(x)$为多项式 $q(x)$对 $p(x)$的**余式**.

定义 2 设 $p(x)$与 $q(x)$都是 $\mathbb{P}[x_1,x_2,\cdots,x_n]$ 中的多项式, 他们的主元分别为 x_i与 x_j , 若 $p(x)$中出现的 x_j的最高次幂(记作 $\deg_{x_j}(p(x))$)低于 $\deg_{x_j}(q(x))$, 或$\deg_{x_j}(p(x))<\deg_{x_j}(q(x))$, 则称多项式 $p(x)$对 $q(x)$已经**约化**.

定义 3 称 $\mathbb{P}[x_1,x_2,\cdots,x_n]$中的一个多项式组

$$(I):p_1(x),p_2(x),\cdots,p_r(x)$$

为一个**升列**, 如果它们满足:

(1) $\forall 1\leq i\leq r$, $p_i(x)$的主变元为 x_i, 此时, 我们称 (I)是三角化的;

(2) $\forall 1\leq j<i\leq r, p_i(x)$对 $p_j(x)$ 已经约化, 即

$$\deg_{x_j}(p_i(x))<\deg_{x_j}(p_j(x)).$$

依定义3, 数域 $\mathbb{P}$中任一非零常数构成一类特殊的升列. 通常, 我们称之为**矛盾升列**.

设 $p(x)\in\mathbb{P}[x_1,x_2,\cdots,x_r]$, $p_1(x),p_2(x),\cdots,p_r(x)$ 是 $\mathbb{P}[x_1,x_2,\cdots,x_r]$中的升列

① 本节材料来源于文献[17][18].

多项式, 则依余式公式(2.4.1)可得,

$$\begin{aligned}
&I_r^{s_r}(x)p(x)=\lambda_r(x)p_r(x)+R_{r-1}(x), && \deg_{x_r}(R_{r-1}(x))<\deg_{x_r}(p(x))\\
&I_{r-1}^{s_{r-1}}(x)R_{r-1}(x)=\lambda_{r-1}(x)p_{r-1}(x)+R_{r-2}(x), && \deg_{x_{r-1}}(R_{r-2}(x))<\deg_{x_{r-1}}(R_{r-1}(x))\\
&\qquad\vdots && \qquad\vdots\\
&I_2^{s_2}(x)R_2(x)=\lambda_2(x)p_2(x)+R_1(x), && \deg_{x_2}(R_1(x))<\deg_{x_2}(R_2(x))\\
&I_1^{s_1}(x)R_1(x)=\lambda_1(x)p_1(x)+R_0(x), && \deg_{x_1}(R_0(x))<\deg_{x_1}(R_1(x))
\end{aligned}$$

从而有

$$I_1^{s_1}(x)I_2^{s_2}(x)\cdots I_r^{s_r}(x)p(x)=Q_r(x)p_r(x)+Q_{r-1}(x)p_{r-1}(x)+\cdots+Q_1(x)p_1(x)+R_0(x) \tag{2.4.2}$$

这里 $I_1(x),I_2(x),\cdots,I_r(x)$为上述余式公式所确定, $Q_1(x),Q_2(x),\cdots,Q_r(x)$由这些余式公式中的多项式经过乘法及加法运算所确定. 一般地, 我们称公式(2.4.2)为**多项式 $p(x)$关于升列 $p_1(x),p_2(x),\cdots,p_r(x)$ 的余式公式**, 称$\mathbb{P}$上关于$x_1,x_2,\cdots,x_r$ 的多项式 $R_0(x)$ 为 **多项式 $p(x)$关于升列 $p_1(x),p_2(x),\cdots,p_r(x)$ 的余项**, 它满足

$$\deg_{x_i}(R_0(x))<\deg_{x_i}(p_i(x)),\quad i=1,2,\cdots,r.$$

设 $(PS):p_1(x),p_2(x),\cdots,p_r(x)$ 是数域 $\mathbb{P}$上关于变元$x_1,x_2,\cdots,x_n$的一个多项式组, 将他们按主变元进行分类, 主变元为 x_i的类记作 (x_i). 取出 (x_i)中一个关于x_i的幂最低的多项式, 则这些多项式形成 PS的一个部分组, 记这个部分组为 PPS.

定义 4 若 PPS中的多项式构成一个升列, 即其任意两个多项式之间都已约化, 则称 PPS为 PS的一组**基列**. PS的一组基列通常记做BS.

基列BS是一个升列. 多项式组 PS的一组基列可以通过如下步骤寻找. 将 (PS)的类 (x_i)排序如下:

$$(x_{i_1}),(x_{i_2}),\cdots,(x_{i_k}),\ \ 1\le i_1\le i_2\le\cdots\le i_k\le r.$$

在 (x_{i_1})中选出 x_{i_1}的一个最低幂次的多项式 $B_1(x)$, 这样的 $B_1(x)$ 总是存在的. 在 (x_{i_2})中寻找 x_{i_2} 的最低幂次多项式 $B_2(x)$, 使 $B_1(x)$与 $B_2(x)$约化. 若这样的 $B_2(x)$存在, 则记$B=\{B_1(x),B_2(x)\}$. 若 (x_{i_2})中不存在这样的 $B_2(x)$, 则记$B=\{B_1(x)\}$. 在 (x_{i_3})中寻找 x_{i_3}的最低幂次多项式 $B_3(x)$, 使之与 B中的多项式均约化. 若这样的 $B_3(x)$存在, 则记$B=\{B_1(x),B_2(x),B_3(x)\}$, 否则 B不变. 依次选遍所有的类, 所得的 B中多项式便构成多项式组 PS的一个基列.

吴-Ritt方法的主要目的, 就是将一个多元多项式方程组转化为一个"梯形" 形式的多元多项式方程组. 从这点看, 它类似于求解线性方程组的Gauss消元法. 利用上述所建立的概念, 以下我们介绍吴-Ritt消元法.

设$f_i(x)\in\mathbb{P}[x],(i=1,2,\cdots,m)$ 为 $\mathbb{P}$上关于变元$x_1,x_2,\cdots,x_n$ 的多项式组, 记

$$PS=\{f_1(x),f_2(x),\cdots,f_m(x)\}.$$

消元法分为三步:

第一步: 选出 PS的一组基列 BS, 将 PS中的每一个多项式$f_i(x)(i=1,2,\cdots,m)$对 BS求余, 所得的非零余式的全体记为 RS.

第二步: 把 RS中的所有多项式添加到 PS中得到新的一多项式组 PS_1, 取出其一组基列 BS_1, 将 PS_1中的每一个多项式对 BS_1 求余, 所得的非零多项式的全体记

为RS_1.

第三步: 若已得多项式组$PS_{i-1}(i>1)$, 选出其一组基列BS_{i-1}, 把PS_{i-1}中的每一个多项式对BS_{i-1}求余, 将所有不为零的余式添入PS_{i-1}中得到新的多项式组BS_i. 由于 PS中多项式是给定的, 变元个数及其相应的幂次都是有限的, 每经过一次对升列的求余, 余式的主变元幂次都要减少或降低. 因此, 经过有限次重复求余后, 可得多项式组PS_k及其一组基列BS_k, 使得PS_k中的任何多项式对BS_k的余式RS_k均为零.

这里BS_k是一组升列, 为"梯形"形式的多项式方程组. 上述通过求余得到的BS_k的过程称为**吴-Ritt消元过程**, 也称为**整序过程**.

假设

$$RS_k=\{R_1^k(x)=0,R_2^k(x),\cdots,R_s^k(x)\},$$

吴-Ritt理论证明了多项式方程组

$$\begin{cases}f_1(x)=0,\\ f_2(x)=0,\\ \quad\vdots\\ f_m(x)=0\end{cases}$$

的零点集与上述BS_k中多项式所形成的方程组

$$\begin{cases}R_1^k(x)=0,\\ R_2^k(x)=0,\\ \quad\vdots\\ R_s^k(x)=0\end{cases}$$

的零点集有着非常紧密的联系(吴-Ritt零点分解定理).

例 5 试利用吴方法简化下列多项式方程组

$$\begin{cases}-x_2^2+x_1x_2+1=0,\\ -2x_3+x_1^2=0,\\ -x_3^2+x_1x_2-1=0.\end{cases}$$

解 为了书写的方便, 本例简记

$$PS=\{p_1,p_2,p_3\},$$

其中

$$p_1=-x_2^2+x_1x_2+1,\quad p_2=-2x_3+x_1^2,\quad p_3=-x_3^2+x_1x_2-1.$$

显然,

$$(x_1)=\emptyset\,(\text{空集}),\quad (x_2)=\{p_1\},\quad (x_3)=\{p_2,p_3\}.$$

在这里以及整本书中, $\emptyset$ 都表示空集. 从而,

$$PPS=\{p_1,p_2\}.$$

由于PPS 中的两个多项式已经约化, 故

$$BS=PPS.$$

将PS中的每一个多项式对BS求余:

$$p_1 = 1 \cdot p_1 + 0p_2 + 0,\ p_2 = 0p_1 + 1 \cdot p_2 + 0,\ 4p_3 = 0p_1 + (x_3 + x_1^2)p_2 + r_1,$$

这里$r_1 = 4(x_2x_1 - 1) - x_1^4$. 因此,

$$RS = \{r_1\}.$$

令

$$PS_1 = \{p_1, p_2, p_3, r_1\},$$

对于PS_1, 我们有

$$(x_1) = \emptyset,\quad (x_2) = \{p_1, r_1\},\quad (x_3) = \{p_2, p_3\}.$$

易知

$$PPS_1 = \{p_2, r_1\},\quad BS_1 = PPS_1.$$

将PS_1中的每一个多项式对BS_1求余, 可得p_2, p_3, r_1所对应余项均为0而p_1所对应余式为

$$r_2 = x_1^8 + 4x_1^6 - 8x_1^4 - 16x_1^2 + 16,$$

故

$$RS_1 = \{r_2\}.$$

令

$$PS_2 = \{p_1, p_2, p_3, r_1, r_2\},$$

则

$$(x_1) = \{r_2\},\quad (x_2) = \{p_1, r_1\},\quad (x_3) = \{p_2, p_3\}.$$

仿前可得

$$PPS_2 = \{p_2, r_1, r_2\},\ BS_2 = PPS_2.$$

由于PS_2中的每个多项式对BS_2求余所得的余式均为0, 故所得的与原方程组零点相关的"体形"形式方程组为

$$\begin{cases} r_2 = 0, \\ r_1 = 0, \\ p_2 = 0. \end{cases} \quad 或 \quad \begin{cases} x_1^8 + 4x_1^6 - 8x_1^4 - 16x_1^2 + 16 = 0, \\ 4(x_2x_1 - 1) - x_1^4 = 0, \\ -2x_3 + x_1^2 = 0. \end{cases}$$

对本节课题有兴趣的读者可进一步参看数学机械化方面的书籍, 比如[16][17][18].

§ 2.5　习　题

1. 按多元多项式的字典排序法改写以下两个多项式, 并指出它们的乘积的首项:

$f(x_1,\ x_2,\ x_3,\ x_4) = 3x_2^6x_4^3 - \frac{1}{2}x_1^3x_2x_3^2 + 5x_2^3x_4 + 7x_3^2 + 2x_1^3x_2x_3^4 - 8 + 6x_2x_4^2,$

$g(x_1,\ x_2,\ x_3,\ x_4) = x_3^2x_4 + x_3x_4^2 + x_1^2x_2 + x_1x_2^2.$

2. 已知方程$2x^3-5x^2-4x+12=0$有一个二重根，解此方程.
3. 证明：若方程$x^3+px^2+qx+r=0$的三个根成等比数列，则$q^3=p^3r$.
4. 用初等对称多项式表出下列对称多项式:

   (1) $f(x_1,\ x_2,\ x_3,\ x_4)=(x_1x_2+x_3x_4)(x_1x_3+x_2x_4)(x_1x_4+x_2x_3)$;
   (2) $f(x_1,\ x_2,\ x_3)=(x_1+x_2)(x_1+x_3)(x_2+x_3)$;
   (3) $f(x_1,\ x_2,\ x_3)=(x_1-x_2)^2(x_2-x_3)^2+(x_2-x_3)^2(x_3-x_1)^2+$
   $(x_3-x_1)^2(x_1-x_2)^2$.

5. 用初等对称多项式表出下列n元对称多项式:

   (1) $\Sigma\, x_1^2x_2 \quad (n\geq 3)$;
   (2) $\Sigma\, x_1^2x_2^2x_3 \quad (n\geq 5)$;
   (3) $\Sigma\, x_1^3x_2^2x_3 \quad (n\geq 3)$;
   (4) $\Sigma\, x_1^3x_2x_3 \quad (n\geq 5)$.

   (这里$\Sigma\, x_1^{l_1}x_2^{l_2}\cdots x_n^{l_n}$表示所有由$x_1^{l_1}x_2^{l_2}\cdots x_n^{l_n}$经过对换得到的项的和.)
6. 证明：如果多项式$f(x)=x^3+px+q$的根为$x_1,\ x_2,\ x_3$，则以
   $$y_1=(x_1-x_2)^2,\ y_2=(x_1-x_3)^2,\ y_3=(x_2-x_3)^2$$
   为根的首1多项式为$g(y)=y^3+6py^2+9p^2y+4p^3+27q^2$.
7. 证明：四次方程
   $$a_0x^4+a_1x^3+a_2x^2+a_3x+a_4=0\ \ (a_0\neq 0)$$
   有两根之和为零的充要条件是:
   $$a_1^2a_4+a_0a_3^2-a_1a_2a_3=0.$$
8. 求下列各题中f与g的结式:

   (1) $f(x)=x^2-3x+2,\ g(x)=x^n+1$;
   (2) $f(x)=\dfrac{x^5-1}{x-1},\ g(x)=\dfrac{x^7-1}{x-1}$;
   (3) $f(x)=x^n+x+1,\ g(x)=x^2-3x+2$;
   (4) $f(x)=a_0x^n+a_1x^{n-1}+\cdots+a_{n-1}x+a_n$,
   $g(x)=a_0x^{n-1}+a_1x^{n-2}+\cdots+a_{n-2}x+a_{n-1}$，其中$a_0\neq 0,\ a_n\neq 0$.

9. 解下列各方程组:

   (1) $\begin{cases} 5y^2-6xy+5x^2-16=0, \\ y^2-xy+2x^2-y-x-4=0. \end{cases}$

   (2) $\begin{cases} x^2+y^2+4x-2y+3=0, \\ x^2+4xy-y^2+10y-9=0. \end{cases}$

   (3) $\begin{cases} x^2y+x^2+2xy+y^3=0, \\ x^2-3y^2-6x=0. \end{cases}$

10. 当k取何值时，多项式$f(x)=x^4-4x+k$有重根？

11. 求下列多项式的判别式:

(1) x^n+2x+1;
(2) x^n+2;
(3) $x^{n-1}+x^{n-2}+\cdots+x+1$.

12. 设多项式

$$f(x)=a_0x^m+a_1x^{m-1}+\cdots+a_{m-1}x+a_m,$$
$$g(x)=b_0x^n+b_1x^{n-1}+\cdots+b_{n-1}x+b_n.$$

证明: $R(f,\ g)=0$的充要条件是: “$a_0=b_0=0$”与“$f(x)$和$g(x)$在复数域$\mathbb{C}$上有公共根”至少有一条成立.

13. 设$f(x)$, $g_1(x)$, $g_2(x)$分别为m次, s次和t次多项式, 证明:

$$R(f,\ g_1g_2)=R(f,\ g_1)R(f,\ g_2).$$

14. 证明: 多项式$f(x)=x^4+px+q$有重因子的充要条件是$27p^4=256q^3$.

15. 设$f(x)=a_0x^n+a_1x^{n-1}+\cdots+a_n$, $g(x)=b_0x^m+b_1x^{m-1}+\cdots+b_m$. 证明:

(1) $R(f,g)=(-1)^{mn}R(g,f)$;
(2) 若a,b为常数, $R(af,bg)=a^mb^nR(f,g)$.

16. 求下列曲线的直角坐标方程:

$$x=t^2-t+1,\ y=2t^2+t-3.$$

17. 求参数曲线

$$\begin{cases} x=\dfrac{2(t+1)}{t^2+1}, \\ y=\dfrac{t^2}{2t-1} \end{cases}$$

的直角坐标方程.

第 3 章　直和理论与方程组的通解公式

§ 3.1　子空间的交与和

请读者自己先回顾一下上册中已建立的线性空间概念，它是本课程最核心的概念之一. 作为线性空间的子结构，我们有子空间的概念. 即，若线性空间V的非空子集W在V的原有加法和数乘之下也成为一个线性空间，那么W是V的一个**子空间**. 这等价于说，W关于V中的加法和数乘是封闭的.

一般线性空间反映了向量间的线性关系，没有反映出某种度量性质，而这是研究实际问题所需要的. 所以针对实数域$\mathbb{R}$上的线性空间V，在上册中，我们就有了内积和欧氏空间的概念. 欧氏空间作为线性空间的子空间在原空间的内积下显然也是一个欧氏空间.

本章的观点是基于对各类子空间结构的研究来反映整体空间的性质. 本节我们从子空间的交与和出发来展开.

本册中线性空间的零向量总是用$\boldsymbol{\theta}$表示.

定理 1　若V_1, V_2是数域$\mathbb{P}$上线性空间V的两个子空间，那么它们作为集合的交$V_1 \cap V_2$也是V的子空间.

证明　因为零向量$\boldsymbol{\theta} \in V_1$，$\boldsymbol{\theta} \in V_2$，所以$\boldsymbol{\theta} \in V_1 \cap V_2$，即$V_1 \cap V_2$非空. 对$k, l \in \mathbb{P}, \boldsymbol{\alpha}, \boldsymbol{\beta} \in V_1 \cap V_2$，有$\boldsymbol{\alpha}$，$\boldsymbol{\beta} \in V_1, \boldsymbol{\alpha}$，$\boldsymbol{\beta} \in V_2$. 由$V_1$，$V_2$是子空间，得$k\boldsymbol{\alpha}$，$l\boldsymbol{\beta} \in V_1, k\boldsymbol{\alpha}, l\boldsymbol{\beta} \in V_2$，进而$k\boldsymbol{\alpha} + l\boldsymbol{\beta} \in V_1$，$k\boldsymbol{\alpha} + l\boldsymbol{\beta} \in V_2$，所以$k\boldsymbol{\alpha} + l\boldsymbol{\beta} \in V_1 \cap V_2$，即$V_1 \cap V_2$是子空间. □

由集合的交的性质，我们知道，

(交换律)　　$V_1 \cap V_2 = V_2 \cap V_1$;

(结合律)　　$(V_1 \cap V_2) \cap V_3 = V_1 \cap (V_2 \cap V_3)$.

从而可以定义多个子空间的交:

$$V_1 \cap V_2 \cap \cdots \cap V_s = \bigcap_{i=1}^{s} V_i,$$

甚至无穷多个子空间V_λ $(\lambda \in \Lambda)$的交$\bigcap_{\lambda \in \Lambda} V_\lambda$，其中指标集$\Lambda$是无穷集，用定理1的同样证明方法可证，$\bigcap_{\lambda \in \Lambda} V_\lambda$是V的子空间.

定义 1　设V_1, V_2是$\mathbb{P}$上线性空间V的子空间. 定义

$$V_1 + V_2 = \{\boldsymbol{\alpha}_1 + \boldsymbol{\alpha}_2 :\ \boldsymbol{\alpha}_1 \in V_1, \boldsymbol{\alpha}_2 \in V_2\},$$

称之为V_1与V_2的**和**.

显然$V_1 + V_2$是V的非空子集.

定理 2　若V_1, V_2是V的子空间，那么$V_1 + V_2$也是V的子空间.

证明　对$k, l \in \mathbb{P}, \boldsymbol{\alpha}, \boldsymbol{\beta} \in V_1 + V_2$. 由$V_1 + V_2$的定义，存在$\boldsymbol{\alpha}_1, \boldsymbol{\beta}_1 \in V_1, \boldsymbol{\alpha}_2, \boldsymbol{\beta}_2 \in V_2$使$\boldsymbol{\alpha} = \boldsymbol{\alpha}_1 + \boldsymbol{\alpha}_2$，$\boldsymbol{\beta} = \boldsymbol{\beta}_1 + \boldsymbol{\beta}_2$. 因为$V_1, V_2$是$V$的子空间，所以$k\boldsymbol{\alpha}_1 + l\boldsymbol{\beta}_1 \in V_1$,

$k\boldsymbol{\alpha}_2+l\boldsymbol{\beta}_2\in V_2$. 于是，$k\boldsymbol{\alpha}+l\boldsymbol{\beta}=(k\boldsymbol{\alpha}_1+l\boldsymbol{\beta}_1)+(k\boldsymbol{\alpha}_2+l\boldsymbol{\beta}_2)\in V_1+V_2$. □

由V的元素对加法的交换律和结合律，可以在唯一意义下定义多个子空间的**和**

$$\sum_{i=1}^{s}V_i=V_1+\cdots+V_s=\{\boldsymbol{\alpha}_1+\cdots+\boldsymbol{\alpha}_s:\boldsymbol{\alpha}_1\in V_1,\cdots,\boldsymbol{\alpha}_s\in V_s\},$$

甚至无限多个子空间的**和**可以定义为

$$\sum_{\lambda\in\Lambda}V_\lambda=\{\boldsymbol{\alpha}_{\lambda_1}+\cdots+\boldsymbol{\alpha}_{\lambda_s}:\forall s\in\mathbb{N},\ \forall 1\le i\le s,\ \boldsymbol{\alpha}_{\lambda_i}\in V_{\lambda_i},\ \lambda_i\in\Lambda\},$$

其中Λ是指标集，$\mathbb{N}$表示自然数集. 无限和中的每个元素其实是定义为至多有限个非零元之和，其"无限性"体现在子空间选择范围的"无限性".

与定理2的证明相同，易证这样定义的和空间均为V的子空间.

下面性质由定义直接可得:

1) 设V_1, V_2, W是V的子空间.
   (a) 若$W\subseteq V_1$, $W\subseteq V_2$，那么W是$V_1\bigcap V_2$的子空间，即$V_1\bigcap V_2$是同时包含于V_1和V_2 的最大子空间;
   (b) 若$W\supseteq V_1, W\supseteq V_2$，那么$V_1+V_2$是$W$的子空间，即$V_1+V_2$是包含$V_1$和$V_2$的最小子空间;
   (c) V_1+V_2等于由V_1和V_2的所有元素生成的V的子空间，即
   $$V_1+V_2=L(V_1\cup V_2).$$
2) 设V_1, V_2是V的子空间，以下三个论断等价:
   (a) $V_1\subset V_2$;　(b) $V_1\bigcap V_2=V_1$;　(c) $V_1+V_2=V_2$.

上述1)中的(c)由(b)及生成子空间的定义直接可得. 特别地，对给定的有限个向量$\boldsymbol{\alpha}_1,\boldsymbol{\alpha}_2,\cdots,\boldsymbol{\alpha}_s$, $\boldsymbol{\beta}_1,\cdots,\boldsymbol{\beta}_t\in V$ 有

$$L(\boldsymbol{\alpha}_1,\boldsymbol{\alpha}_2,\cdots,\boldsymbol{\alpha}_s)+L(\boldsymbol{\beta}_1,\cdots,\boldsymbol{\beta}_t)=L(\boldsymbol{\alpha}_1,\boldsymbol{\alpha}_2,\cdots,\boldsymbol{\alpha}_s,\boldsymbol{\beta}_1,\cdots,\boldsymbol{\beta}_t).$$

例 1　在$V=\mathbb{R}^3$中，设V_1,V_2是过原点的两个平面，那么V_1,V_2是V的子空间. 由V中向量的加法易知，当V_1与V_2不重合时，$V_1+V_2=\mathbb{R}^3$, $V_1\bigcap V_2$是$\mathbb{R}^3$中过原点的一条直线; 设L_1,L_2是$\mathbb{R}^3$中过原点的两条直线，当它们不重合时，L_1+L_2是由L_1和L_2确定的一个平面，$L_1\bigcap L_2=\{\boldsymbol{\theta}\}$.

对一般数域$\mathbb{P}$，若$V=\mathbb{P}^n$，那么可以用线性方程组解空间的关系来理解子空间的关系.

由上册第4章补充题13 知，$\mathbb{P}^n$的任一子空间总可看作是$\mathbb{P}$上一个n元齐次线性方程组的解空间. 对子空间V_1,V_2，设它们分别是齐次线性方程组

$$\begin{cases}a_{11}x_1+a_{12}x_2+\cdots+a_{1n}x_n=0\\ a_{21}x_1+a_{22}x_2+\cdots+a_{2n}x_n=0\\ \qquad\cdots\cdots\\ a_{s1}x_1+a_{s2}x_2+\cdots+a_{sn}x_n=0\end{cases}$$

与

$$\begin{cases}b_{11}x_1+b_{12}x_2+\cdots+b_{1n}x_n=0\\ b_{21}x_1+b_{22}x_2+\cdots+b_{2n}x_n=0\\ \qquad\cdots\cdots\\ b_{t1}x_1+b_{t2}x_2+\cdots+b_{tn}x_n=0\end{cases}$$

的解空间，那么$V_1\bigcap V_2$是齐次方程组

$$\begin{cases} a_{11}x_1+a_{12}x_2+\cdots+a_{1n}x_n=0\\ a_{21}x_1+a_{22}x_2+\cdots+a_{2n}x_n=0\\ \qquad\cdots\cdots\\ a_{s1}x_1+a_{s2}x_2+\cdots+a_{sn}x_n=0\\ b_{11}x_1+b_{12}x_2+\cdots+b_{1n}x_n=0\\ b_{21}x_1+b_{22}x_2+\cdots+b_{2n}x_n=0\\ \qquad\cdots\cdots\\ b_{t1}x_1+b_{t2}x_2+\cdots+b_{tn}x_n=0 \end{cases}$$

的解空间.

关于两个子空间的交与和的维数，可以统一到下面的重要公式中.

定理 3 (维数公式) 如果V_1,V_2是线性空间V的两个有限维子空间，那么

$$\dim V_1+\dim V_2=\dim(V_1+V_2)+\dim(V_1\cap V_2).$$

证明 令$\dim V_1=n_1$, $\dim V_2=n_2$, $\dim V_1\cap V_2=m$. 取$V_1\bigcap V_2$的一组基$\boldsymbol{\alpha}_1,\boldsymbol{\alpha}_2,\cdots,\boldsymbol{\alpha}_m$. 由$V_1\cap V_2$是$V_1$和$V_2$的子空间知$\boldsymbol{\alpha}_1,\boldsymbol{\alpha}_2,\cdots,\boldsymbol{\alpha}_m$可分别扩充为$V_1$和$V_2$的基，分别设为$\boldsymbol{\alpha}_1,\boldsymbol{\alpha}_2,\cdots,\boldsymbol{\alpha}_m,\boldsymbol{\beta}_1,\boldsymbol{\beta}_2,\cdots,\boldsymbol{\beta}_{n_1-m}$和$\boldsymbol{\alpha}_1,\boldsymbol{\alpha}_2,\cdots,\boldsymbol{\alpha}_m,\boldsymbol{\gamma}_1,\boldsymbol{\gamma}_2,\cdots,\boldsymbol{\gamma}_{n_2-m}$. 下面证明$\boldsymbol{\alpha}_1,\boldsymbol{\alpha}_2,\cdots,\boldsymbol{\alpha}_m,\boldsymbol{\beta}_1,\boldsymbol{\beta}_2,\cdots,\boldsymbol{\beta}_{n_1-m},\boldsymbol{\gamma}_1,\boldsymbol{\gamma}_2,\cdots,\boldsymbol{\gamma}_{n_2-m}$恰为$V_1+V_2$的基，从而

$$\begin{aligned}\dim(V_1+V_2)&=n_1+n_2-m\\&=\dim V_1+\dim V_2-\dim(V_1\cap V_2).\end{aligned}$$

因为

$$V_1=L(\boldsymbol{\alpha}_1,\boldsymbol{\alpha}_2,\cdots,\boldsymbol{\alpha}_m,\ \boldsymbol{\beta}_1,\boldsymbol{\beta}_2,\cdots,\boldsymbol{\beta}_{n_1-m}),$$
$$V_2=L(\boldsymbol{\alpha}_1,\boldsymbol{\alpha}_2,\cdots,\boldsymbol{\alpha}_m,\ \boldsymbol{\gamma}_1,\boldsymbol{\gamma}_2,\cdots,\boldsymbol{\gamma}_{n_2-m}),$$

所以

$$V_1+V_2=L(\boldsymbol{\alpha}_1,\boldsymbol{\alpha}_2,\cdots,\boldsymbol{\alpha}_m,\boldsymbol{\beta}_1,\boldsymbol{\beta}_2,\cdots,\boldsymbol{\beta}_{n_1-m},\boldsymbol{\gamma}_1,\boldsymbol{\gamma}_2,\cdots,\boldsymbol{\gamma}_{n_2-m}).$$

只需再证明$\boldsymbol{\alpha}_1,\boldsymbol{\alpha}_2,\cdots,\boldsymbol{\alpha}_m,\boldsymbol{\beta}_1,\boldsymbol{\beta}_2,\cdots,\boldsymbol{\beta}_{n_1-m},\boldsymbol{\gamma}_1,\boldsymbol{\gamma}_2,\cdots,\boldsymbol{\gamma}_{n_2-m}$是线性无关的. 假设存在$k_i,p_j,q_l\in\mathbb{P}$ $(i=1,\cdots,m,\ j=1,\cdots,n_1-m,\ l=1,\cdots,n_2-m)$使得

$$k_1\boldsymbol{\alpha}_1+\cdots+k_m\boldsymbol{\alpha}_m+p_1\boldsymbol{\beta}_1+\cdots p_{n_1-m}\boldsymbol{\beta}_{n_1-m}+q_1\boldsymbol{\gamma}_1+\cdots+q_{n_2-m}\boldsymbol{\gamma}_{n_2-m}=\boldsymbol{\theta},$$

则

$$k_1\boldsymbol{\alpha}_1+\cdots+k_m\boldsymbol{\alpha}_m+p_1\boldsymbol{\beta}_1+\cdots p_{n_1-m}\boldsymbol{\beta}_{n_1-m}=-q_1\boldsymbol{\gamma}_1-\cdots-q_{n_2-m}\boldsymbol{\gamma}_{n_2-m}.$$

上式左边可看作V_1中的向量，右边可看作V_2中的向量，从而左、右边均为$V_1\bigcap V_2$中的向量. 于是存在$l_1,l_2,\cdots,l_m\in\mathbb{P}$使

$$-q_1\boldsymbol{\gamma}_1-q_2\boldsymbol{\gamma}_2-\cdots-q_{n_2-m}\boldsymbol{\gamma}_{n_2-m}=l_1\boldsymbol{\alpha}_1+l_2\boldsymbol{\alpha}_2+\cdots+l_m\boldsymbol{\alpha}_m,$$

即

$$l_1\boldsymbol{\alpha}_1+l_2\boldsymbol{\alpha}_2+\cdots+l_m\boldsymbol{\alpha}_m+q_1\boldsymbol{\gamma}_1+q_2\boldsymbol{\gamma}_2+\cdots+q_{n_2-m}\boldsymbol{\gamma}_{n_2-m}=\boldsymbol{\theta}.$$

但已知$\boldsymbol{\alpha}_1,\boldsymbol{\alpha}_2,\cdots,\boldsymbol{\alpha}_m,\gamma_1,\gamma_2,\cdots,\gamma_{n_2-m}$是线性无关的，故$q_1=q_2=\cdots=q_{n_2-m}=0$，从而

$$k_1\boldsymbol{\alpha}_1+k_2\boldsymbol{\alpha}_2+\cdots+k_m\boldsymbol{\alpha}_m+p_1\boldsymbol{\beta}_1+p_2\boldsymbol{\beta}_2+\cdots p_{n_1-m}\boldsymbol{\beta}_{n_2-m}=\boldsymbol{\theta}.$$

由$\boldsymbol{\alpha}_1,\boldsymbol{\alpha}_2,\cdots,\boldsymbol{\alpha}_m,\boldsymbol{\beta}_1,\boldsymbol{\beta}_2,\cdots,\boldsymbol{\beta}_{n_1-m}$是线性无关的，又得$k_1=k_2=\cdots=k_m=p_1=p_2=\cdots=p_{n_1-m}=0$.

因此$\boldsymbol{\alpha}_1,\boldsymbol{\alpha}_2,\cdots,\boldsymbol{\alpha}_m,\ \boldsymbol{\beta}_1,\boldsymbol{\beta}_2,\cdots,\boldsymbol{\beta}_{n_1-m},\gamma_1,\gamma_2,\cdots,\gamma_{n_2-m}$是线性无关组，从而是$V_1+V_2$的基. □

从维数公式知，两个子空间之和的维数比它们的维数之和往往要小，这是因为他们可能有非零的公共元之故. 例如，$\mathbb{R}^3$中，过原点的两个平面之和是整个$\mathbb{R}^3$，维数为3，但两个平面各自维数是2，其和为4. 由此说明，此两平面的交的维数是1维的，是一条直线. 一般地，有

推论 1 若n维线性空间V的子空间V_1，V_2的维数之和大于n，那么V_1，V_2必含非零的公共向量.

证明 由已知，$\dim(V_1+V_2)+\dim(V_1\cap V_2)=\dim V_1+\dim V_2>n$. 但$V_1+V_2$是$V$的子空间，所以$\dim(V_1+V_2)\leq n$，故$\dim(V_1\cap V_2)\gneqq 0$，即$V_1\cap V_2\neq\{\boldsymbol{\theta}\}$. □

例 2 设$V=\mathbb{P}^4,W_1=L(\boldsymbol{\alpha}_1,\boldsymbol{\alpha}_2,\boldsymbol{\alpha}_3),W_2=L(\boldsymbol{\beta}_1,\boldsymbol{\beta}_2)$，其中$\boldsymbol{\alpha}_1=(1,2,-1,-3)$，$\boldsymbol{\alpha}_2=(-1,-1,2,1)$，$\boldsymbol{\alpha}_3=(-1,-3,0,5)$，$\boldsymbol{\beta}_1=(-1,0,4,-2)$，$\boldsymbol{\beta}_2=(0,5,9,-14)$，求$W_1$与$W_2$的和与交的一组基与维数.

解 因为$W_1+W_2=L(\boldsymbol{\alpha}_1,\boldsymbol{\alpha}_2,\boldsymbol{\alpha}_3,\boldsymbol{\beta}_1,\boldsymbol{\beta}_2)$，所以$\boldsymbol{\alpha}_1,\boldsymbol{\alpha}_2,\boldsymbol{\alpha}_3,\boldsymbol{\beta}_1,\boldsymbol{\beta}_2$的一个极大线性无关组就是$W_1+W_2$的一组基. 按照上册第四章的方法，把$\boldsymbol{\alpha}_1,\boldsymbol{\alpha}_2,\boldsymbol{\alpha}_3,\boldsymbol{\beta}_1$，$\boldsymbol{\beta}_2$写成列向量，组成矩阵$\boldsymbol{A}$，对$\boldsymbol{A}$作初等行变换化成阶梯阵:

$$\boldsymbol{A}=\underset{\quad\boldsymbol{\alpha}_1\quad\boldsymbol{\alpha}_2\quad\boldsymbol{\alpha}_3\quad\boldsymbol{\beta}_1\quad\boldsymbol{\beta}_2}{\begin{pmatrix}1&-1&-1&-1&0\\2&-1&-3&0&5\\-1&2&0&4&9\\-3&1&5&-2&-14\end{pmatrix}}\longrightarrow\underset{\boldsymbol{\alpha}_1'\quad\boldsymbol{\alpha}_2'\quad\boldsymbol{\alpha}_3'\quad\boldsymbol{\beta}_1'\quad\boldsymbol{\beta}_2'}{\begin{pmatrix}1&0&-2&0&1\\0&1&-1&0&-3\\0&0&0&1&4\\0&0&0&0&0\end{pmatrix}}$$

由此得出$\boldsymbol{\alpha}_1,\boldsymbol{\alpha}_2,\boldsymbol{\beta}_1$是$W_1+W_2$的一组基，$\boldsymbol{\alpha}_1,\boldsymbol{\alpha}_2$是$W_1$的一组基，而易见$\boldsymbol{\beta}_1'$，$\boldsymbol{\beta}_2'$线性无关. 所以$\boldsymbol{\beta}_1,\boldsymbol{\beta}_2$是$W_2$的一组基. 因此$\dim(W_1+W_2)=3,\dim W_1=\dim W_2=2$，故由维数公式得$\dim(W_1\bigcap W_2)=1$.

由上述简化阵易见，$\boldsymbol{\beta}_2'=\boldsymbol{\alpha}_1'-3\boldsymbol{\alpha}_2'+4\boldsymbol{\beta}_1'$，故$\boldsymbol{\beta}_2=\boldsymbol{\alpha}_1-3\boldsymbol{\alpha}_2+4\boldsymbol{\beta}_1$，从而

$$\boldsymbol{\theta}\neq\boldsymbol{\gamma}=\boldsymbol{\alpha}_1-3\boldsymbol{\alpha}_2=-4\boldsymbol{\beta}_1+\boldsymbol{\beta}_2=(4,5,-7,-6)\in W_1\bigcap W_2,$$

则$\boldsymbol{\gamma}$是$W_1\bigcap W_2$的一组基.

§ 3.2 直和与正交

上节的维数公式给出了两个有限维子空间的和空间与交空间之间的维数互补关

系，即当和空间维数越大，则交空间越小；反之亦然. 这说明，两个子空间只有它们的公共部分越少，即相互越独立，则它们的和空间才能越大. 特别地，当交空间为零空间时，我们来看看它们的和空间有什么特点.

定义 2 对线性空间V的子空间V_1和V_2，当$V_1\bigcap V_2=\{\boldsymbol{\theta}\}$时，称它们的和空间$V_1+V_2$是$V_1$和$V_2$的**直和**，表示为$V_1\oplus V_2$.

由维数公式即得：

命题 1 设V_1，V_2是$\mathbb{P}$上线性空间V的有限维子空间，则V_1与V_2构成直和$V_1\oplus V_2$当且仅当$\dim_{\mathbb{P}}(V_1+V_2)=\dim V_1+\dim V_2$.

上面我们是通过两个子空间V_1与V_2之间的整体关系来定义它们的直和的. 现在我们给出以元素的局部性质来刻画它们的直和的条件，即有，

定理 4 设有$\mathbb{P}$上线性空间V的子空间V_1与V_2，那么有如下等价条件；

(i) V_1与V_2的和V_1+V_2是直和；

(ii) 若存在$\boldsymbol{\alpha}_1\in V_1$，$\boldsymbol{\alpha}_2\in V_2$使$\boldsymbol{\alpha}_1+\boldsymbol{\alpha}_2=\boldsymbol{\theta}$，则$\boldsymbol{\alpha}_1=\boldsymbol{\theta}$，$\boldsymbol{\alpha}_2=\boldsymbol{\theta}$；

(iii) V_1+V_2中任一向量可唯一地分解为V_1和V_2中向量之和.

证明 (i) $\Rightarrow$ (ii): 若存在$\boldsymbol{\alpha}_1\in V_1,\boldsymbol{\alpha}_2\in V_2$使$\boldsymbol{\alpha}_1+\boldsymbol{\alpha}_2=\boldsymbol{\theta}$，则$\boldsymbol{\alpha}_1=-\boldsymbol{\alpha}_2\in V_1\cap V_2$. 但已知$V_1\cap V_2=\{\boldsymbol{\theta}\}$，故$\boldsymbol{\alpha}_1=\boldsymbol{\alpha}_2=\boldsymbol{\theta}$.

(ii) $\Rightarrow$ (iii): 设$\boldsymbol{\alpha}=\boldsymbol{\alpha}_1+\boldsymbol{\alpha}_2=\boldsymbol{\alpha}_1'+\boldsymbol{\alpha}_2'$，其中$\boldsymbol{\alpha}_1,\boldsymbol{\alpha}_1'\in V_1,\boldsymbol{\alpha}_2,\boldsymbol{\alpha}_2'\in V_2$. 则有$(\boldsymbol{\alpha}_1-\boldsymbol{\alpha}_1')+(\boldsymbol{\alpha}_2-\boldsymbol{\alpha}_2')=\boldsymbol{\theta}$，由(ii)知，$\boldsymbol{\alpha}_1-\boldsymbol{\alpha}_1'=\boldsymbol{\theta},\boldsymbol{\alpha}_2-\boldsymbol{\alpha}_2'=\boldsymbol{\theta}$，故$\boldsymbol{\alpha}_1=\boldsymbol{\alpha}_1',\boldsymbol{\alpha}_2=\boldsymbol{\alpha}_2'$.

(iii) $\Rightarrow$ (i): 设$\boldsymbol{\alpha}\in V_1\cap V_2$，则$\boldsymbol{\alpha}\in V_1,-\boldsymbol{\alpha}\in V_2$. 因为$\boldsymbol{\alpha}+(-\boldsymbol{\alpha})=\boldsymbol{\theta}\in V_1+V_2$，由(iii)知，$\boldsymbol{\alpha}=\boldsymbol{\theta}$. □

定理 5 设U是有限维线性空间V的一个子空间，那么一定存在子空间W使得

$$V=U\oplus W$$

成立. 这时，称U和W互为**补空间**.

证明 设$\boldsymbol{\alpha}_1,\boldsymbol{\alpha}_2,\cdots,\boldsymbol{\alpha}_m$是$U$的一组基，因为$U$是有限维线性空间$V$的一个子空间，所以可以扩充为$V$的一组基$\boldsymbol{\alpha}_1,\cdots,\boldsymbol{\alpha}_m,\boldsymbol{\alpha}_{m+1},\cdots,\boldsymbol{\alpha}_n$，令$W=L(\boldsymbol{\alpha}_{m+1},\cdots,\boldsymbol{\alpha}_n)$，则$V=U+W$. 若有$\boldsymbol{\alpha}\in U\cap W$，则存在$k_i\in\mathbb{P}\ (i=1,2,\cdots,n)$，使得

$$\boldsymbol{\alpha}=k_1\boldsymbol{\alpha}_1+k_2\boldsymbol{\alpha}_2+\cdots+k_m\boldsymbol{\alpha}_m=k_{m+1}\boldsymbol{\alpha}_{m+1}+\cdots+k_n\boldsymbol{\alpha}_n.$$

但由于$\boldsymbol{\alpha}_1,\boldsymbol{\alpha}_2,\cdots,\boldsymbol{\alpha}_n$是线性无关的，所以$k_1=k_2=\cdots=k_n=0$. 从而，$\boldsymbol{\alpha}=\boldsymbol{\theta}$. 这说明$V=U\oplus W$. □

例 3 令W_1是数域$\mathbb{P}$上所有n阶对称方阵构成的子空间，W_2是$\mathbb{P}$上所有n阶反对称方阵构成的子空间. 那么$\mathbb{P}$上所有n阶方阵关于矩阵的加法和数乘运算做成的线性空间$\mathbb{P}^{n\times n}$是子空间W_1与W_2的直和，即

$$\mathbb{P}^{n\times n}=W_1\oplus W_2.$$

证明 显然，对任何一个n阶方阵$\boldsymbol{A}$，都有

$$\boldsymbol{A}=\frac{1}{2}(\boldsymbol{A}+\boldsymbol{A}^{\mathrm{T}})+\frac{1}{2}(\boldsymbol{A}-\boldsymbol{A}^{\mathrm{T}}),$$

这里，$\frac{1}{2}(\boldsymbol{A}+\boldsymbol{A}^{\mathrm{T}})$是对称方阵，$\frac{1}{2}(\boldsymbol{A}-\boldsymbol{A}^{\mathrm{T}})$是反对称方阵. 因此，$\mathbb{P}^{n\times n}=W_1+W_2$. 又若$\boldsymbol{B}\in W_1\cap W_2$，则$\boldsymbol{B}$既是对称方阵，又是反对称方阵，易见$\boldsymbol{B}$只能是零矩阵，从而$W_1\cap W_2=\{\boldsymbol{O}\}$. □

值得注意的是，一个子空间的补空间通常是不唯一的，因为$\boldsymbol{\alpha}_1,\boldsymbol{\alpha}_2,\cdots,\boldsymbol{\alpha}_m$扩充为$V$的一组基$\boldsymbol{\alpha}_1,\boldsymbol{\alpha}_2,\cdots,\boldsymbol{\alpha}_m,\boldsymbol{\alpha}_{m+1},\cdots,\boldsymbol{\alpha}_n$的方式可以是不唯一的.

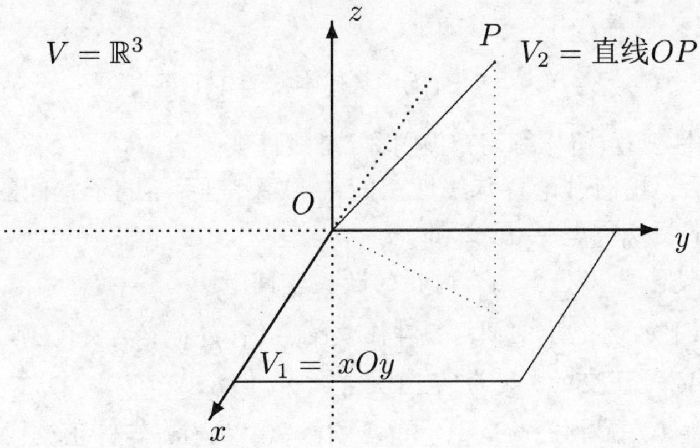

比如，设$V=\mathbb{R}^3$，V_1是平面xOz(见上图)，那么当取V_2是过原点但不在xOz面上的直线时，都有$V_1\cap V_2=\{(0,0,0)\}$，从而$\mathbb{R}^3=V_1\oplus V_2$.

上面关于两个子空间直和的讨论都可以推广到多个子空间的情形.

定义 3 设$V_1, V_2, \cdots, V_s$是线性空间V的子空间，如果有

$$V_i\bigcap\left(\sum_{j\neq i}V_j\right)=\{\boldsymbol{\theta}\},\ i=1,\ 2,\ \cdots,\ s$$

成立，那么称$V_1,V_2,\cdots,V_s$的和$V_1+V_2+\cdots+V_s$是**直和**，表示为

$$V_1\oplus V_2\oplus\cdots\oplus V_s.$$

与两个子空间的情况一样，有

定理 6 设$V_1,\cdots,V_s$是$\mathbb{P}$上线性空间V的子空间，令$W=V_1+V_2+\cdots+V_s$，则下述论断等价:

(i) $W=V_1\oplus V_2\oplus\cdots\oplus V_s$;

(ii) 零向量在$W=V_1+V_2+\cdots+V_s$中的表法唯一;

(iii) $W=V_1+V_2+\cdots+V_s$的任一向量$\boldsymbol{\alpha}$分解为V_i中向量之和的分解式$\boldsymbol{\alpha}=\boldsymbol{\alpha}_1+\boldsymbol{\alpha}_2+\cdots+\boldsymbol{\alpha}_s$是唯一的;

当$\dim W<+\infty$，则上述各论断又分别等价于:

(iv) $\dim W=\dim V_1+\dim V_2+\cdots+\dim V_s$.

该定理的证明与$s=2$时的情形的证明类似，请读者自证.

注 定义3中直和定义为“任一子空间V_i与其他所有V_j之和的交为零”，而不定义为“任两个V_i，V_j的交$V_i\cap V_j=\{\boldsymbol{\theta}\}$”. 这是因为，后者的条件要弱于前者的条件. 比如，

设三条不同的直线都过原点而且共面，则三条直线各自决定的三个一维线性空间的两两交均为零空间. 它们的和空间就是它们所在的平面决定的二维线性空间. 于是，和空间维数2不等于这三个一维线性空间的维数之和3，这说明这三个一维线性空间的和不是直和，虽然它们的两两交均为零空间.

由空间的直和概念可以定义线性变换的直和概念. 设$V_1, V_2, \cdots, V_s$是线性空间V的子空间且$V = V_1 \oplus V_2 \oplus \cdots \oplus V_s$是直和. 设$f_1, f_2, \cdots, f_s$分别是$V_1, V_2, \cdots, V_s$上的线性变换. 定义映射$f: V \to V$如下:

$$f(\oplus_{i=1}^s v_i) = \oplus_{i=1}^s f_i(v_i), \text{ 其中} v_i \in V_i (i = 1, 2, \cdots, s),$$

则f是V上的线性变换(留作练习). 我们称f是线性变换$f_1, f_2, \cdots, f_s$ 的**直和**.

这节的最后，我们讨论特殊线性空间—欧氏空间—的子空间的直和，考虑在这种情况下直和的特殊类型—**正交和**.

定义 4 设V是以(,)为内积的欧氏空间.

(i) 设V_1, V_2是V的两个子空间，若对任意$\boldsymbol{\alpha} \in V_1, \boldsymbol{\beta} \in V_2$，有$(\boldsymbol{\alpha}, \boldsymbol{\beta}) = 0$，即$\boldsymbol{\alpha} \perp \boldsymbol{\beta}$，则称$V_1$与$V_2$是**正交**的，记为$V_1 \perp V_2$;

(ii) 对向量$\boldsymbol{\alpha} \in V$, 若对任一$\boldsymbol{\beta} \in V_2$有$(\boldsymbol{\alpha}, \boldsymbol{\beta}) = 0$，则称$\boldsymbol{\alpha}$**与**$V_2$**正交**，记为$\boldsymbol{\alpha} \perp V_2$;

(iii) 设$V_1, \cdots, V_s$是V的s个子空间，若对任何$i, j\ (i \neq j)$均有$V_i \perp V_j$, 则称它们的和$V_1 + V_2 + \cdots + V_s$为**正交和**.

关于正交性的基本性质有:

性质 1 设V是线性空间，向量$\boldsymbol{\alpha} \in V$，$V_1$和$V_2$是$V$的子空间，那么:

(i) $\boldsymbol{\alpha} \perp \boldsymbol{\alpha}$ 当且仅当$\boldsymbol{\alpha} = \boldsymbol{\theta}$;

(ii) 若$\boldsymbol{\alpha} \perp V_1$且$\boldsymbol{\alpha} \in V_1$, 则$\boldsymbol{\alpha} = \boldsymbol{\theta}$;

(iii) 当$V_1 \perp V_2$时，必有$V_1 \cap V_2 = \{\boldsymbol{\theta}\}$.

这些是很容易理解的结论，由内积性质和正交的定义直接可得到. 其中(iii)说明了两个子空间的正交和必为直和. 事实上，进一步对有限个子空间的情况，同样有:

定理 7 对线性空间V的子空间$V_1, V_2, \cdots, V_s$，当$V_1 + V_2 + \cdots + V_s$是正交和，则$V_1 + \cdots + V_s$必是直和.

证明 由定理6，只需证明：对$\boldsymbol{\alpha}_i \in V_i\ (i = 1, \cdots, s)$，当$\boldsymbol{\alpha}_1 + \cdots + \boldsymbol{\alpha}_s = \boldsymbol{\theta}$时，对每个$i$，有$\boldsymbol{\alpha}_i = \boldsymbol{\theta}$.

事实上，当$\boldsymbol{\alpha}_1 + \cdots + \boldsymbol{\alpha}_s = \boldsymbol{\theta}$，等式两边与$\boldsymbol{\alpha}_i$作内积，得

$$0 = (\boldsymbol{\theta},\ \boldsymbol{\alpha}_i) = (\boldsymbol{\alpha}_1 + \cdots + \boldsymbol{\alpha}_s, \boldsymbol{\alpha}_i) = \sum_{j=1}^{s} (\boldsymbol{\alpha}_j,\ \boldsymbol{\alpha}_i) = (\boldsymbol{\alpha}_i,\ \boldsymbol{\alpha}_i),$$

从而对$i = 1, 2, \cdots, s$, 有$\boldsymbol{\alpha}_i = \boldsymbol{\theta}$. 注意，其中用到了：由于$V_1, V_2, \cdots, V_s$两两正交，对任意$j \neq i$，有$(\boldsymbol{\alpha}_j,\ \boldsymbol{\alpha}_i) = 0$. □

在欧氏空间V中，若有子空间V_1, V_2满足$V = V_1 + V_2$且$V_1 \perp V_2$，则称V_1与V_2互为**正交补**.

由于这时$V = V_1 + V_2$是正交和，故也是直和. 因此，V_1与V_2互为前面直和意义下的补空间. 我们已提到，一个子空间V_1的补空间可以是不唯一的. 那么对于更强条件下

的正交补是否有可能是唯一的呢？回答是肯定的，即：

定理 8 有限维欧氏空间V的每个子空间V_1有唯一的正交补空间V_2.

证明 首先证明正交补的存在性.

当$V_1 = \{\boldsymbol{\theta}\}$, 则$V_2 = V$就是$V_1$的正交补.

当$V_1 \neq \{\boldsymbol{\theta}\}$, 由于$V_1$在$V$的内积下也是欧氏空间, 故可取$V_1$的一组正交基，设之为$\varepsilon_1, \varepsilon_2, \cdots, \varepsilon_m$. 由上册第五章，$\varepsilon_1, \varepsilon_2, \cdots, \varepsilon_m$可以扩充为$V$的一组正交基

$$\varepsilon_1, \varepsilon_2, \cdots, \varepsilon_m, \varepsilon_{m+1}, \cdots, \varepsilon_n,$$

那么$V_2 = L(\varepsilon_{m+1}, \cdots, \varepsilon_n)$与$V_1$是正交的且$V = V_1 + V_2$, 从而$V_2$是$V_1$的正交补.

再来证明正交补的唯一性.

设子空间V_1有正交补V_2和V_3, 即$V = V_1 \oplus V_2 = V_1 \oplus V_3$且$V_1 \perp V_2, V_1 \perp V_3$. 任取$\boldsymbol{\alpha} \in V_2$，则$\boldsymbol{\alpha} \in V_2 \subseteq V_1 \oplus V_2 = V_1 \oplus V_3$，从而存在$\boldsymbol{\alpha}_1 \in V_1$，$\boldsymbol{\alpha}_3 \in V_3$, 使得$\boldsymbol{\alpha} = \boldsymbol{\alpha}_1 + \boldsymbol{\alpha}_3$. 因为$\boldsymbol{\alpha} \perp \boldsymbol{\alpha}_1$，$\boldsymbol{\alpha}_3 \perp \boldsymbol{\alpha}_1$, 所以

$$0 = (\boldsymbol{\alpha}, \boldsymbol{\alpha}_1) = (\boldsymbol{\alpha}_1 + \boldsymbol{\alpha}_3, \boldsymbol{\alpha}_1) = (\boldsymbol{\alpha}_1, \boldsymbol{\alpha}_1) + (\boldsymbol{\alpha}_3, \boldsymbol{\alpha}_1) = (\boldsymbol{\alpha}_1, \boldsymbol{\alpha}_1).$$

于是$\boldsymbol{\alpha}_1 = \boldsymbol{\theta}$, 得$\boldsymbol{\alpha} = \boldsymbol{\alpha}_3 \in V_3$, 因此$V_2 \subseteq V_3$. 同理$V_3 \subseteq V_2$. 这说明$V_2 = V_3$. □

由此，我们将V_1的唯一正交补记为$V_1^{\perp}$，从而$V = V_1 \oplus V_1^{\perp}$. 由于总有$V_1 \cap V_1^{\perp} = \{\boldsymbol{\theta}\}$，因此$\dim V_1 + \dim V_1^{\perp} = \dim V$，即任一子空间与其正交补的维数之和恰为整个空间的维数. 这时，对任一向量$\boldsymbol{\alpha} \in V$，都可唯一地分解为$\boldsymbol{\alpha} = \boldsymbol{\alpha}_1 + \boldsymbol{\alpha}_2$，其中$\boldsymbol{\alpha}_1 \in V_1$，$\boldsymbol{\alpha}_2 \in V_1^{\perp}$，即$(\boldsymbol{\alpha}_1,\ \boldsymbol{\alpha}_2) = 0$. 我们称$\boldsymbol{\alpha}_1$为向量$\boldsymbol{\alpha}$在子空间$V_1$上的**内射影**，或称**投影**. 这一称法来源于如下的几何例子：

设$V = \mathbb{R}^3$, 子空间V_1就是平面xOy，则$V_1^{\perp}$就是轴线Oz所在的一维子空间. 任取一个向量$\boldsymbol{\alpha}$, $\boldsymbol{\alpha} = \boldsymbol{\alpha}_1 + \boldsymbol{\alpha}_2$, $\boldsymbol{\alpha}_1 \in V_1$，$\boldsymbol{\alpha}_2 \in V_1^{\perp}$，那么$\boldsymbol{\alpha}_1$就是从原点到由$\boldsymbol{\alpha}$的顶端作垂线所得的垂足的向量，称之为$\boldsymbol{\alpha}$的**投影**(参见下图).

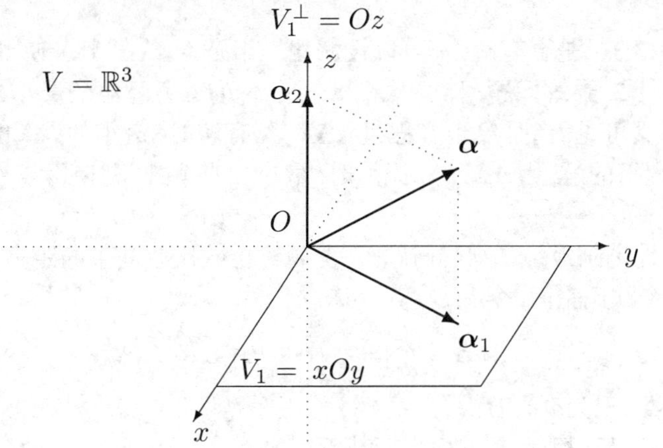

例 4 设$\boldsymbol{\alpha}_1 = (1,1,0)$，$\boldsymbol{\alpha}_2 = (1,0,0), \boldsymbol{\alpha}_3 = (0,0,1), \boldsymbol{\alpha} = (1,2,3) \in \mathbb{R}^3, W_1 = L(\boldsymbol{\alpha}_1, \boldsymbol{\alpha}_2)$. 易知$\boldsymbol{\alpha} = 2\boldsymbol{\alpha}_1 - \boldsymbol{\alpha}_2 + 3\boldsymbol{\alpha}_3$, 而$2\boldsymbol{\alpha}_1 - \boldsymbol{\alpha}_2 \in W_1, 3\boldsymbol{\alpha}_3 \in W_1^{\perp}$，因此$\boldsymbol{\alpha}$在$W_1$上的内射影为$2\boldsymbol{\alpha}_1 - \boldsymbol{\alpha}_2$.

由定义知道，$V_1^{\perp}$中的所有向量与V_1或说与V_1的所有向量是正交的. 但一个问题

是，是否还会有不在$V_1^{\perp}$中但也和V_1正交的向量呢？

事实上，不会有了，即我们有：

命题 2 $V_1^{\perp}$恰由所有与V_1正交的向量组成，即：

$$V_1^{\perp} = \{\boldsymbol{\alpha} \in V:\ \boldsymbol{\alpha} \perp V_1\}.$$

证明 令$W = \{\boldsymbol{\alpha} \in V : \boldsymbol{\alpha} \perp V_1\}$，我们要证明$V_1^{\perp} = W$.

由于$V_1 \perp V_1^{\perp}$，故$V_1^{\perp} \subseteq W$.

反之，设$\boldsymbol{\alpha} \in W$，即有$\boldsymbol{\alpha} \perp V_1$. 因为$V = V_1 \oplus V_1^{\perp}$，所以有$\boldsymbol{\alpha} = \boldsymbol{\alpha}_1 + \boldsymbol{\alpha}_2$，其中$\boldsymbol{\alpha}_1 \in V_1$，$\boldsymbol{\alpha}_2 \in V_1^{\perp}$. 于是，

$$(\boldsymbol{\alpha}_1, \boldsymbol{\alpha}_1) = (\boldsymbol{\alpha} - \boldsymbol{\alpha}_2, \boldsymbol{\alpha}_1) = (\boldsymbol{\alpha}, \boldsymbol{\alpha}_1) - (\boldsymbol{\alpha}_2, \boldsymbol{\alpha}_1) = 0 - 0 = 0,$$

则$\boldsymbol{\alpha}_1 = \boldsymbol{\theta}$. 因此，$\boldsymbol{\alpha} = \boldsymbol{\alpha}_2 \in V_1^{\perp}$. 这说明$W \subset V_1^{\perp}$.

综上，$V_1^{\perp} = W$. □

§ 3.3 矛盾方程组的最小二乘解

一般情况下，实数域上的线性方程组

$$\begin{cases} a_{11}x_1 + a_{12}x_2 + \cdots + a_{1s}x_s &= b_1 \\ a_{11}x_1 + a_{22}x_2 + \cdots + a_{2s}x_s &= b_2 \\ \qquad\qquad \cdots\cdots \\ a_{n_1}x_1 + a_{n2}x_2 + \cdots + a_{ns}x_s &= b_n \end{cases} \tag{3.3.1}$$

可能无解. 如果方程组(3.3.1)无解，则称其为一个**矛盾方程组**. 显然，方程组(3.3.1)无解当且仅当找不到一组$x_1, \cdots, x_s \in \mathbb{R}$，使得

$$d \triangleq \sum_{i=1}^{n}(a_{i1}x_1 + \cdots + a_{is}x_s - b_i)^2 = 0. \tag{3.3.2}$$

而无论方程组(3.3.1)是否有解，都可以设法找一组$x_1^0, \cdots, x_s^0 \in \mathbb{R}$使得$d$最小，我们称这种问题就叫**最小二乘解问题**，称这样的$x_1^0, \cdots, x_s^0$为该方程组的**最小二乘解**.

由上述定义可见，当且仅当方程组$\boldsymbol{AX} = \boldsymbol{b}$有解时，最小的$d = 0$，此时，最小二乘解$\boldsymbol{X}^0$就是方程组的解；当$\boldsymbol{AX} = \boldsymbol{b}$无解时，最小二乘解$\boldsymbol{X}^0$是使得$\boldsymbol{AX} = \boldsymbol{b}$最接近成立的数值.

为了更好地刻画最小二乘解问题，下面先给出欧氏空间中的距离和投影等概念.

设V是一个欧氏空间. 令$\boldsymbol{\alpha}, \boldsymbol{\beta} \in V$，称

$$|\ \boldsymbol{\alpha} - \boldsymbol{\beta}\ | \triangleq \sqrt{(\boldsymbol{\alpha} - \boldsymbol{\beta},\ \boldsymbol{\alpha} - \boldsymbol{\beta})}$$

为**$\boldsymbol{\alpha}$与$\boldsymbol{\beta}$的距离**，记为$d(\boldsymbol{\alpha}, \boldsymbol{\beta})$.

由内积的定义和柯西-布涅柯夫斯基不等式不难证明：

1) $d(\boldsymbol{\alpha}, \boldsymbol{\beta}) = d(\boldsymbol{\beta}, \boldsymbol{\alpha})$;

2) $d(\boldsymbol{\alpha}, \boldsymbol{\beta}) \geq 0$，并且当且仅当$\boldsymbol{\alpha} = \boldsymbol{\beta}$时等号才成立；

3) $d(\boldsymbol{\alpha}, \boldsymbol{\beta}) \leq d(\boldsymbol{\alpha}, \boldsymbol{\gamma}) + d(\boldsymbol{\beta}, \boldsymbol{\gamma})$ （三角形不等式）.

设W是V的一个子空间，$\boldsymbol{\beta}$是V中的一个向量，定义

$$d(\boldsymbol{\beta}, W) \triangleq \min\{d(\boldsymbol{\alpha}, \boldsymbol{\beta}) : \boldsymbol{\alpha} \in W\},$$

称$d(\boldsymbol{\beta}, W)$是**$\boldsymbol{\beta}$到W的距离**.

由定义易知, $d(\boldsymbol{\beta}, W) = 0$当且仅当$\boldsymbol{\beta} \in W$. 那么, 如果$\boldsymbol{\beta} \notin W$, 如何来确定$d(\boldsymbol{\beta}, W)$呢?

我们知道, 在几何空间$\mathbb{R}^3$中, 一个点到一个平面的距离以垂线最短. 类似地, 在欧氏空间中也可以定义向量$\boldsymbol{\beta}$到子空间W的"垂线", 而且$d(\boldsymbol{\beta}, W)$就等于"垂线"的长度.

设$W = L(\boldsymbol{\alpha}_1, \boldsymbol{\alpha}_2, \cdots, \boldsymbol{\alpha}_k)$, 向量$\boldsymbol{\beta} \in V \backslash W$. 那么$W$是$V_1 = L(\boldsymbol{\alpha}_1, \boldsymbol{\alpha}_2, \cdots, \boldsymbol{\alpha}_k, \boldsymbol{\beta})$的真子空间. 由定理8, W 在V_1中有唯一正交补$W^{\perp}$, 使得

$$V_1 = W \oplus W^{\perp},$$

且$\dim W^{\perp} = 1$. 这时有唯一分解

$$\boldsymbol{\beta} = \boldsymbol{\gamma} + \boldsymbol{\rho},\ 其中\boldsymbol{\gamma} \in W,\ \boldsymbol{\rho} \in W^{\perp}$$

且$W^{\perp} = L(\boldsymbol{\rho})$. 那么$\boldsymbol{\rho} \perp W$, 即$\boldsymbol{\rho}$与$W$中所有元素"垂直", 称$\boldsymbol{\rho}$是$\boldsymbol{\beta}$到$W$的**垂线**, 而$\boldsymbol{\gamma}$就是$\boldsymbol{\beta}$在$W$上的内射影(投影).

显然, 向量$\boldsymbol{\beta}$在W上的投影和$\boldsymbol{\beta}$到W的垂线均是由$\boldsymbol{\beta}$和W所唯一确定的.

定理 9 设W是欧氏空间V的一个有限维子空间, $\boldsymbol{\beta} \in V \backslash W$, $\boldsymbol{\gamma}$是$\boldsymbol{\beta}$在W上的投影, $\boldsymbol{\rho}$是$\boldsymbol{\beta}$到W的垂线. 那么$\boldsymbol{\beta}$到W中各向量的距离以到投影的距离为最短, 等于垂线的长度, 即: 对于任一$\boldsymbol{\delta} \in W$, 有

$$|\boldsymbol{\rho}| = |\boldsymbol{\beta} - \boldsymbol{\gamma}| \leq |\boldsymbol{\beta} - \boldsymbol{\delta}|,$$

于是

$$d(\boldsymbol{\beta}, W) = |\boldsymbol{\rho}| = |\boldsymbol{\beta} - \boldsymbol{\gamma}|.$$

证明 由定义, $\boldsymbol{\rho} = \boldsymbol{\beta} - \boldsymbol{\gamma}$. 因为$\boldsymbol{\beta} - \boldsymbol{\delta} = (\boldsymbol{\beta} - \boldsymbol{\gamma}) + (\boldsymbol{\gamma} - \boldsymbol{\delta}) = \boldsymbol{\rho} + (\boldsymbol{\gamma} - \boldsymbol{\delta})$, 其中$\boldsymbol{\gamma} - \boldsymbol{\delta} \in W$, 所以$\boldsymbol{\rho} \perp (\boldsymbol{\gamma} - \boldsymbol{\delta})$. 由上册第五章勾股定理,

$$|\boldsymbol{\beta} - \boldsymbol{\delta}|^2 = |\boldsymbol{\rho}|^2 + |\boldsymbol{\gamma} - \boldsymbol{\delta}|^2 = |\boldsymbol{\beta} - \boldsymbol{\gamma}|^2 + |\boldsymbol{\gamma} - \boldsymbol{\delta}|^2,$$

因此$|\boldsymbol{\beta} - \boldsymbol{\gamma}| \leq |\boldsymbol{\beta} - \boldsymbol{\delta}|$. □

下面我们回到最小二乘解问题.

令

$$\boldsymbol{A} = \begin{pmatrix} a_{11} & \cdots & a_{1s} \\ \vdots & & \vdots \\ a_{n1} & \cdots & a_{ns} \end{pmatrix}, \boldsymbol{b} = \begin{pmatrix} b_1 \\ \vdots \\ b_n \end{pmatrix}, \boldsymbol{X} = \begin{pmatrix} x_1 \\ \vdots \\ x_s \end{pmatrix}, \boldsymbol{Y} \triangleq \boldsymbol{AX} = \begin{pmatrix} \sum\limits_{j=1}^{s} a_{1j}x_j \\ \vdots \\ \sum\limits_{j=1}^{s} a_{nj}x_j \end{pmatrix}.$$

那么式(3.3.2)中的$d = |\boldsymbol{Y} - \boldsymbol{b}|^2$就是欧氏空间$V = \mathbb{R}^n$ 中向量$\boldsymbol{Y}$和$\boldsymbol{b}$的距离的平方, 最小二乘解问题就是找$\boldsymbol{X} = \boldsymbol{X}^0 = \begin{pmatrix} x_1^0 \\ \vdots \\ x_s^0 \end{pmatrix}$, 使得$\boldsymbol{Y}$与$\boldsymbol{b}$的距离最短. 此时, 可记方程组(3.3.1)为$\boldsymbol{AX} = \boldsymbol{b}$.

令

$$\boldsymbol{A} = (\ \boldsymbol{\alpha}_1\quad \boldsymbol{\alpha}_2\quad \cdots\quad \boldsymbol{\alpha}_s\ ),$$

其中$\boldsymbol{\alpha}_1, \boldsymbol{\alpha}_2, \cdots, \boldsymbol{\alpha}_s$是列向量, 则

$$\boldsymbol{Y} = \boldsymbol{AX} = x_1\boldsymbol{\alpha}_1 + \cdots + x_s\boldsymbol{\alpha}_s \in L(\boldsymbol{\alpha}_1, \boldsymbol{\alpha}_2, \cdots, \boldsymbol{\alpha}_s) \triangleq W. \tag{3.3.3}$$

设$\boldsymbol{Y}^0 \in W$是$\boldsymbol{b}$在W上的投影. 由定理9知, 当$\boldsymbol{Y} = \boldsymbol{Y}^0$时$\boldsymbol{Y}$与$\boldsymbol{b}$的距离最短. 从而, 使得

$$\boldsymbol{Y}^0 = \boldsymbol{AX}^0 \tag{3.3.4}$$

成立的$\boldsymbol{X}^0$就是方程组(3.3.1)的最小二乘解.

由投影的定义, $\boldsymbol{b}$在W上的投影$\boldsymbol{Y}^0$一定存在. 又由$\boldsymbol{Y}^0 \in W$, 满足式(3.3.4)的$\boldsymbol{X}^0$也一定存在. 所以方程组(3.3.1)一定有最小二乘解. 要注意的是, 虽然投影$\boldsymbol{Y}^0$是唯一确定的, 但方程组(3.3.1)的最小二乘解未必是唯一的.

虽然我们利用投影证明了最小二乘解的存在性, 但是利用投影求最小二乘解一般比较复杂. 接下来我们继续讨论最小二乘解的求法.

由式(3.3.3)和式(3.3.4)可得,

$$\begin{aligned}
&\boldsymbol{X}^0\text{是方程组}\boldsymbol{AX} = \boldsymbol{b}\text{的一个最小二乘解}\\
\Longleftrightarrow\ &\boldsymbol{Y}^0 \triangleq \boldsymbol{AX}^0\text{是}\boldsymbol{b}\text{在}W = L(\boldsymbol{\alpha}_1, \cdots, \boldsymbol{\alpha}_s)\text{上的投影}\\
\Longleftrightarrow\ &(\boldsymbol{b} - \boldsymbol{Y}^0) \perp W\\
\Longleftrightarrow\ &(\boldsymbol{b} - \boldsymbol{Y}^0) \perp \boldsymbol{\alpha}_i\ (i = 1, \cdots, s)\\
\Longleftrightarrow\ &\boldsymbol{\alpha}_i^{\mathrm{T}}(\boldsymbol{b} - \boldsymbol{Y}^0) = 0\ (i = 1, \cdots, s)\\
\Longleftrightarrow\ &\boldsymbol{A}^{\mathrm{T}}(\boldsymbol{b} - \boldsymbol{Y}^0) = 0\\
\Longleftrightarrow\ &\boldsymbol{A}^{\mathrm{T}}\boldsymbol{Y}^0 = \boldsymbol{A}^{\mathrm{T}}\boldsymbol{b}\\
\Longleftrightarrow\ &\boldsymbol{A}^{\mathrm{T}}\boldsymbol{AX}^0 = \boldsymbol{A}^{\mathrm{T}}\boldsymbol{b}\\
\Longleftrightarrow\ &\boldsymbol{X}^0\text{是方程组}\boldsymbol{A}^{\mathrm{T}}\boldsymbol{AX} = \boldsymbol{A}^{\mathrm{T}}\boldsymbol{b}\text{的一个解.}
\end{aligned}$$

称方程组

$$\boldsymbol{A}^{\mathrm{T}}\boldsymbol{AX} = \boldsymbol{A}^{\mathrm{T}}\boldsymbol{b}$$

是由$\boldsymbol{AX} = \boldsymbol{b}$导出的**正规方程组**.

综上, 可得

定理 10 对于任一方程组$\boldsymbol{AX} = \boldsymbol{b}$, 导出的正规方程组$\boldsymbol{A}^{\mathrm{T}}\boldsymbol{AX} = \boldsymbol{A}^{\mathrm{T}}\boldsymbol{b}$必然是有解的, 其解$\boldsymbol{X}^0$就是方程组$\boldsymbol{AX} = \boldsymbol{b}$的最小二乘解. 反之, 当$\boldsymbol{X}^0$是$\boldsymbol{AX} = \boldsymbol{b}$的最小二乘解时, 必是其正规方程组的解.

由这个定理知道, 最小二乘解问题实际上就是正规方程组的求解问题.

注 我们还可以利用线性方程组的求解理论来证明正规方程组

$$\boldsymbol{A}^{\mathrm{T}}\boldsymbol{AX} = \boldsymbol{A}^{\mathrm{T}}\boldsymbol{b}$$

总是有解的, 即$\boldsymbol{AX} = \boldsymbol{b}$的最小二乘解总是存在的.

令$L(\boldsymbol{A}^{\mathrm{T}})$和$L(\boldsymbol{A}^{\mathrm{T}}\boldsymbol{A})$分别表示$\boldsymbol{A}^{\mathrm{T}}$和$\boldsymbol{A}^{\mathrm{T}}\boldsymbol{A}$的列空间, 那么总有,

$$L(\boldsymbol{A}^{\mathrm{T}}\boldsymbol{A}) \subseteq L(\boldsymbol{A}^{\mathrm{T}}).$$

由上册第4章习题58知, 对于一个实矩阵$\boldsymbol{A}$, 总有$r(\boldsymbol{A}^{\mathrm{T}}\boldsymbol{A})=r(\boldsymbol{A})$. 于是,

$$\dim L(\boldsymbol{A}^{\mathrm{T}}\boldsymbol{A})=r(\boldsymbol{A}^{\mathrm{T}}\boldsymbol{A})=r(\boldsymbol{A})=r(\boldsymbol{A}^{\mathrm{T}})=\dim L(\boldsymbol{A}^{\mathrm{T}}),$$

所以

$$L(\boldsymbol{A}^{\mathrm{T}}\boldsymbol{A})=L(\boldsymbol{A}^{\mathrm{T}}).$$

于是

$$\boldsymbol{A}^{\mathrm{T}}\boldsymbol{b}\in L(\boldsymbol{A}^{\mathrm{T}})=L(\boldsymbol{A}^{\mathrm{T}}\boldsymbol{A}),$$

即存在$\boldsymbol{X}=\boldsymbol{X}^0$使得$\boldsymbol{A}^{\mathrm{T}}\boldsymbol{A}\boldsymbol{X}^0=\boldsymbol{A}^{\mathrm{T}}\boldsymbol{b}$.

下面给出最小二乘解问题的一个应用.

例 5 已知某种材料在生产过程中的废品率y与某种化学成分x有关, 下列表中记载的是某工厂中y与相应x的实际数值:

y(%)	1.00	0.9	0.9	0.81	0.60	0.56	0.35
x(%)	3.6	3.7	3.8	3.9	4.0	4.1	4.2

据此找出y对x的一个近似公式.

解 如何取近似公式, 首先取决于对实际数值在坐标系中分布规律的认识. 把表中数值画出图来看, 发现它的变化趋势近似于一条直线. 因此我们有理由选取一条直线的函数式来表达y对x的近似公式. 设要求的该直线是 $y=ax+b$, 即选取适当的a,b使得:

$$\begin{aligned}3.6a+b&=1.00\\3.7a+b&=0.90\\3.8a+b&=0.90\\3.9a+b&=0.81\\4.0a+b&=0.60\\4.1a+b&=0.56\\4.2a+b&=0.35\end{aligned}$$

但实际上, 这是不可能的, 因为将上述各式看作组成关于a,b的线性方程组, 它是无解的, 或说是矛盾方程组. 比如第2个方程减去第3个方程得$a=0$, 代入第1个方程得$b=1.00$, 代入第2个方程得$b=0.9$, 矛盾.

所以用一条直线的函数式来完全精确表达上述数值变化是不可能的. 据此, 我们可以去找a,b使得代入上面方程组后各式左右边的误差最小. 而方程组各式两边的误差, 可以用各式两边的差的平方和来表达. 由此所谓的误差最小, 就可以用误差的平方和的最小值来代替. 即: 求出a,b使得

$$\begin{aligned}&(3.6a+b-1.00)^2+(3.7a+b-0.9)^2+(3.8a+b-0.9)^2+(3.9a+b-0.81)^2\\&+(4.0a+b-0.60)^2+(4.1a+b-0.56)^2+(4.2a+b-0.35)^2\end{aligned}$$

的值最小. 这样的方法, 就是最小二乘解.

易见, 它的方程组是$\boldsymbol{AX}=\boldsymbol{b}$, 其中

$$\boldsymbol{A}=\begin{pmatrix}3.6 & 1\\3.7 & 1\\3.8 & 1\\3.9 & 1\\4.0 & 1\\4.1 & 1\\4.2 & 1\end{pmatrix},\qquad \boldsymbol{b}=\begin{pmatrix}1.00\\0.90\\0.90\\0.81\\0.60\\0.56\\0.35\end{pmatrix}$$

对应的正规方程组是$\boldsymbol{A}^{\mathrm{T}}\boldsymbol{A}\begin{pmatrix}a\\b\end{pmatrix}=\boldsymbol{A}^{\mathrm{T}}\boldsymbol{b}$, 即为

$$\begin{cases}106.75a+27.3b=19.675\\27.3a+7b=5.12\end{cases}$$

解得$a=-1.05, b=4.81$(取三位有效数字)就是它的最小二乘解, 即这样的a,b决定的直线给出了实验数据y对x的最好的近似公式.

§ 3.4*　广义逆矩阵及对方程组解的应用

在上册中我们已经知道, 当$\boldsymbol{A}$为可逆方阵时, 线性方程组$\boldsymbol{AX}=\boldsymbol{b}$有唯一解$\boldsymbol{X}=\boldsymbol{A}^{-1}\boldsymbol{b}$. 当$\boldsymbol{A}$为非可逆阵时, $\boldsymbol{A}x=\boldsymbol{b}$有解的充要条件是$r(\ \boldsymbol{A}\quad \boldsymbol{b}\ )=r(\boldsymbol{A})$. 问题是, 当其有解时, 是否也有某个矩阵$\boldsymbol{G}$使得其解可以表为$\boldsymbol{X}=\boldsymbol{G}\boldsymbol{b}$或类似的形式呢？亦即, 是否能给出通解的公式表达？

另一方面, 当$\boldsymbol{A}$不可解时, 前一节我们知道, 可有最小二乘解作为此最佳近似解, 同样的问题, 是否可给出最小二乘解的通解的公式表达？

我们现在讨论广义逆矩阵理论, 它是解决上述问题的有力工具. 该理论于1920年代由美国数学家Moore 提出, 在计算机作为工具的推动下, 于20世纪五六十年代起逐渐形成完整的理论, 现已成为众多学科研究领域的重要工具. 在这里, 我们只介绍一种最常用的广义逆.

定义 5　对于数域$\mathbb{P}$上一个$m\times n$阶矩阵$\boldsymbol{A}$, 若存在$n\times m$阶矩阵$\boldsymbol{G}$, 使得

$$\boldsymbol{AGA}=\boldsymbol{A},$$

则称$\boldsymbol{G}$是$\boldsymbol{A}$的一个**广义逆矩阵**, 简称**广义逆**.

当$m=n$且$\boldsymbol{A}$是可逆阵时, 由$\boldsymbol{AGA}=\boldsymbol{A}$得$\boldsymbol{AG}=\boldsymbol{E}$, 即$\boldsymbol{G}=\boldsymbol{A}^{-1}$就是$\boldsymbol{A}$的矩阵. 因此, 可逆方阵的广义逆就是它的逆矩阵.

我们首先给出广义逆的存在以及某个矩阵的广义逆的构作方式, 它的讨论体现了上册中矩阵的标准形和分块阵乘法的典型运用.

定理 11 设$m \times n$阶矩阵$\boldsymbol{A}$的秩为r, 令

$$\boldsymbol{A} = \boldsymbol{P}\begin{pmatrix} \boldsymbol{E}_r & \boldsymbol{O} \\ \boldsymbol{O} & \boldsymbol{O} \end{pmatrix}\boldsymbol{Q},$$

其中$\boldsymbol{P}$, $\boldsymbol{Q}$分别为$m \times m$, $n \times n$可逆阵, 则$\boldsymbol{A}$的全部广义逆是

$$\boldsymbol{G} = \boldsymbol{Q}^{-1}\begin{pmatrix} \boldsymbol{E}_r & \boldsymbol{C} \\ \boldsymbol{D} & \boldsymbol{F} \end{pmatrix}\boldsymbol{P}^{-1},$$

这里$\boldsymbol{C}, \boldsymbol{D}, \boldsymbol{F}$分别为任意的$r \times (m-r)$, $(n-r) \times r$, $(m-r) \times (n-r)$阶矩阵.

证明 首先证明这样的$\boldsymbol{G}$都是$\boldsymbol{A}$的广义逆. 实际上,

$$\begin{aligned} \boldsymbol{AGA} &= \boldsymbol{P}\begin{pmatrix} \boldsymbol{E}_r & \boldsymbol{O} \\ \boldsymbol{O} & \boldsymbol{O} \end{pmatrix}\boldsymbol{QQ}^{-1}\begin{pmatrix} \boldsymbol{E}_r & \boldsymbol{C} \\ \boldsymbol{D} & \boldsymbol{F} \end{pmatrix}\boldsymbol{P}^{-1}\boldsymbol{P}\begin{pmatrix} \boldsymbol{E}_r & \boldsymbol{O} \\ \boldsymbol{O} & \boldsymbol{O} \end{pmatrix}\boldsymbol{Q} \\ &= \boldsymbol{P}\begin{pmatrix} \boldsymbol{E}_r & \boldsymbol{O} \\ \boldsymbol{O} & \boldsymbol{O} \end{pmatrix}\begin{pmatrix} \boldsymbol{E}_r & \boldsymbol{C} \\ \boldsymbol{D} & \boldsymbol{F} \end{pmatrix}\begin{pmatrix} \boldsymbol{E}_r & \boldsymbol{O} \\ \boldsymbol{O} & \boldsymbol{O} \end{pmatrix}\boldsymbol{Q} \\ &= \boldsymbol{P}\begin{pmatrix} \boldsymbol{E}_r & \boldsymbol{O} \\ \boldsymbol{O} & \boldsymbol{O} \end{pmatrix}\boldsymbol{Q} = \boldsymbol{A}. \end{aligned}$$

再证, $\boldsymbol{A}$的任一广义逆都有这样的形式. 设$\boldsymbol{G}$是$\boldsymbol{A}$的任一广义逆, 且设

$$\boldsymbol{QGP} = \begin{pmatrix} \boldsymbol{B} & \boldsymbol{C} \\ \boldsymbol{D} & \boldsymbol{F} \end{pmatrix},$$

其中$\boldsymbol{B}$是$r \times r$阶方阵, $\boldsymbol{F}$是$(m-r) \times (n-r)$阶方阵.

于是,

$$\begin{aligned} \boldsymbol{AGA} &= \boldsymbol{P}\begin{pmatrix} \boldsymbol{E}_r & \boldsymbol{O} \\ \boldsymbol{O} & \boldsymbol{O} \end{pmatrix}\boldsymbol{QQ}^{-1}\begin{pmatrix} \boldsymbol{B} & \boldsymbol{C} \\ \boldsymbol{D} & \boldsymbol{F} \end{pmatrix}\boldsymbol{P}^{-1}\boldsymbol{P}\begin{pmatrix} \boldsymbol{E}_r & \boldsymbol{O} \\ \boldsymbol{O} & \boldsymbol{O} \end{pmatrix}\boldsymbol{Q} \\ &= \boldsymbol{P}\begin{pmatrix} \boldsymbol{B} & \boldsymbol{O} \\ \boldsymbol{O} & \boldsymbol{O} \end{pmatrix}\boldsymbol{Q}, \end{aligned}$$

由

$$\boldsymbol{A} = \boldsymbol{P}\begin{pmatrix} \boldsymbol{E}_r & \boldsymbol{O} \\ \boldsymbol{O} & \boldsymbol{O} \end{pmatrix}\boldsymbol{Q},\ \boldsymbol{AGA} = \boldsymbol{A},$$

得$\boldsymbol{B} = \boldsymbol{E}_r$, 进而

$$\boldsymbol{G} = \boldsymbol{Q}^{-1}\begin{pmatrix} \boldsymbol{E}_r & \boldsymbol{C} \\ \boldsymbol{D} & \boldsymbol{F} \end{pmatrix}\boldsymbol{P}^{-1}.$$ □

由此定理我们知道, 一个矩阵的广义逆通常是不唯一的.

现在用广义逆给出方程组有解的充要条件和通解的公式.

引理 1 设$\boldsymbol{A}$是$m \times n$阶矩阵, $\boldsymbol{G}$是$n \times m$阶矩阵, 那么$\boldsymbol{AGA} = \boldsymbol{A}$当且仅当对任一列向量$\boldsymbol{X}_0$及$\boldsymbol{b} = \boldsymbol{AX}_0$（亦即, 对$\boldsymbol{A}$的列空间中的任一个向量$\boldsymbol{b}$）, 有$\boldsymbol{AGb} = \boldsymbol{b}$.

证明 若$\boldsymbol{AGA} = \boldsymbol{A}$, 则$\boldsymbol{AGAX}_0 = \boldsymbol{AX}_0$, 即$\boldsymbol{AGb} = \boldsymbol{b}$.

反之, 若$\boldsymbol{AGb}=\boldsymbol{b}$, 则$(\boldsymbol{AGA}-\boldsymbol{A})\boldsymbol{X}_0=\boldsymbol{O}$, 特别地, 令

$$\boldsymbol{X}_0=\boldsymbol{\alpha}_i=\begin{pmatrix}0\\ \vdots\\ 1\\ \vdots\\ 0\end{pmatrix}(对 i=1,\cdots,n),$$

那么

$$\boldsymbol{AGA}-\boldsymbol{A}=(\boldsymbol{AGA}-\boldsymbol{A})\boldsymbol{E}=\sum_{i=1}^{n}(\boldsymbol{AGA}-\boldsymbol{A})\boldsymbol{\alpha}_i=\boldsymbol{O}.$$ □

引理 2　设$\boldsymbol{G}$是矩阵$\boldsymbol{A}$的广义逆, 则线性方程组$\boldsymbol{AX}=\boldsymbol{b}$有解当且仅当$\boldsymbol{AGb}=\boldsymbol{b}$.

证明　当$\boldsymbol{AGb}=\boldsymbol{b}$, 则$\boldsymbol{X}=\boldsymbol{Gb}$就是$\boldsymbol{AX}=\boldsymbol{b}$的解.

反之, 设$\boldsymbol{X}=\boldsymbol{X}_0$是$\boldsymbol{AX}=\boldsymbol{b}$的解; 因为$\boldsymbol{G}$是$\boldsymbol{A}$的广义逆, 由引理1, 有$\boldsymbol{AGb}=\boldsymbol{b}$. □

定理 12　设$\boldsymbol{G}$是$m\times n$阶矩阵$\boldsymbol{A}$的任一个取定的广义逆, 那么当$\boldsymbol{AX}=\boldsymbol{b}$有解时, 通解可表示为

$$\boldsymbol{X}=\boldsymbol{Gb}+(\boldsymbol{E}_n-\boldsymbol{GA})\boldsymbol{Y},$$

其中$\boldsymbol{Y}$是任一个n维向量.

证明　因为$\boldsymbol{AX}=\boldsymbol{b}$有解, 故由引理2, $\boldsymbol{AGb}=\boldsymbol{b}$, 于是

$$\boldsymbol{A}(\boldsymbol{Gb}+(\boldsymbol{E}_n-\boldsymbol{GA})\boldsymbol{Y})=\boldsymbol{AGb}+(\boldsymbol{A}-\boldsymbol{AGA})\boldsymbol{Y}=\boldsymbol{b}+\boldsymbol{O}\cdot\boldsymbol{Y}=\boldsymbol{b},$$

即$\boldsymbol{X}=\boldsymbol{Gb}+(\boldsymbol{E}_n-\boldsymbol{GA})\boldsymbol{Y}$是$\boldsymbol{AX}=\boldsymbol{b}$的解.

另一方面, 要证$\boldsymbol{AX}=\boldsymbol{b}$的任一解均可表为这一形式. 设$\widetilde{\boldsymbol{X}}$是$\boldsymbol{AX}=\boldsymbol{b}$的任一解, 则

$$\widetilde{\boldsymbol{X}}=\boldsymbol{Gb}+\widetilde{\boldsymbol{X}}-\boldsymbol{Gb}=\boldsymbol{Gb}+\widetilde{\boldsymbol{X}}-\boldsymbol{GA}\widetilde{\boldsymbol{X}}=\boldsymbol{Gb}+(\boldsymbol{E}_n-\boldsymbol{GA})\widetilde{\boldsymbol{X}}.$$ □

当$\boldsymbol{b}=\boldsymbol{O}$时, 即得:

推论 2　设$\boldsymbol{G}$是$m\times n$阶矩阵$\boldsymbol{A}$的任一广义逆, 那么齐次方程组$\boldsymbol{AX}=\boldsymbol{O}$的通解可表为

$$\boldsymbol{X}=(\boldsymbol{E}_n-\boldsymbol{GA})\boldsymbol{Y},$$

其中$\boldsymbol{Y}$是任一n维向量.

进一步地, 我们再讨论当实线性方程组$\boldsymbol{AX}=\boldsymbol{b}$不可解, 即为矛盾方程组时, 其最小二乘解的通解的公式表达.

由定理10, $\boldsymbol{AX}=\boldsymbol{b}$的最小二乘解就是对应的正规方程组$\boldsymbol{A}^{\mathrm{T}}\boldsymbol{AX}=\boldsymbol{A}^{\mathrm{T}}\boldsymbol{b}$的解, 因此由定理12, 其通解公式可以表为

$$\boldsymbol{X}=\boldsymbol{GA}^{\mathrm{T}}\boldsymbol{b}+(\boldsymbol{E}_n-\boldsymbol{GA}^{\mathrm{T}}\boldsymbol{A})\boldsymbol{Y},$$

其中$\boldsymbol{G}$是$\boldsymbol{A}^{\mathrm{T}}\boldsymbol{A}$的取定广义逆, $\boldsymbol{Y}$是任意向量. 但事实上, 我们可以利用实方程组的条件以及由$\boldsymbol{A}$的广义逆, 给出这一通解表达式的简化形式.

为此, 下面将利用一类特殊的广义逆, 来给出简化的通解形式, 并给出具有唯一性的"极小"最小二乘解. 这里, 设数域$\mathbb{P}=\mathbb{C}$且对任一$\mathbb{C}$上矩阵$\boldsymbol{A}$, 表示$\boldsymbol{A}^{\mathrm{H}}=(\overline{\boldsymbol{A}})^{\mathrm{T}}$.

定义 6 设$\boldsymbol{A}$是复数域$\mathbb{C}$上$m\times n$阶矩阵，如果存在$\mathbb{C}$上$n\times m$阶矩阵$\boldsymbol{G}$满足：

(1) $\boldsymbol{AGA}=\boldsymbol{A}$;

(2) $\boldsymbol{GAG}=\boldsymbol{G}$;

(3) $(\boldsymbol{AG})^{\mathrm{H}}=\boldsymbol{AG}$;

(4) $(\boldsymbol{GA})^{\mathrm{H}}=\boldsymbol{GA}$,

则称$\boldsymbol{G}$是$\boldsymbol{A}$的**Moore-Penrose广义逆**，简称**M–P逆**.

由可逆矩阵性质知道，当$\boldsymbol{A}$可逆时，$\boldsymbol{A}^{-1}$亦是$\boldsymbol{A}$的M–P逆.

由定义6 (1)可见，$\boldsymbol{G}$是$\boldsymbol{A}$的广义逆，所以$\boldsymbol{A}$的M–P逆必为$\boldsymbol{A}$的广义逆，反之不然.

在广义逆理论中，除M–P逆外，还有许多重要的特殊广义逆，在此不再介绍.

M–P逆作为特殊的广义逆，其特点是：(i) 对称性，即当$\boldsymbol{G}$是$\boldsymbol{A}$的M–P逆，则$\boldsymbol{A}$也是$\boldsymbol{G}$的M–P逆. 这由定义直接可以看出来；(ii) M–P逆不但总存在而且是唯一存在的，对此下面即给出证明.

首先给出矩阵的满秩分解. 设$\boldsymbol{A}\in\mathbb{C}^{m\times n}$的秩为$r$，取

$$\boldsymbol{\beta}_1,\boldsymbol{\beta}_2,\cdots,\boldsymbol{\beta}_r$$

为$\boldsymbol{A}$的列极大线性无关组，或等价地，为$\boldsymbol{A}$的列空间中的任一组基，则

$$\boldsymbol{A}=\begin{pmatrix}\boldsymbol{\alpha}_1 & \boldsymbol{\alpha}_2 & \cdots & \boldsymbol{\alpha}_n\end{pmatrix}$$

的任一列可表为$\boldsymbol{\beta}_1,\boldsymbol{\beta}_2,\cdots,\boldsymbol{\beta}_r$的线性组合，令

$$\boldsymbol{\alpha}_i=\sum_{j=1}^{r}c_{ji}\boldsymbol{\beta}_j,\ \text{其中}c_{ij}\in\mathbb{C},i=1,\cdots,n,$$

那么

$$\boldsymbol{A}=\begin{pmatrix}\boldsymbol{\alpha}_1 & \boldsymbol{\alpha}_2 & \cdots & \boldsymbol{\alpha}_n\end{pmatrix}=\begin{pmatrix}\boldsymbol{\beta}_1 & \boldsymbol{\beta}_2 & \cdots & \boldsymbol{\beta}_r\end{pmatrix}\begin{pmatrix}c_{11} & \cdots & c_{1n}\\ \vdots & & \vdots\\ c_{r1} & \cdots & c_{rn}\end{pmatrix}=\boldsymbol{BC},$$

其中

$$\boldsymbol{B}=\begin{pmatrix}\boldsymbol{\beta}_1 & \boldsymbol{\beta}_2 & \cdots & \boldsymbol{\beta}_r\end{pmatrix},\ \boldsymbol{C}=\begin{pmatrix}c_{11} & \cdots & c_{1n}\\ \vdots & & \vdots\\ c_{r1} & \cdots & c_{rn}\end{pmatrix}.$$

由定义，$r(\boldsymbol{B})=r$. 又，

$$r=r(\boldsymbol{A})=r(\boldsymbol{BC})\le r(\boldsymbol{C})\le\min\{r,n\}\le r,$$

故$r(\boldsymbol{C})=r$. 因此，分解式

$$\boldsymbol{A}=\boldsymbol{BC}$$

中，$\boldsymbol{B},\boldsymbol{C}$分别是列、行满秩矩阵. 这样的分解式$\boldsymbol{A}=\boldsymbol{BC}$称为$\boldsymbol{A}$的**满秩分解**.

由习题17，有

$$r(\boldsymbol{B}^{\mathrm{H}}\boldsymbol{B})=r(\boldsymbol{CC}^{\mathrm{H}})=r,$$

因此$\boldsymbol{B}^{\mathrm{H}}\boldsymbol{B},\boldsymbol{CC}^{\mathrm{H}}$是$r$阶可逆方阵. 令

$$\boldsymbol{G}=\boldsymbol{C}^{\mathrm{H}}(\boldsymbol{CC}^{\mathrm{H}})^{-1}(\boldsymbol{B}^{\mathrm{H}}\boldsymbol{B})^{-1}\boldsymbol{B}^{\mathrm{H}}.$$

可逐条验证, M–P逆定义中的各条对$\boldsymbol{G}$都成立, 比如:

$$\boldsymbol{AGA}=\boldsymbol{BC}\cdot\boldsymbol{C}^{\mathrm{H}}(\boldsymbol{CC}^{\mathrm{H}})^{-1}(\boldsymbol{B}^{\mathrm{H}}\boldsymbol{B})^{-1}\boldsymbol{B}^{\mathrm{H}}\cdot\boldsymbol{BC}=\boldsymbol{BC}=\boldsymbol{A},$$
$$\boldsymbol{GA}=\boldsymbol{C}^{\mathrm{H}}(\boldsymbol{CC}^{\mathrm{H}})^{-1}(\boldsymbol{B}^{\mathrm{H}}\boldsymbol{B})^{-1}\boldsymbol{B}^{\mathrm{H}}\cdot\boldsymbol{BC}=\boldsymbol{C}^{\mathrm{H}}(\boldsymbol{CC}^{\mathrm{H}})^{-1}\boldsymbol{C}=(\boldsymbol{GA})^{\mathrm{H}}.$$

因此, $\boldsymbol{G}$是$\boldsymbol{A}$的M–P逆. 还可证, $\boldsymbol{G}$是$\boldsymbol{A}$的唯一M–P逆. 事实上, 设$\boldsymbol{X}$是$\boldsymbol{A}$的另一M–P逆, 则

$$\begin{aligned}\boldsymbol{X}&=\boldsymbol{XAX}=\boldsymbol{X}(\boldsymbol{AX})^{\mathrm{H}}=\boldsymbol{XX}^{\mathrm{H}}\boldsymbol{A}^{\mathrm{H}}=\boldsymbol{XX}^{\mathrm{H}}(\boldsymbol{AGA})^{\mathrm{H}}\\&=\boldsymbol{XX}^{\mathrm{H}}\boldsymbol{A}^{\mathrm{H}}(\boldsymbol{AG})^{\mathrm{H}}=\boldsymbol{X}(\boldsymbol{AX})^{\mathrm{H}}(\boldsymbol{AG})^{\mathrm{H}}=\boldsymbol{XAXAG}\\&=\boldsymbol{XAG}=\boldsymbol{X}(\boldsymbol{AGA})\boldsymbol{G}=(\boldsymbol{XA})^{\mathrm{H}}(\boldsymbol{GA})^{\mathrm{H}}\boldsymbol{G}\\&=(\boldsymbol{GAXA})^{\mathrm{H}}\boldsymbol{G}=(\boldsymbol{GA})^{\mathrm{H}}\boldsymbol{G}=(\boldsymbol{GA})\boldsymbol{G}\\&=\boldsymbol{G}.\end{aligned}$$

综上, 得:

定理 13 设$\boldsymbol{A}\in\mathbb{C}^{m\times n}$, $r(\boldsymbol{A})=r$, $\boldsymbol{A}=\boldsymbol{BC}$是$\boldsymbol{A}$的满秩分解, 那么$\boldsymbol{A}$有唯一的$M$–$P$逆

$$\boldsymbol{A}^{+}=\boldsymbol{C}^{\mathrm{H}}(\boldsymbol{CC}^{\mathrm{H}})^{-1}(\boldsymbol{B}^{\mathrm{H}}\boldsymbol{B})^{-1}\boldsymbol{B}^{\mathrm{H}}.$$

注 (1) 当$\boldsymbol{A}\in\mathbb{R}^{m\times n}$时, $\boldsymbol{A}^{+}$存在且在$\mathbb{R}^{n\times m}$中.

(2) 与可逆矩阵运算不同的是, 一般地

$$(\boldsymbol{AB})^{+}\neq\boldsymbol{B}^{+}\boldsymbol{A}^{+}.$$

M–P逆的一些基本性质见习题15, 18, 19(请读者自证).

例 6 求$\boldsymbol{A}=\begin{pmatrix}1&0&-1\\1&2&0\\0&2&1\end{pmatrix}$的$M$–$P$逆.

解 先求出$r(\boldsymbol{A})=2$及满秩分解$\boldsymbol{A}=\boldsymbol{BC}$, 其中

$$\boldsymbol{B}=\begin{pmatrix}1&0\\1&1\\0&1\end{pmatrix},\ \boldsymbol{C}=\begin{pmatrix}1&0&-1\\0&2&1\end{pmatrix},$$

于是可得

$$\begin{aligned}\boldsymbol{A}^{+}&=(\boldsymbol{C}^{\mathrm{H}})(\boldsymbol{CC}^{\mathrm{H}})^{-1}(\boldsymbol{B}^{\mathrm{H}}\boldsymbol{B})^{-1}\boldsymbol{B}^{\mathrm{H}}\\&=\frac{1}{9}\begin{pmatrix}5&1\\2&4\\-4&1\end{pmatrix}\cdot\frac{1}{3}\begin{pmatrix}2&1&-1\\-1&1&2\end{pmatrix}=\frac{1}{9}\begin{pmatrix}3&2&-1\\0&2&2\\-3&-1&2\end{pmatrix}.\end{aligned}$$

例 7 由M–P逆的定义, 可验证, 对$\boldsymbol{A}\in\mathbb{C}^{m\times n}$, $\boldsymbol{B}\in\mathbb{C}^{s\times t}$, 有

(i) $(k\boldsymbol{A})^{+}=k^{+}\boldsymbol{A}^{+}$, 其中$k^{+}=\begin{cases}\frac{1}{k}, & k\neq 0;\\ 0, & k=0.\end{cases}$

(ii) $\begin{pmatrix}\boldsymbol{A} & \vdots & \boldsymbol{O}\end{pmatrix}^{+}=\begin{pmatrix}\boldsymbol{A}^{+}\\ \cdots\\ \boldsymbol{O}\end{pmatrix}$, $\begin{pmatrix}\boldsymbol{A}\\ \cdots\\ \boldsymbol{O}\end{pmatrix}^{+}=\begin{pmatrix}\boldsymbol{A}^{+} & \vdots & \boldsymbol{O}\end{pmatrix}$.

(iii) $\begin{pmatrix} A & \\ & B \end{pmatrix}^{+} = \begin{pmatrix} A^{+} & \\ & B^{+} \end{pmatrix}$.

最后讨论用M–P逆给出矛盾方程组的最小二乘解的公式刻画.

由于我们只讨论实数域上矛盾方程组的最小二乘解, 所以下面方程组$\boldsymbol{AX}=\boldsymbol{b}$中, $\boldsymbol{A}$, $\boldsymbol{b}$均在实数域上. 当$\boldsymbol{X}$有解时, 必在$\mathbb{R}$上, 当$\boldsymbol{X}$ 无解时, 其最小二乘解也在$\mathbb{R}$上. 这时, $\boldsymbol{A}^{\mathrm{H}}=(\overline{\boldsymbol{A}})^{\mathrm{T}}=\boldsymbol{A}^{\mathrm{T}}$, 因为$\overline{\boldsymbol{A}}=\boldsymbol{A}$.

定理 14 设$\boldsymbol{A}\in\mathbb{R}^{m\times n}$, 那么

(i) $\boldsymbol{AX}=\boldsymbol{b}$的最小二乘解的通式可表为

$$\boldsymbol{X}=\boldsymbol{A}^{+}\boldsymbol{b}+(\boldsymbol{E}_n-\boldsymbol{A}^{+}\boldsymbol{A})\boldsymbol{Y},$$

其中$\boldsymbol{Y}$是任一n维实向量;

(ii) $\boldsymbol{A}^{+}\boldsymbol{b}$是唯一的极小最小二乘解, 即作为向量其长度在最小二乘解中是最小的.

证明 (i) 由定理10知, $\boldsymbol{X}=\boldsymbol{X}_0$是$\boldsymbol{AX}=\boldsymbol{b}$的最小二乘解当且仅当$\boldsymbol{X}_0$是其正规方程组$\boldsymbol{A}^{\mathrm{T}}\boldsymbol{AX}=\boldsymbol{A}^{\mathrm{T}}\boldsymbol{b}$的解, 而由定理12,

$$\boldsymbol{X}_0=(\boldsymbol{A}^{\mathrm{T}}\boldsymbol{A})^{+}\boldsymbol{A}^{\mathrm{T}}\boldsymbol{b}+(\boldsymbol{E}_n-(\boldsymbol{A}^{\mathrm{T}}\boldsymbol{A})^{+}(\boldsymbol{A}^{\mathrm{T}}\boldsymbol{A}))\boldsymbol{Y}=\boldsymbol{A}^{+}\boldsymbol{b}+(\boldsymbol{E}_n-\boldsymbol{A}^{+}\boldsymbol{A})\boldsymbol{Y},$$

其中利用了习题19 (5), $\boldsymbol{A}^{+}=(\boldsymbol{A}^{\mathrm{T}}\boldsymbol{A})^{+}\boldsymbol{A}^{\mathrm{T}}$; $\boldsymbol{Y}$是任一n维实向量.

(ii) 当$\boldsymbol{Y}=\boldsymbol{O}$时, 由(i)即得$\boldsymbol{X}_0=\boldsymbol{A}^{+}\boldsymbol{b}$是$\boldsymbol{AX}=\boldsymbol{b}$的一个最小二乘解. 比较任一最小二乘解$\boldsymbol{X}=\boldsymbol{A}^{+}\boldsymbol{b}+(\boldsymbol{E}_n-\boldsymbol{A}^{+}\boldsymbol{A})\boldsymbol{Y}$, 则

$$\boldsymbol{X}-\boldsymbol{X}_0=(\boldsymbol{E}_n-\boldsymbol{A}^{+}\boldsymbol{A})\boldsymbol{Y}.$$

于是,

$$\begin{aligned}(\boldsymbol{X}-\boldsymbol{X}_0,\boldsymbol{X}_0)&=\boldsymbol{X}_0^{\mathrm{T}}(\boldsymbol{X}-\boldsymbol{X}_0)=(\boldsymbol{A}^{+}\boldsymbol{b})^{\mathrm{T}}(\boldsymbol{E}_n-\boldsymbol{A}^{+}\boldsymbol{A})\boldsymbol{Y}\\&=\boldsymbol{b}^{\mathrm{T}}(\boldsymbol{A}^{+})^{\mathrm{T}}\boldsymbol{Y}-\boldsymbol{b}^{\mathrm{T}}(\boldsymbol{A}^{+})^{\mathrm{T}}\boldsymbol{A}^{+}\boldsymbol{A}\boldsymbol{Y}\\&=\boldsymbol{b}^{\mathrm{T}}(\boldsymbol{A}^{+})^{\mathrm{T}}\boldsymbol{Y}-\boldsymbol{b}^{\mathrm{T}}((\boldsymbol{A}^{+}\boldsymbol{A})^{\mathrm{T}}\boldsymbol{A}^{+})^{\mathrm{T}}\boldsymbol{Y}\\&=\boldsymbol{b}^{\mathrm{T}}(\boldsymbol{A}^{+})^{\mathrm{T}}\boldsymbol{Y}-\boldsymbol{b}^{\mathrm{T}}(\boldsymbol{A}^{+}\boldsymbol{A}\boldsymbol{A}^{+})^{\mathrm{T}}\boldsymbol{Y}\\&=\boldsymbol{b}^{\mathrm{T}}(\boldsymbol{A}^{+})^{\mathrm{T}}\boldsymbol{Y}-\boldsymbol{b}^{\mathrm{T}}(\boldsymbol{A}^{+})^{\mathrm{T}}\boldsymbol{Y}=0,\end{aligned}$$

即$\boldsymbol{X}_0\perp(\boldsymbol{X}-\boldsymbol{X}_0)$. 由勾股定理, 得

$$|\boldsymbol{X}|^2=|\boldsymbol{X}_0+(\boldsymbol{X}-\boldsymbol{X}_0)|^2=|\boldsymbol{X}_0|^2+|\boldsymbol{X}-\boldsymbol{X}_0|^2\geq|\boldsymbol{X}_0|^2.$$

从而$\boldsymbol{X}_0$是最小二乘解中长度最小的.

假设X_0'是另一个极小最小二乘解. 由极小性的定义, $|\boldsymbol{X}_0|=|\boldsymbol{X}_0'|$. 又由(i), 存在向量$\boldsymbol{Y}_0$使得$\boldsymbol{X}_0'=\boldsymbol{X}_0+(\boldsymbol{E}_n-\boldsymbol{A}^{+}\boldsymbol{A})\boldsymbol{Y}_0$ 并且$\boldsymbol{X}_0\perp(\boldsymbol{E}_n-\boldsymbol{A}^{+}\boldsymbol{A})\boldsymbol{Y}_0$, 由此得$\boldsymbol{X}_0'=\boldsymbol{X}_0$, 即, 极小的最小二乘解是唯一的. □

比较定理12与定理14, 在$\boldsymbol{AX}=\boldsymbol{b}$ 有解和无解的情况下, 其解与最小二乘解的通式有相同的形式. 这说明最小二乘解是方程组一般解的推广, 在有解时二者是一致的.

需要注意的是, 这里广义逆是对任一数域$\mathbb{P}$展开, 而M–P逆是对复数域$\mathbb{C}$进行, 但最小二乘解理论只是对实数域$\mathbb{R}$建立的. 事实上, 最小二乘解理论可以在复数域$\mathbb{C}$上对矛盾方程组进行类似的研究, 并得到类似的结论.

由最小二乘解的定义, 对$\boldsymbol{AX}=\boldsymbol{b}$的任意最小二乘解$\boldsymbol{X}_1$, 有: $\boldsymbol{AX}_1$是不变的, 且

$$|\boldsymbol{AX}_1-\boldsymbol{b}|=\min\{|\boldsymbol{AX}-\boldsymbol{b}|:\boldsymbol{X}\in\mathbb{R}^n\}.$$

此值越小, 说明$\boldsymbol{X}_1$越接近$\boldsymbol{AX}=\boldsymbol{b}$的一般解, 即体现了最小二乘解的"误差". 我们称$\boldsymbol{AX}_1-\boldsymbol{b}$为方程组$\boldsymbol{AX}=\boldsymbol{b}$的**残差向量**, $|\boldsymbol{AX}_1-\boldsymbol{b}|$为**残差**.

当$\boldsymbol{X}_1$是$\boldsymbol{AX}=\boldsymbol{b}$的解时, 残差和残差向量分别退化为数零和零向量.

例 8 设$\boldsymbol{A}=\begin{pmatrix}1&0&-1\\1&2&0\\0&2&1\end{pmatrix}$, $\boldsymbol{b}=\begin{pmatrix}0\\2\\3\end{pmatrix}$, 求$\boldsymbol{AX}=\boldsymbol{b}$的极小最小二乘解$\boldsymbol{X}_0$及其残差, 并求出全部最小二乘解.

解 由前例6已得

$$\boldsymbol{A}^+=\frac{1}{9}\begin{pmatrix}3&2&-1\\0&2&2\\-3&-1&2\end{pmatrix}.$$

于是极小最小二乘解是

$$\boldsymbol{X}_0=\boldsymbol{A}^+\boldsymbol{b}=\frac{1}{9}\begin{pmatrix}3&2&-1\\0&2&2\\-3&-1&2\end{pmatrix}\begin{pmatrix}0\\2\\3\end{pmatrix}=\frac{1}{9}\begin{pmatrix}1\\10\\4\end{pmatrix},$$

残差向量是

$$\boldsymbol{AX}_0-\boldsymbol{b}=\begin{pmatrix}1&0&-1\\1&2&0\\0&2&1\end{pmatrix}\cdot\frac{1}{9}\begin{pmatrix}1\\10\\4\end{pmatrix}-\begin{pmatrix}0\\2\\3\end{pmatrix}=\begin{pmatrix}-\frac{1}{3}\\\frac{1}{3}\\-\frac{1}{3}\end{pmatrix},$$

残差为

$$|\boldsymbol{AX}_0-\boldsymbol{b}|=\frac{1}{\sqrt{3}}.$$

进一步,

$$\boldsymbol{E}_3-\boldsymbol{A}^+\boldsymbol{A}=\frac{1}{9}\begin{pmatrix}4&-2&4\\-2&1&-2\\4&-2&4\end{pmatrix},$$

则最小二乘解的通解是

$$\begin{aligned}\boldsymbol{X}&=\boldsymbol{X}_0+(\boldsymbol{E}_3-\boldsymbol{A}^+\boldsymbol{A})\boldsymbol{Y}\\&=\frac{1}{9}\begin{pmatrix}1\\10\\4\end{pmatrix}+\frac{1}{9}\begin{pmatrix}4&-2&4\\-2&1&-2\\4&-2&4\end{pmatrix}\boldsymbol{Y}\\&=\frac{1}{9}\begin{pmatrix}1\\10\\4\end{pmatrix}+k\begin{pmatrix}2\\-1\\2\end{pmatrix},\end{aligned}$$

其中$k=\dfrac{1}{9}(2y_1-y_2+2y_3)$可取$\mathbb{R}$中任一值.

§ 3.5　习　题

1. 在$\mathbb{P}$中，$W_1 = L(\boldsymbol{\alpha}_1, \boldsymbol{\alpha}_2)$，$W_2 = L(\boldsymbol{\beta}_1, \boldsymbol{\beta}_2)$，求$W_1$与$W_2$的和与交的基和维数:

    (1) $\boldsymbol{\alpha}_1 = (1, 2, 1, 0), \boldsymbol{\alpha}_2 = (-1, 1, 1, 1), \boldsymbol{\beta}_1 = (2, -1, 0, 1), \boldsymbol{\beta}_2 = (1, -1, 3, 7)$;
    (2) $\boldsymbol{\alpha}_1 = (1,\ 1, 0, 0), \boldsymbol{\alpha}_2 = (1, 0, 1, 1), \boldsymbol{\beta}_1 = (0, 0, 1, 1), \boldsymbol{\beta}_2 = (0, 1, 1, 0)$.

2. 设V为n维线性空间，V_1, V_2为其子空间，且有等式
$$\dim(V_1 + V_2) = \dim(V_1 \cap V_2) + 1.$$
成立. 则必有$V_1 \subseteq V_2$ 或者$V_2 \subseteq V_1$.

3. 设 $W_1, W_2, \cdots, W_s$ 是 n维向量空间 V的真子空间，则存在 V的一个基使得基中的每一个向量均不在 $W_1, W_2, \cdots, W_s$中.

4. 设 V为 n维线性空间, 其中$n > 1$. 证明: 对任意的 $1 \le r < n$，V的 r维子空间有无穷多个.

5. 证明: 如果有子空间直和分解 $V = V_1 \oplus V_2, V_1 = V_{11} \oplus V_{12}$，则有子空间直和分解 $V = V_{11} \oplus V_{12} \oplus V_2$.

6. 证明: 每一个 n维线性空间都可以表示成 n个一维子空间的直和.

7. 设 $\boldsymbol{A}$, $\boldsymbol{B}$是 n阶实对称矩阵，定义 $(\boldsymbol{A}, \boldsymbol{B}) = \mathrm{tr}(\boldsymbol{AB})$.

    (1) 证明: 所有 n阶实对称矩阵所组成的线性空间 V关于(,)成为一个欧氏空间;
    (2) 求V的维数;
    (3) 求使得 $\mathrm{tr}(\boldsymbol{A}) = 0$的所有$\boldsymbol{A}$构成的子空间 W的维数;
    (4) 求 $W^{\perp}$ 的一个基.

8. 次数小于4的所有一元多项式以$(f, g) = \int_0^1 f(x)g(x)dx$为内积构成欧氏空间$\mathbb{R}[x]_4$，$\mathbb{R}$成为该空间的常数多项式组成的子空间. 求 $\mathbb{R}^{\perp}$以及它的一个基.

9. 设V是一个n维欧氏空间.

    (1) 设向量 $\boldsymbol{\alpha}, \boldsymbol{\beta} \in V$等长，证明: $\boldsymbol{\alpha} + \boldsymbol{\beta}$ 与 $\boldsymbol{\alpha} - \boldsymbol{\beta}$ 正交.
    (2) 设W是V的子空间，证明: $\dim W + \dim W^{\perp} = n$, $(W^{\perp})^{\perp} = W$.

10. 设 W_1, W_2 是欧氏空间V的两个子空间. 证明:

    (1) $(W_1 + W_2)^{\perp} = W_1^{\perp} \cap W_2^{\perp}$;
    (2) $(W_1 \cap W_2)^{\perp} = W_1^{\perp} + W_2^{\perp}$.

11. 在立体几何中，所有自原点引出的向量添上零向量构成了三维线性空间 $\mathbb{R}^3$.

    (1) 问: 所有终点都在一个平面上的向量是否为 $\mathbb{R}^3$的子空间？
    (2) 设有过原点的三条直线，这三条直线上的全部向量分别成为三个子空间 L_1, L_2, L_3，问: 用 $L_1 + L_2$，$L_1 + L_2 + L_3$ 能构成哪些类型的子空间？试全部列出来.

(3) 就用几何空间 $\mathbb{R}^3$中的例子来说明: 若 U, V, X, Y是子空间, 且满足 $U \oplus V = X$, $X \supset Y$, 是否一定有 $Y = (Y \cap U) \oplus (Y \cap V)$?

(注: 一定有$X = (X \cap U) \oplus (X \cap V)$)

12. 已知平面上四个点$(0,1), (1,2.1), (2,2.9)$和$(3,3.2)$. 求直线l的方程，使得这四个点到直线l的距离平方和最小.

13. 设$\boldsymbol{A} = \begin{pmatrix} 1 & 0 & 0 & 1 \\ 2 & 1 & -1 & 2 \\ 0 & 2 & 3 & 0 \\ 1 & 0 & 2 & 1 \end{pmatrix}$, $\boldsymbol{b} = \begin{pmatrix} 0 \\ 1 \\ -1 \\ 2 \end{pmatrix}$. 求$\boldsymbol{AX} = \boldsymbol{b}$的所有最小二乘解.

14. 用广义逆方法给出线性方程组:

$$\begin{cases} 4x_1 - x_2 - 3x_3 + x_4 = 7 \\ -2x_1 + 5x_2 - x_3 - 3x_4 = 3 \\ 2x_1 + 13x_2 - 9x_3 - 5x_4 = 20 \end{cases}$$

的最小二乘解的通解公式.

15. 设$\boldsymbol{A} = (a_1, a_2, \cdots, a_n) \neq 0$, 求$\boldsymbol{A}^+$及$(\boldsymbol{A}^{\mathrm{H}})^+$.

16. 设$\boldsymbol{A} = \begin{pmatrix} 0 & 0 & 1 \\ 0 & 0 & 2 \\ 1 & 1 & 0 \\ 1 & 1 & 1 \end{pmatrix}$, 求$\boldsymbol{A}$的$M$–$P$逆.

17. 对于$\boldsymbol{B} \in \mathbb{C}^{m \times r}$, $\boldsymbol{C} \in \mathbb{C}^{r \times n}$, 当$\boldsymbol{B}, \boldsymbol{C}$分别是列满秩和行满秩时, 证明:

$$r(\boldsymbol{B}^{\mathrm{H}}\boldsymbol{B}) = r(\boldsymbol{C}\boldsymbol{C}^{\mathrm{H}}) = r.$$

18. 设$\boldsymbol{A} \in \mathbb{C}^{m \times n}$. 证明:

(1) 当$\boldsymbol{A}$是列满秩时, $\boldsymbol{A}^+ = (\boldsymbol{A}^{\mathrm{H}}\boldsymbol{A})^{-1}\boldsymbol{A}^{\mathrm{H}}$ 且$\boldsymbol{A}^+\boldsymbol{A} = \boldsymbol{E}_n$;

(2) 当$\boldsymbol{A}$是行满秩时, $\boldsymbol{A}^+ = \boldsymbol{A}^{\mathrm{H}}(\boldsymbol{A}\boldsymbol{A}^{\mathrm{H}})^{-1}$ 且$\boldsymbol{A}\boldsymbol{A}^+ = \boldsymbol{E}_m$.

19. 证明: 设$\boldsymbol{A} \in \mathbb{C}^{m \times n}$, 则

(1) $(\boldsymbol{A}^+)^+ = \boldsymbol{A}$;

(2) $(\boldsymbol{A}^+)^{\mathrm{T}} = (\boldsymbol{A}^{\mathrm{T}})^+$, $(\boldsymbol{A}^+)^{\mathrm{H}} = (\boldsymbol{A}^{\mathrm{H}})^+$;

(3) $\boldsymbol{A}^{\mathrm{H}} = \boldsymbol{A}^{\mathrm{H}}\boldsymbol{A}\boldsymbol{A}^+ = \boldsymbol{A}^+\boldsymbol{A}\boldsymbol{A}^{\mathrm{H}}$;

(4) $(\boldsymbol{A}^{\mathrm{H}}\boldsymbol{A})^+ = \boldsymbol{A}^+(\boldsymbol{A}^{\mathrm{H}})^+$, $(\boldsymbol{A}\boldsymbol{A}^{\mathrm{H}})^+ = (\boldsymbol{A}^{\mathrm{H}})^+\boldsymbol{A}^+$;

(5) $\boldsymbol{A}^+ = (\boldsymbol{A}^{\mathrm{H}}\boldsymbol{A})^+\boldsymbol{A}^{\mathrm{H}} = \boldsymbol{A}^{\mathrm{H}}(\boldsymbol{A}\boldsymbol{A}^{\mathrm{H}})^+$.

第 4 章　线性映射

§ 4.1　像集与核 同构映射

上册中我们已知道线性映射, 即从一个线性空间V到另一个线性空间W保持加法和数乘的映射φ, 其中V称为φ的定义域, W称为φ的值域. 这些线性映射的全体成为数域$\mathbb{P}$上一个新的线性空间. 当线性空间V和W相同时, 就称这个线性映射为一个线性变换. 那么, 决定一个线性映射或线性变换的是什么呢? 事实上, 它很大程度上决定于由该映射产生的如下两个子空间.

定义 1　设 f 是由线性空间 V 到 W 的线性映射. f的全体像组成的集合称为 f 的**像集**, 表为 $f(V)$ 或 $\operatorname{Im} f$, 即 $\operatorname{Im} f=\{f(\boldsymbol{\xi}):\boldsymbol{\xi}\in V\}$; V 中所有被 f 变成零向量的向量组成的集合称为 f 的**核**, 表为 $f^{-1}(\boldsymbol{\theta})$ 或 $\operatorname{Ker} f$, 即 $\operatorname{Ker} f=\{\boldsymbol{\xi}\in V: f(\boldsymbol{\xi})=\boldsymbol{\theta}\}$.

首先, 我们有:

命题 1　设V和W是数域$\mathbb{P}$上的线性空间, 设$f: V\to W$是一个线性映射. 则$\operatorname{Ker} f$是V的子空间, $\operatorname{Im} f$是W的子空间.

证明　设$\boldsymbol{\alpha},\boldsymbol{\beta}\in\operatorname{Ker} f, k\in\mathbb{P}$, 则 $f(\boldsymbol{\alpha}+\boldsymbol{\beta})=f(\boldsymbol{\alpha})+f(\boldsymbol{\beta})=\boldsymbol{\theta}+\boldsymbol{\theta}=\boldsymbol{\theta}, f(k\boldsymbol{\alpha})=kf(\boldsymbol{\alpha})=k\boldsymbol{\theta}=\boldsymbol{\theta}$. 故 $\boldsymbol{\alpha}+\boldsymbol{\beta}, k\boldsymbol{\alpha}\in\operatorname{Ker} f$, 所以 $\operatorname{Ker} f$ 是 V 的子空间. 请读者自证$\operatorname{Im} f$ 是 W 的子空间. □

由此, 我们亦称 f 的核 $\operatorname{Ker} f$ 为**核空间**, f 的像集 $\operatorname{Im} f$ 为**像空间**.

命题 2　设 f 如上, 那么:

(i) f 是满线性映射当且仅当 $\operatorname{Im} f=W$;

(ii) f 是单线性映射当且仅当 $\operatorname{Ker} f=\{\boldsymbol{\theta}\}$.

证明　(i) 由 $\operatorname{Im} f$ 定义直接可得.

(ii) 当 f 是单射, 设 $\boldsymbol{\alpha}\in\operatorname{Ker} f$, 则 $f(\boldsymbol{\alpha})=\boldsymbol{\theta}=f(\boldsymbol{\theta})$, 得 $\boldsymbol{\alpha}=\boldsymbol{\theta}$.

反之, 当 $\operatorname{Ker} f=\{\boldsymbol{\theta}\}$, 设对 $\boldsymbol{\alpha},\boldsymbol{\beta}\in V$, 有 $f(\boldsymbol{\alpha})=f(\boldsymbol{\beta})$, 则 $f(\boldsymbol{\alpha}-\boldsymbol{\beta})=\boldsymbol{\theta}$, 得 $\boldsymbol{\alpha}-\boldsymbol{\beta}\in\operatorname{Ker} f$. 故 $\boldsymbol{\alpha}-\boldsymbol{\beta}=\boldsymbol{\theta}$, 即 $\boldsymbol{\alpha}=\boldsymbol{\beta}$. □

称 $\dim\operatorname{Im} f$ 是 f 的**秩**, $\dim\operatorname{Ker} f$ 是 f 的**零度**.

例 1　对数域 $\mathbb{P}$ 和 $m\geq n-1$, 线性空间 $V=\mathbb{P}[x]_n, W=\mathbb{P}[x]_m$, 对任一 $f(x)\in\mathbb{P}[x]_n$, 令

$$\mathcal{D}(f(x))=f'(x),$$

那么 $\mathcal{D}$ 是 $\mathbb{P}[x]_n$ 到 $\mathbb{P}[x]_{n-1}$ 的线性映射, 且 $\operatorname{Im}\mathcal{D}=\mathbb{P}[x]_{n-1}, \operatorname{Ker}\mathcal{D}=\mathbb{P}$.

当 $m=n-1$时, $\mathcal{D}$是满的; 总有 $\operatorname{Ker}\mathcal{D}\neq\{0\}$, 即 $\mathcal{D}$ 不是单的.

同构映射是最重要的特殊线性映射.

定义 2 设 $f: V \to W$ 是一个线性映射, 如果 f 作为映射是双射, 则称 f 是线性空间 V 到 W 的一个**同构映射**, 简称**同构**. 这时称 V 与 W 关于 f 是**同构**的, 表为 $V \overset{f}{\cong} W$.

显然, $V \overset{f}{\cong} W$ 当且仅当 $\mathrm{Im}\, f = W$, $\mathrm{Ker}\, f = \{\boldsymbol{\theta}\}$.

例 2 设 $a_0, a_1, \cdots, a_n$ 是数域 $\mathbb{P}$ 上 $n+1$ 个不同的数, 设 φ 是线性空间 $\mathbb{P}[x]_n$ 到 $n+1$ 维行向量空间 U 的映射, 满足:

$$\varphi(f) = (f(a_0), f(a_1), \cdots, f(a_n)),$$

这里 $f = f(x)$ 是 $\mathbb{P}[x]_n$ 中的一个多项式. 求证: φ 是同构映射.

证明 不难验证 φ 是一个线性映射(请读者自证), 现只需证明它是个双射. 若 $f(x) \in \mathrm{Ker}\, \varphi$, 则 $f(a_i) = 0$ $(i = 0, 1, \cdots, n)$. 而 $f(x)$ 的次数不超过 n, 因此在 $\mathbb{P}$ 上只有不超过 n 个不同的根. 而现在 $f(a_i) = 0$ 对 $n+1$ 个不同的数成立, 于是 $f(x) = 0$, 即 $\mathrm{Ker}\, \varphi = \{0\}$, 这证明了映射 φ 是单映射. 注意到单映射 φ 的像空间维数就等于 V 的维数 $n+1$, 而 U 的维数也是 $n+1$, 因此 φ 是满映射. □

作为特殊的线性映射, 同构当然满足线性映射的所有的基本性质（见上册）, 进一步地, 它还有如下的:

性质 1 设有数域 $\mathbb{P}$ 上线性空间同构 $V \overset{f}{\cong} W$, 则 $\boldsymbol{\alpha}_1, \boldsymbol{\alpha}_2, \cdots, \boldsymbol{\alpha}_r \in V$ 线性相关当且仅当 $f(\boldsymbol{\alpha}_1), f(\boldsymbol{\alpha}_2), \cdots, f(\boldsymbol{\alpha}_r)$ 在 W 中线性相关.

证明 必要性是对所有线性映射都成立的. 下面证明充分性成立.

设存在不全为零的 $k_1, k_2, \cdots, k_r \in \mathbb{P}$ 使

$$k_1 f(\boldsymbol{\alpha}_1) + k_2 f(\boldsymbol{\alpha}_2) + \cdots + k_r f(\boldsymbol{\alpha}_r) = \boldsymbol{\theta},$$

则 $f(k_1\boldsymbol{\alpha}_1 + k_2\boldsymbol{\alpha}_2 + \cdots + k_r\boldsymbol{\alpha}_r) = \boldsymbol{\theta}$. 因为 $\mathrm{Ker}\, f = \{\boldsymbol{\theta}\}$, 故

$$k_1\boldsymbol{\alpha}_1 + k_2\boldsymbol{\alpha}_2 + \cdots + k_r\boldsymbol{\alpha}_r = \boldsymbol{\theta},$$

即 $\boldsymbol{\alpha}_1, \boldsymbol{\alpha}_2, \cdots \boldsymbol{\alpha}_r$ 也是线性相关的. □

性质 2 同构映射的逆映射以及两个同构映射的乘积还是同构映射.

证明 设 $V \overset{f}{\cong} W, W \overset{g}{\cong} U$.

f 作为双射总有逆映射 f^{-1}, 它当然也是双射, 所以只要证明 f^{-1} 是 W 到 V 的线性映射. 事实上, 任取 $\boldsymbol{\omega}_1, \boldsymbol{\omega}_2 \in W, k \in \mathbb{P}$ 有

$$ff^{-1}(\boldsymbol{\omega}_1 + \boldsymbol{\omega}_2) = \boldsymbol{\omega}_1 + \boldsymbol{\omega}_2 = ff^{-1}(\boldsymbol{\omega}_1) + ff^{-1}(\boldsymbol{\omega}_2) = f(f^{-1}(\boldsymbol{\omega}_1) + f^{-1}(\boldsymbol{\omega}_2)).$$

两边用 f^{-1} 作用, 得

$$f^{-1}(\boldsymbol{\omega}_1 + \boldsymbol{\omega}_2) = f^{-1}(\boldsymbol{\omega}_1) + f^{-1}(\boldsymbol{\omega}_2).$$

同理可证,

$$f^{-1}(k\boldsymbol{\omega}_1) = kf^{-1}(\boldsymbol{\omega}_1).$$

所以 f^{-1} 是 W 到 V 的线性映射, 从而是同构映射.

因为 f, g 都是双射, 故 gf 也是双射. 由于 gf 仍为线性映射, 故 gf 是 V 到 U 的同构. □

因为任一线性空间的恒等映射总是一个同构映射, 所以由性质2 知, 同构作为线

性空间之间的一种关系, 具有反身性、对称性和传递性, 即是一种等价关系. 在这种等价关系之下, 我们可以给出有限维线性空间根据维数的一种分类. 首先, 我们有:

定理 1 设 V 是数域 $\mathbb{P}$ 上的线性空间且 $\dim V = n$, 那么 $V \overset{f}{\cong} \mathbb{P}^n$, 其中 f 是在一组固定基下 V 的向量与它的坐标之间的对应.

证明 取 $\varepsilon_1, \varepsilon_2, \cdots, \varepsilon_n$ 是 V 的一组基, 定义: $f: V \to \mathbb{P}^n$使得

$$\boldsymbol{\alpha} = \sum x_i \boldsymbol{\varepsilon}_i \mapsto \begin{pmatrix} x_1 \\ x_2 \\ \vdots \\ x_n \end{pmatrix}.$$

由于坐标总是唯一的, 所以 f作为映射的定义是合理的. 假设 $\boldsymbol{\beta} = \sum y_i \boldsymbol{\varepsilon}_i \in V$, $k \in \mathbb{P}$, 则

$$f(\boldsymbol{\alpha} + \boldsymbol{\beta}) = f(\sum (x_i + y_i)\boldsymbol{\varepsilon}_i) = \begin{pmatrix} x_1 + y_1 \\ x_2 + y_2 \\ \vdots \\ x_n + y_n \end{pmatrix} = f(\boldsymbol{\alpha}) + f(\boldsymbol{\beta}),$$

$$f(k\boldsymbol{\alpha}) = f(\sum k x_i \boldsymbol{\varepsilon}_i) = \begin{pmatrix} kx_1 \\ kx_2 \\ \vdots \\ kx_n \end{pmatrix} = k \begin{pmatrix} x_1 \\ x_2 \\ \vdots \\ x_n \end{pmatrix} = kf(\boldsymbol{\alpha}),$$

即 f 是线性映射.

又, 对任一 $\begin{pmatrix} x_1 \\ x_2 \\ \vdots \\ x_n \end{pmatrix} \in \mathbb{P}^n$, 有$f(\sum x_i \boldsymbol{\varepsilon}_i) = \begin{pmatrix} x_1 \\ x_2 \\ \vdots \\ x_n \end{pmatrix}$, 即 f 是满的.

若 $f(\sum y_i \boldsymbol{\varepsilon}_i) = \begin{pmatrix} 0 \\ 0 \\ \vdots \\ 0 \end{pmatrix}$, 则 $\begin{pmatrix} y_1 \\ y_2 \\ \vdots \\ y_n \end{pmatrix} = \begin{pmatrix} 0 \\ 0 \\ \vdots \\ 0 \end{pmatrix}$, 得 $\sum y_i \boldsymbol{\varepsilon}_i = \boldsymbol{\theta}$, 即 f 是单的.

综上, f 是 V 到 $\mathbb{P}^n$ 的同构. □

进一步地, 我们可得:

定理 2 设 V, W 是数域 $\mathbb{P}$ 两个线性空间且 $\dim V = n$, $\dim W = m$, 那么 $V \cong W$当且仅当 $n = m$.

证明 **充分性:** 当 $n = m$, 由定理1, $V \cong \mathbb{P}^n, W \cong \mathbb{P}^n$, 再由同构关系的等价性知, $V \cong W$.

必要性: 设 $V \overset{f}{\cong} W, \varepsilon_1, \varepsilon_2, \cdots, \varepsilon_n$ 是 V 的基. 由性质1, $f(\varepsilon_1), f(\varepsilon_2), \cdots, f(\varepsilon_n)$ 在 W 中线性无关, 这说明 $n \le \dim W = m$. 同理可证, $m \le n$. 因此 $n = m$. □

由此, 我们可以把有限维线性空间根据其维数进行分类, 具有相同维数的线性空间看作同一类, 不然就在不同类. 对于在同一类中的线性空间, 即彼此同构的线性空间, 因为它们的向量组的线性关系在同构映射之下是不变的, 所以, 在只涉及向量运算下的代数性质而不考虑空间中向量具体是什么时, 这两个同构的线性空间可以不加区别. 因此, 任一有限维线性空间都等同于某个 $\mathbb{P}^n$, 其维数 n 是有限维线性空间的唯一的代数特征.

§4.2 像集与核的关系 · 商空间

上一节我们已引入了线性映射的像集与核, 本节我们对它做进一步讨论.

令 $f: V \to W$ 是数域 $\mathbb{P}$ 上的一个线性映射, $\dim V = n$, $\dim W = m$. 设 $\varepsilon_1, \varepsilon_2, \cdots, \varepsilon_n$ 是 V 的一组基, $\boldsymbol{\eta}_1, \boldsymbol{\eta}_2, \cdots, \boldsymbol{\eta}_m$ 是 W 的一组基, 令

$$f(\varepsilon_i) = a_{1i}\boldsymbol{\eta}_1 + a_{2i}\boldsymbol{\eta}_2 + \cdots + a_{mi}\boldsymbol{\eta}_m,$$

其中 $a_{1i}, a_{2i}, \cdots, a_{mi} \in \mathbb{P}\,(i = 1, 2, \cdots, n)$, 那么

$$f(\varepsilon_1, \varepsilon_2, \cdots, \varepsilon_n) = (f(\varepsilon_1), f(\varepsilon_2), \cdots, f(\varepsilon_n)) = (\boldsymbol{\eta}_1, \boldsymbol{\eta}_2, \cdots, \boldsymbol{\eta}_m)\boldsymbol{A},$$

其中 $\boldsymbol{A} = (a_{ij})_{m\times n}$.

对于任一 $\boldsymbol{\xi} \in \operatorname{Im} f$, 存在 $\boldsymbol{\alpha} \in V$, 使 $f(\boldsymbol{\alpha}) = \boldsymbol{\xi}$. 设

$$\boldsymbol{\alpha} = x_1\varepsilon_1 + x_2\varepsilon_2 + \cdots + x_n\varepsilon_n,$$

其中 $x_i \in \mathbb{P}\ (i = 1, 2, \cdots, n)$, 那么

$$\begin{aligned}\boldsymbol{\xi} &= f(x_1\varepsilon_1 + x_2\varepsilon_2 + \cdots + x_n\varepsilon_n)\\ &= x_1 f(\varepsilon_1) + x_2 f(\varepsilon_2) + \cdots + x_n f(\varepsilon_n) \in L(f(\varepsilon_1), f(\varepsilon_2), \cdots, f(\varepsilon_n)).\end{aligned}$$

从而得:

命题 3 设 $f: V \to W$ 是一个线性映射, $\varepsilon_1, \varepsilon_2, \cdots, \varepsilon_n$ 是 V 的任一组基, 那么 $\operatorname{Im} f = L(f(\varepsilon_1), f(\varepsilon_2), \cdots, f(\varepsilon_n))$.

再来看 $f(\varepsilon_1, \varepsilon_2, \cdots, \varepsilon_n) = (\boldsymbol{\eta}_1, \boldsymbol{\eta}_2, \cdots, \boldsymbol{\eta}_m)\boldsymbol{A}$. 由上册第七章知, f由矩阵$\boldsymbol{A}$唯一决定, 并且线性映射 f 与 $m \times n$ 矩阵 $\boldsymbol{A}$ 是 $1-1$ 对应的.

下面讨论像空间的维数刻画:

定理 3 设 $f: V \to W$ 是数域 $\mathbb{P}$ 上的一个线性映射, 在 V 和 W 的某对基下, f 的对应矩阵是 $\boldsymbol{A}$. 那么, $\dim \operatorname{Im} f = r(\boldsymbol{A})$.

证明 设 f 在 V的基 $\varepsilon_1, \varepsilon_2, \cdots, \varepsilon_n$与 W 的基 $\boldsymbol{\eta}_1, \boldsymbol{\eta}_2, \cdots, \boldsymbol{\eta}_m$下的矩阵是 $\boldsymbol{A}$. 由命题3,

$$\operatorname{Im} f = L(f(\varepsilon_1), f(\varepsilon_2), \cdots, f(\varepsilon_n)),$$

从而

$$\dim \operatorname{Im} f = r(f(\varepsilon_1), f(\varepsilon_2), \cdots, f(\varepsilon_n)) = r((\boldsymbol{\eta}_1, \boldsymbol{\eta}_2, \cdots, \boldsymbol{\eta}_m)\boldsymbol{A}).$$

设 $\boldsymbol{A} = \begin{pmatrix} \boldsymbol{\alpha}_1 & \boldsymbol{\alpha}_2 & \cdots & \boldsymbol{\alpha}_n \end{pmatrix}$, $r(\boldsymbol{A}) = r$, 则$\boldsymbol{A}$ 的列秩也是 r, 即$\boldsymbol{A}$ 的一个极大线性无关列向量组含有r个向量, 不妨设为 $\boldsymbol{\alpha}_1, \boldsymbol{\alpha}_2, \cdots, \boldsymbol{\alpha}_r$. 那么, 对于任一$i =$

1, 2, $\cdots$, n, 有

$$\boldsymbol{\alpha}_i = k_1^{(i)}\boldsymbol{\alpha}_1 + k_2^{(i)}\boldsymbol{\alpha}_2 + \cdots + k_r^{(i)}\boldsymbol{\alpha}_r,\ 其中 k_j^{(i)} \in \mathbb{P}.$$

进而可得

$$\begin{aligned} f(\boldsymbol{\varepsilon}_i) &= (\boldsymbol{\eta}_1, \boldsymbol{\eta}_2, \cdots, \boldsymbol{\eta}_m)\begin{pmatrix} a_{1i} \\ a_{2i} \\ \vdots \\ a_{mi} \end{pmatrix} \\ &= (\boldsymbol{\eta}_1, \boldsymbol{\eta}_2, \cdots, \boldsymbol{\eta}_m)\boldsymbol{\alpha}_i \\ &= (\boldsymbol{\eta}_1, \boldsymbol{\eta}_2, \cdots, \boldsymbol{\eta}_m)(k_1^{(i)}\boldsymbol{\alpha}_1 + k_2^{(i)}\boldsymbol{\alpha}_2 + \cdots + k_r^{(i)}\boldsymbol{\alpha}_r) \\ &= \sum_{j=1}^{r} k_j^{(i)}(\boldsymbol{\eta}_1, \boldsymbol{\eta}_2, \cdots, \boldsymbol{\eta}_m)\boldsymbol{\alpha}_i = \sum_{j=1}^{r} k_j^{(i)} f(\boldsymbol{\varepsilon}_j), \end{aligned}$$

即 $\mathrm{Im}\, f$ 可由 $f(\boldsymbol{\varepsilon}_1), f(\boldsymbol{\varepsilon}_2), \cdots, f(\boldsymbol{\varepsilon}_r)$ 生成.

设存在 $x_1, x_2, \cdots, x_r \in \mathbb{P}$, 使 $x_1 f(\boldsymbol{\varepsilon}_1) + x_2 f(\boldsymbol{\varepsilon}_2) + \cdots + x_r f(\boldsymbol{\varepsilon}_r) = \boldsymbol{\theta}$, 则

$$(\boldsymbol{\eta}_1, \boldsymbol{\eta}_2, \cdots, \boldsymbol{\eta}_m)(x_1\boldsymbol{\alpha}_1 + x_2\boldsymbol{\alpha}_2 + \cdots + x_r\boldsymbol{\alpha}_r) = \boldsymbol{\theta}.$$

由于 $\boldsymbol{\eta}_1, \boldsymbol{\eta}_2, \cdots, \boldsymbol{\eta}_m$ 是基且 $\boldsymbol{\alpha}_1, \boldsymbol{\alpha}_2, \cdots \boldsymbol{\alpha}_r$ 线性无关, 从而 $x_1 = x_2 = \cdots = x_r = 0$, 因而 $f(\boldsymbol{\varepsilon}_1), f(\boldsymbol{\varepsilon}_2), \cdots, f(\boldsymbol{\varepsilon}_r)$ 构成 $\mathrm{Im}\, f$ 的基, 于是 $\dim \mathrm{Im}\, f = r = r(\boldsymbol{A})$. □

另外, 像空间与核的维数有如下关系:

定理 4 设 $f: V \to W$ 是数域 $\mathbb{P}$ 上的线性映射. 那么, $\mathrm{Im}\, f$ 的任一组基的原像与 $\mathrm{Ker}\, f$ 的任一组基合并就得到 V 的一组基, 从而

$$\dim \mathrm{Im}\, f + \dim \mathrm{Ker}\, f = \dim V.$$

证明 令 $\dim \mathrm{Im}\, f = r$, 设 $\boldsymbol{\eta}_1, \boldsymbol{\eta}_2, \cdots, \boldsymbol{\eta}_r$ 是 $\mathrm{Im}\, f$ 的一组基, 它们的一组原像是 $\boldsymbol{\varepsilon}_1, \boldsymbol{\varepsilon}_2, \cdots, \boldsymbol{\varepsilon}_r$, 即 $f(\boldsymbol{\varepsilon}_i) = \boldsymbol{\eta}_i\ (i = 1, 2, \cdots, r)$. 又令 $\dim \mathrm{Ker}\, f = t$, 设 $\boldsymbol{\varepsilon}_{r+1}, \boldsymbol{\varepsilon}_{r+2}, \cdots, \boldsymbol{\varepsilon}_{r+t}$ 是 $\mathrm{Ker}\, f$ 的一组基. 现在证明

$$\boldsymbol{\varepsilon}_1, \boldsymbol{\varepsilon}_2, \cdots, \boldsymbol{\varepsilon}_r, \boldsymbol{\varepsilon}_{r+1}, \boldsymbol{\varepsilon}_{r+2}, \cdots, \boldsymbol{\varepsilon}_{r+t}$$

是 V 的一组基, 从而

$$\dim V = r + t = \dim \mathrm{Im}\, f + \dim \mathrm{Ker}\, f.$$

事实上, 若有 $l_1, l_2, \cdots, l_{r+t} \in \mathbb{P}$, 使

$$l_1\boldsymbol{\varepsilon}_1 + l_2\boldsymbol{\varepsilon}_2 + \cdots + l_r\boldsymbol{\varepsilon}_r + l_{r+1}\boldsymbol{\varepsilon}_{r+1} + l_{r+2}\boldsymbol{\varepsilon}_{r+2} + \cdots + l_{r+t}\boldsymbol{\varepsilon}_{r+t} = \boldsymbol{\theta}$$

两边作用 f, 则

$$l_1 f(\boldsymbol{\varepsilon}_1) + l_2 f(\boldsymbol{\varepsilon}_2) + \cdots + l_r f(\boldsymbol{\varepsilon}_r) + l_{r+1} f(\boldsymbol{\varepsilon}_{r+1}) + l_{r+2} f(\boldsymbol{\varepsilon}_{r+2}) + \cdots + l_{r+t} f(\boldsymbol{\varepsilon}_{r+t}) = \boldsymbol{\theta}.$$

但 $f(\boldsymbol{\varepsilon}_{r+1}) = f(\boldsymbol{\varepsilon}_{r+2}) = \cdots = f(\boldsymbol{\varepsilon}_{r+t}) = \boldsymbol{\theta}$, 故 $l_1 f(\boldsymbol{\varepsilon}_1) + l_2 f(\boldsymbol{\varepsilon}_2) + \cdots + l_r f(\boldsymbol{\varepsilon}_r) = \boldsymbol{\theta}$. 即 $l_1\boldsymbol{\eta}_1 + l_2\boldsymbol{\eta}_2 + \cdots + l_r\boldsymbol{\eta}_r = 0$.

由于 $\boldsymbol{\eta}_1, \boldsymbol{\eta}_2, \cdots, \boldsymbol{\eta}_r$ 是线性无关的, 得 $l_1 = l_2 = \cdots = l_r = 0$. 于是, $l_{r+1}\boldsymbol{\varepsilon}_{r+1} + l_{r+2}\boldsymbol{\varepsilon}_{r+2} + \cdots + l_{r+t}\boldsymbol{\varepsilon}_{r+t} = \boldsymbol{\theta}$. 但 $\boldsymbol{\varepsilon}_{r+1}, \boldsymbol{\varepsilon}_{r+2}, \cdots, \boldsymbol{\varepsilon}_{r+t}$ 是线性无关的, 故 $l_{r+1} = l_{r+2} = \cdots = l_{r+t} = 0$. 因此 $\boldsymbol{\varepsilon}_1, \boldsymbol{\varepsilon}_2, \cdots, \boldsymbol{\varepsilon}_r, \boldsymbol{\varepsilon}_{r+1}, \boldsymbol{\varepsilon}_{r+2}, \cdots, \boldsymbol{\varepsilon}_{r+t}$ 是线性无关的.

再证明 V 中的任一向量 $\boldsymbol{\alpha}$ 是 $\boldsymbol{\varepsilon}_1, \boldsymbol{\varepsilon}_2, \cdots, \boldsymbol{\varepsilon}_r, \boldsymbol{\varepsilon}_{r+1}, \boldsymbol{\varepsilon}_{r+2}, \cdots, \boldsymbol{\varepsilon}_{r+t}$ 的线性组合. 因

为 $f(\boldsymbol{\alpha})\in \operatorname{Im} f$, 而 $\boldsymbol{\eta}_1,\boldsymbol{\eta}_2,\cdots,\boldsymbol{\eta}_r$ 是 $\operatorname{Im} f$ 的基, 所以

$$f(\boldsymbol{\alpha})=l_1\boldsymbol{\eta}_1+l_2\boldsymbol{\eta}_2+\cdots+l_r\boldsymbol{\eta}_r=f(l_1\boldsymbol{\varepsilon}_1+l_2\boldsymbol{\varepsilon}_2+\cdots+l_r\boldsymbol{\varepsilon}_r),$$

对某些 $l_1,l_2,\cdots,l_r\in\mathbb{P}$. 于是,

$$\boldsymbol{\alpha}-l_1\boldsymbol{\varepsilon}_1-l_2\boldsymbol{\varepsilon}_2-\cdots-l_r\boldsymbol{\varepsilon}_r\in\operatorname{Ker} f.$$

但 $\boldsymbol{\varepsilon}_{r+1},\boldsymbol{\varepsilon}_{r+2},\cdots,\boldsymbol{\varepsilon}_{r+t}$ 是 $\operatorname{Ker} f$ 的基, 从而有 $l_{r+1},l_{r+2},\cdots,l_{r+t}\in\mathbb{P}$, 使

$$\boldsymbol{\alpha}-l_1\boldsymbol{\varepsilon}_1-l_2\boldsymbol{\varepsilon}_2-\cdots-l_r\boldsymbol{\varepsilon}_r=l_{r+1}\boldsymbol{\varepsilon}_{r+1}+l_{r+2}\boldsymbol{\varepsilon}_{r+2}+\cdots+l_{r+t}\boldsymbol{\varepsilon}_{r+t},$$

即

$$\boldsymbol{\alpha}=l_1\boldsymbol{\varepsilon}_1+l_2\boldsymbol{\varepsilon}_2+\cdots+l_r\boldsymbol{\varepsilon}_r+l_{r+1}\boldsymbol{\varepsilon}_{r+1}+l_{r+2}\boldsymbol{\varepsilon}_{r+2}+\cdots+l_{r+t}\boldsymbol{\varepsilon}_{r+t}.$$

综上, $\boldsymbol{\varepsilon}_1,\boldsymbol{\varepsilon}_2,\cdots,\boldsymbol{\varepsilon}_t,\boldsymbol{\varepsilon}_{r+1},\boldsymbol{\varepsilon}_{r+2},\cdots,\boldsymbol{\varepsilon}_{r+t}$ 是 V 的一组基. □

单射和满射当然是两种不同的极端情形的映射, 但我们可以由定理4 得到的一个有趣的结论是:

推论 1 设 $f:V\to W$ 是数域 $\mathbb{P}$ 上有限维线性空间 V和W之间的一个线性映射, 且$\dim V=\dim W$, 那么如下条件等价:

(i) f 是单射;

(ii) f 是满射;

(iii) f 是同构.

证明 只要证明 (i) $\Longleftrightarrow$ (ii).

事实上, 由定理4, 有

$$\dim\operatorname{Im} f+\dim\operatorname{Ker} f=\dim V.$$

于是, f 是单射当且仅当 $\operatorname{Ker} f=\{\boldsymbol{\theta}\}$, 当且仅当 $\dim\operatorname{Ker} f=0$, 当且仅当 $\dim\operatorname{Im} f=\dim V$, 当且仅当 $\operatorname{Im} f=V$, 即 f 是满射. □

事实上, 这个推论体现的结论只对有限维线性空间成立, 对无限维线性空间一般是不成立的. 比如, 设 $V=W=\mathbb{R}[x]$, $0\neq g(x)\in\mathbb{R}[x]$ 是一个固定的多项式, 定义 $\mathcal{A}$ 使 $\mathcal{A}(f(x))=f(x)g(x)$ 对任一 $f(x)\in\mathbb{R}[x]$, 那么易见 $\mathcal{A}$ 是一个线性变换且 $\mathcal{A}$ 是单的. 但是, $\mathcal{A}$ 不是满的.

一个是满射但不是单射的线性映射的例子, 就是 $V=\mathbb{P}[x]_n, W=\mathbb{P}[x]_{n-1}$, $\mathcal{D}(f(x))=f'(x)$.

应该指出的是, 虽然定理4 说明对任一线性映射有 $\dim\operatorname{Im} f+\dim\operatorname{Ker} f=\dim V$, 但一般没有 $\operatorname{Im} f+\operatorname{Ker} f=V$. 首先, 当 $W\neq V$ 时, $\operatorname{Im} f$ 与 $\operatorname{Ker} f$ 不在同一空间中, 所以不能相加. 即使 $W=V$ 时, 虽然 $\operatorname{Im} f+\operatorname{Ker} f$ 有意义, 也未必等于 V. 比如, 当 $V=\mathbb{P}[x]_n$, $\mathcal{D}(f(x))=f'(x)$ 对任一 $f(x)\in\mathbb{P}[x]_n$, 则

$$\operatorname{Im} f=\mathbb{P}[x]_{n-1},\ \operatorname{Ker} f=\mathbb{P},\ \operatorname{Im} f+\operatorname{Ker} f=\mathbb{P}[x]_{n-1}\subsetneq\mathbb{P}[x]_n.$$

原因是 $\mathbb{P}\subseteq\mathbb{P}[x]_{n-1}$, 即 $\operatorname{Im} f\cap\operatorname{Ker} f=\mathbb{P}\neq\{0\}$.

事实上, 当 $W=V$, 即 $f:V\to V$ 是线性变换时, 由维数定理, 总有

$$\dim V=\dim\operatorname{Im} f+\dim\operatorname{Ker} f=\dim(\operatorname{Im} f+\operatorname{Ker} f)+\dim(\operatorname{Im} f\cap\operatorname{Ker} f),$$

由此可见, $V=\operatorname{Im} f+\operatorname{Ker} f$ 当且仅当 $\operatorname{Im} f\cap\operatorname{Ker} f=\{\boldsymbol{\theta}\}$.

推论 2 设 $f:V\to W$ 是数域 $\mathbb{P}$ 上线性空间之间的一个满线性映射, 其中 $\dim V<+\infty$. 那么, W也是有限维的且有 $\dim W\leq\dim V$.

证明 由定理4, $\dim V=\dim \mathrm{Im}\, f+\dim \mathrm{Ker}\, f$, 这时 $W=\mathrm{Im}\, f$, 所以 $\dim W\leq \dim V$. □

下面给出用线性变换方法证明的一个关于矩阵的性质.

例 3 设 $\boldsymbol{A}$是一个 $n\times n$幂等矩阵, 即 $\boldsymbol{A}^2=\boldsymbol{A}$, 证明 $\boldsymbol{A}$ 相似于形状如下的一个对角矩阵

$$\begin{pmatrix} 1 & & & & & \\ & \ddots & & & & \\ & & 1 & & & \\ & & & 0 & & \\ & & & & \ddots & \\ & & & & & 0 \end{pmatrix}.$$

证明 我们的方法就是将 $\boldsymbol{A}$ 转化为一个线性变换. 令V 是 n 维线性空间, $\boldsymbol{\varepsilon}_1,\boldsymbol{\varepsilon}_2,\cdots,\boldsymbol{\varepsilon}_n$ 是 V 的一组基, 定义线性变换 $\mathcal{A}$ 满足:

$$\mathcal{A}(\boldsymbol{\varepsilon}_1,\boldsymbol{\varepsilon}_2,\cdots,\boldsymbol{\varepsilon}_n)=(\boldsymbol{\varepsilon}_1,\boldsymbol{\varepsilon}_2,\cdots,\boldsymbol{\varepsilon}_n)\boldsymbol{A}.$$

那么由 $\boldsymbol{A}^2=\boldsymbol{A}$, 有

$$\begin{aligned}\mathcal{A}^2(\boldsymbol{\varepsilon}_1,\boldsymbol{\varepsilon}_2,\cdots,\boldsymbol{\varepsilon}_n)&=\mathcal{A}((\boldsymbol{\varepsilon}_1,\boldsymbol{\varepsilon}_2,\cdots,\boldsymbol{\varepsilon}_n)\boldsymbol{A})=(\boldsymbol{\varepsilon}_1,\boldsymbol{\varepsilon}_2,\cdots,\boldsymbol{\varepsilon}_n)\boldsymbol{A}^2\\&=(\boldsymbol{\varepsilon}_1,\boldsymbol{\varepsilon}_2,\cdots,\boldsymbol{\varepsilon}_n)\boldsymbol{A}=\mathcal{A}(\boldsymbol{\varepsilon}_1,\boldsymbol{\varepsilon}_2,\cdots,\boldsymbol{\varepsilon}_n),\end{aligned}$$

从而

$$\mathcal{A}^2=\mathcal{A}.$$

取 $\mathrm{Im}\,\mathcal{A}$ 的一组基 $\boldsymbol{\eta}_1,\boldsymbol{\eta}_2,\cdots,\boldsymbol{\eta}_r$, 设 $\mathcal{A}\boldsymbol{\xi}_i=\boldsymbol{\eta}_i$, 对 $\boldsymbol{\xi}_i\in V, i=1,2,\cdots,r$, 那么 $\boldsymbol{\eta}_i=\mathcal{A}\boldsymbol{\xi}_i=\mathcal{A}\mathcal{A}\boldsymbol{\xi}_i=\mathcal{A}\boldsymbol{\eta}_i$, 即$\boldsymbol{\eta}_1,\boldsymbol{\eta}_2,\cdots,\boldsymbol{\eta}_r$ 也是 $\boldsymbol{\eta}_1,\boldsymbol{\eta}_2,\cdots,\boldsymbol{\eta}_r$ 关于 $\mathcal{A}$ 的原像. 再取 $\boldsymbol{\eta}_{r+1},\boldsymbol{\eta}_{r+2},\cdots,\boldsymbol{\eta}_n$ 是 $\mathrm{Ker}\,\mathcal{A}$ 的一组基, 则由定理4, $\boldsymbol{\eta}_1,\boldsymbol{\eta}_2,\cdots,\boldsymbol{\eta}_r,\boldsymbol{\eta}_{r+1},\boldsymbol{\eta}_{r+2},\cdots,\boldsymbol{\eta}_n$ 是 V 的一组基. 这时

$$\mathcal{A}\boldsymbol{\eta}_i=\begin{cases}\boldsymbol{\eta}_i, & i=1,2,\cdots,r;\\ \boldsymbol{\theta}, & i=r+1,\cdots,n,\end{cases}$$

故

$$\mathcal{A}(\boldsymbol{\eta}_1,\boldsymbol{\eta}_2,\cdots,\boldsymbol{\eta}_n)=(\boldsymbol{\eta}_1,\boldsymbol{\eta}_2,\cdots,\boldsymbol{\eta}_n)\boldsymbol{B},$$

其中

$$\boldsymbol{B}=\begin{pmatrix} 1 & & & & & \\ & \ddots & & & & \\ & & 1 & & & \\ & & & 0 & & \\ & & & & \ddots & \\ & & & & & 0 \end{pmatrix}.$$

因此, $\mathcal{A}$ 在基$\boldsymbol{\eta}_1,\boldsymbol{\eta}_2,\cdots,\boldsymbol{\eta}_n$ 下的矩阵是$\boldsymbol{B}$, 而已有$\mathcal{A}$ 在基$\boldsymbol{\varepsilon}_1,\boldsymbol{\varepsilon}_2,\cdots,\boldsymbol{\varepsilon}_n$ 下的矩阵是$\boldsymbol{A}$, 所以$\boldsymbol{A}$ 与$\boldsymbol{B}$ 相似. □

最后, 我们引入“商空间”的概念. 设 W 是数域 $\mathbb{P}$ 上线性空间 V 的子空间. 对任一 $\boldsymbol{\alpha}\in V$, 定义 $\boldsymbol{\alpha}+W=\{\boldsymbol{\alpha}+\boldsymbol{\omega}:\boldsymbol{\omega}\in W\}$, 记为 $\overline{\boldsymbol{\alpha}}=\boldsymbol{\alpha}+W$, 用 V/W 表示集合 $\{\overline{\boldsymbol{\alpha}}:\boldsymbol{\alpha}\in V\}$. 对任一 $\overline{\boldsymbol{\alpha}},\overline{\boldsymbol{\beta}}\in V/W, k\in\mathbb{P}$, 定义

$$\overline{\boldsymbol{\alpha}}+\overline{\boldsymbol{\beta}}=\overline{\boldsymbol{\alpha}+\boldsymbol{\beta}},\ k\cdot\overline{\boldsymbol{\alpha}}=\overline{k\boldsymbol{\alpha}}.$$

那么可以证明, V/W 上这样的加法和数乘是合理的, 并且 $(V/W,+,\cdot)$ 成为一个线性空间. 逐步地, 我们有:

1. $\overline{\boldsymbol{\alpha}}=\overline{\boldsymbol{\beta}}$ 当且仅当 $\boldsymbol{\alpha}-\boldsymbol{\beta}\in W$; 特别 $\overline{\boldsymbol{\alpha}}=\overline{\boldsymbol{\theta}}$ 当且仅当 $\boldsymbol{\alpha}\in W$. 事实上, $\overline{\boldsymbol{\alpha}}=\overline{\boldsymbol{\beta}}$ 当且仅当 $\boldsymbol{\alpha}+W=\boldsymbol{\beta}+W$, 得 $\boldsymbol{\alpha}-\boldsymbol{\beta}\in W$; 反之, 若 $\boldsymbol{\alpha}-\boldsymbol{\beta}\in W$, 则 $\boldsymbol{\beta}+W=\boldsymbol{\beta}+[(\boldsymbol{\alpha}-\boldsymbol{\beta})+W]=\boldsymbol{\alpha}+W$, 其中 $(\boldsymbol{\alpha}-\boldsymbol{\beta})+W=W$.

2. 加法和数乘的合理性(即作为映射的像的唯一性), 即若有 $\overline{\boldsymbol{\alpha}}=\overline{\boldsymbol{\alpha}'}$, $\overline{\boldsymbol{\beta}}=\overline{\boldsymbol{\beta}'}$, 那么 $\overline{\boldsymbol{\alpha}+\boldsymbol{\beta}}=\overline{\boldsymbol{\alpha}'+\boldsymbol{\beta}'},\overline{k\boldsymbol{\alpha}}=\overline{k\boldsymbol{\alpha}'}$. 事实上, 由结论 1, $(\boldsymbol{\alpha}+\boldsymbol{\beta})-(\boldsymbol{\alpha}'+\boldsymbol{\beta}')=(\boldsymbol{\alpha}-\boldsymbol{\alpha}')+(\boldsymbol{\beta}-\boldsymbol{\beta}')\in W$, 所以 $\overline{\boldsymbol{\alpha}+\boldsymbol{\beta}}=\overline{\boldsymbol{\alpha}'+\boldsymbol{\beta}'}$. 同理可证 $\overline{k\boldsymbol{\alpha}}=\overline{k\boldsymbol{\alpha}'}$.

3. $\overline{\boldsymbol{\theta}}$ 关于加法是 V/W 的零元. 即对任一 $\overline{\boldsymbol{\alpha}}\in V/W$, 有 $\overline{\boldsymbol{\alpha}}+\overline{\boldsymbol{\theta}}=\overline{\boldsymbol{\theta}}+\overline{\boldsymbol{\alpha}}=\overline{\boldsymbol{\alpha}}$; 又, $\overline{-\boldsymbol{\alpha}}$ 是 $\overline{\boldsymbol{\alpha}}$ 在 V/W 中关于加法的负元, 即 $\overline{\boldsymbol{\alpha}}+(\overline{-\boldsymbol{\alpha}})=\overline{\boldsymbol{\theta}}=(\overline{-\boldsymbol{\alpha}})+\overline{\boldsymbol{\alpha}}$. 证明由结论 2 和 1 即可得.

4. $(V/W,+,\cdot)$ 是数域 $\mathbb{P}$ 上的线性空间. 这由上述结论 1–3, 再直接验证各条公理即可.

上述给出的线性空间 V/W 称为 V **模去子空间 W 的商空间**.

这时, 可以定义:

$$\eta:\ V\to V/W$$

满足$\eta(\boldsymbol{\alpha})=\bar{\boldsymbol{\alpha}}=\boldsymbol{\alpha}+W$对任何$\boldsymbol{\alpha}\in V$. 易见, η是线性空间V到它的商空间V/W的满线性映射, 并且$\mathrm{Ker}\,\eta=W$. 我们称η是V到商空间V/W的**自然映射**.

由定义我们知道, 一个线性空间模去任一子空间都可得该空间的一个商空间. 另一方面, 一个线性空间的任一满线性映射的像空间都可以看作该空间的一个商空间, 即我们有:

定理 5 设 $f:V\to W$ 是一个线性映射, 则有线性空间同构

$$V/\mathrm{Ker}\,f\cong \mathrm{Im}\,f.$$

证明 定义

$$\pi: V/\mathrm{Ker}\,f\to \mathrm{Im}\,f\ .$$
$$\overline{\boldsymbol{\alpha}}=\boldsymbol{\alpha}+\mathrm{Ker}\,f\mapsto f(\boldsymbol{\alpha})$$

若有 $\overline{\boldsymbol{\alpha}}=\overline{\boldsymbol{\alpha}'}$, 则 $\boldsymbol{\alpha}-\boldsymbol{\alpha}'\in\mathrm{Ker}\,f$, 从而 $f(\boldsymbol{\alpha}-\boldsymbol{\alpha}')=\boldsymbol{\theta}$, 得 $f(\boldsymbol{\alpha})=f(\boldsymbol{\alpha}')$, 这说明 π 是一个映射.

再逐条验证可知 π 是一个线性映射.

显然 π 是满射.

若有 $\pi(\overline{\boldsymbol{\alpha}})=\pi(\overline{\boldsymbol{\alpha}'})$, 即 $f(\boldsymbol{\alpha})=f(\boldsymbol{\alpha}')$, 得 $\boldsymbol{\alpha}-\boldsymbol{\alpha}'\in\mathrm{Ker}\,f$, 从而 $\overline{\boldsymbol{\alpha}}=\overline{\boldsymbol{\alpha}'}$, 因此 π是一个同构. □

通常, 我们把定理5中的同构π表示为$\bar{f}$.

特别地, 当 $f:V\to W$ 是一个满线性映射, 则 $V/\mathrm{Ker}\,f\cong W$, 即 W 可看作 V 的一个商空间.

由推论2, 总有 $\dim W \le \dim V$. 即商空间的维数总不大于原空间的维数. 由定理4, $\dim \mathrm{Im}\, f + \dim \mathrm{Ker}\, f = \dim V$, 从而又由定理5, 得:

$$\dim(V/\mathrm{Ker}\, f) + \dim \mathrm{Ker}\, f = \dim V.$$

对V的任一子空间U及其自然映射$\boldsymbol{\eta}$: $V \to V/U$, 由于$\mathrm{Ker}\, \boldsymbol{\eta} = U$, 因此得:

推论 3 对线性空间V及其任一子空间U, 总有

$$\dim(V/U) = \dim V - \dim U.$$

§ 4.3 正交映射·欧氏空间的同构

设V 和 W是欧氏空间, 那么它们比一般线性空间多的结构就是它们的内积. 如果一个线性映射 $f: V \to W$ 不能反映 V 与 W 的内积结构的联系, 那么, V 与 W 对于 f 只能如同一个非欧氏的线性空间, 内积就成为多余的了. 所以, f 还得附带加上保持内积的条件.

定义 3 设 V 和 W 是欧氏空间, f 是 V 到 W 的线性映射. 如果 f 保持向量的内积不变, 即对任意的 $\boldsymbol{\alpha}, \boldsymbol{\beta} \in V$, 有

$$(f(\boldsymbol{\alpha}), f(\boldsymbol{\beta})) = (\boldsymbol{\alpha}, \boldsymbol{\beta}),$$

则称 f 是 V 到 W 的**正交映射**.

正交映射可以从几个不同方面来加以刻画, 即我们有:

定理 6 设 f 是有限维欧氏空间 V 到 W 的线性映射, 那么下面的条件等价:

(i) f 是正交映射;

(ii) f 保持向量长度不变, 即对任一 $\boldsymbol{\alpha} \in V$, 有$|f(\boldsymbol{\alpha})| = |\boldsymbol{\alpha}|$;

(iii) 若 $\varepsilon_1, \varepsilon_2, \cdots, \varepsilon_n$ 是 V 的一组标准正交基, 则 $f(\varepsilon_1), f(\varepsilon_2), \cdots, f(\varepsilon_n)$ 是 $\mathrm{Im}\, f$ 的一组标准正交基.

证明 (i) $\Longleftrightarrow$ (ii):

当 f是正交映射, 有 $(f(\boldsymbol{\alpha}), f(\boldsymbol{\alpha})) = (\boldsymbol{\alpha}, \boldsymbol{\alpha})$, 从而 $|f(\boldsymbol{\alpha})| = |\boldsymbol{\alpha}|$.

反之, 当对任一$\boldsymbol{\alpha} \in V$, 有$|f(\boldsymbol{\alpha})| = |\boldsymbol{\alpha}|$, 那么对任意$\boldsymbol{\alpha}, \boldsymbol{\beta} \in V$, 有

$$(f(\boldsymbol{\alpha}), f(\boldsymbol{\alpha})) = (\boldsymbol{\alpha}, \boldsymbol{\alpha}),\ (f(\boldsymbol{\beta}), f(\boldsymbol{\beta})) = (\boldsymbol{\beta}, \boldsymbol{\beta}),$$
$$(f(\boldsymbol{\alpha}+\boldsymbol{\beta}), f(\boldsymbol{\alpha}+\boldsymbol{\beta})) = (\boldsymbol{\alpha}+\boldsymbol{\beta}, \boldsymbol{\alpha}+\boldsymbol{\beta}).$$

于是,

$$(f(\boldsymbol{\alpha}), f(\boldsymbol{\alpha})) + (f(\boldsymbol{\beta}),\ f(\boldsymbol{\beta})) + 2(f(\boldsymbol{\alpha}), f(\boldsymbol{\beta})) = (\boldsymbol{\alpha}, \boldsymbol{\alpha}) + (\boldsymbol{\beta}, \boldsymbol{\beta}) + 2(\boldsymbol{\alpha}, \boldsymbol{\beta}),$$

得

$$(f(\boldsymbol{\alpha}), f(\boldsymbol{\beta})) = (\boldsymbol{\alpha}, \boldsymbol{\beta}).$$

(i) $\Longleftrightarrow$ (iii):

设$\varepsilon_1, \varepsilon_2, \cdots, \varepsilon_n$ 是 V 的标准正交基, 即$(\varepsilon_i, \varepsilon_j) = \begin{cases} 1, & i = j; \\ 0, & i \neq j, \end{cases}$ 对$i, j = 1, \cdots, n$.

当 f 是正交映射, 那么 $(f(\varepsilon_i), f(\varepsilon_j)) = (\varepsilon_i, \varepsilon_j) = \begin{cases} 1, & i = j; \\ 0, & i \neq j. \end{cases}$ 因此, $f(\varepsilon_1)$, $f(\varepsilon_2), \cdots, f(\varepsilon_n)$ 是 $\mathrm{Im}\, f$ 中的一组标准正交组.

但对任一 $\boldsymbol{\beta}\in \operatorname{Im} f$, 设 $\boldsymbol{\alpha}\in V$ 使 $f(\boldsymbol{\alpha})=\boldsymbol{\beta}$, 那么 $\boldsymbol{\alpha}=k_1\varepsilon_1+k_2\varepsilon_2+\cdots+k_n\varepsilon_n$, 得 $\boldsymbol{\beta}=f(\boldsymbol{\alpha})=k_1f(\varepsilon_1)+k_2f(\varepsilon_2)+\cdots+k_nf(\varepsilon_n)$. 这说明 $f(\varepsilon_1),f(\varepsilon_2),\cdots,f(\varepsilon_n)$ 是 $\operatorname{Im} f$ 的一组标准正交基.

反之, 当 $f(\varepsilon_1),f(\varepsilon_2),\cdots,f(\varepsilon_n)$ 是 $\operatorname{Im} f$ 的标准正交基时, 任取 $\boldsymbol{\alpha},\boldsymbol{\beta}\in V$, 令

$$\boldsymbol{\alpha}=\sum_{i=1}^{n}x_i\varepsilon_i,\ \boldsymbol{\beta}=\sum_{i=1}^{n}y_i\varepsilon_i,$$

则

$$(\boldsymbol{\alpha},\boldsymbol{\beta})=\sum_{i,j}x_iy_j(\varepsilon_i,\varepsilon_j)=x_1y_1+x_2y_2+\cdots+x_ny_n,$$

$$(f(\boldsymbol{\alpha}),f(\boldsymbol{\beta}))=\textstyle\sum_{i,j}x_iy_j(f(\varepsilon_i),f(\varepsilon_j))=x_1y_1+x_2y_2+\cdots+x_ny_n,$$

进而可得

$$(\boldsymbol{\alpha},\boldsymbol{\beta})=(f(\boldsymbol{\alpha}),f(\boldsymbol{\beta})).$$

从而, f 是正交映射. □

推论 4　设 f 是有限维欧氏空间 V 到 W 的正交映射, 那么 f 必为单射, 即 V 在 f 作用下嵌入 W.

证明　任取$\boldsymbol{\alpha}\in \operatorname{Ker} f$, 令$\varepsilon_1,\varepsilon_2,\cdots,\varepsilon_n$是$V$ 的一组标准正交基, 设

$$\boldsymbol{\alpha}=k_1\varepsilon_1+k_2\varepsilon_2+\cdots+k_n\varepsilon_n$$

对$k_i\in\mathbb{R}$, 那么

$$\boldsymbol{\theta}=f(\boldsymbol{\alpha})=k_1f(\varepsilon_1)+k_2f(\varepsilon_2)+\cdots+k_nf(\varepsilon_n).$$

由定理5, $f(\varepsilon_1),f(\varepsilon_2),\cdots,f(\varepsilon_n)$ 是 $\operatorname{Im} f$ 的标准正交基, 从而

$$k_1=k_2=\cdots=k_n=0,$$

得

$$\boldsymbol{\alpha}=\boldsymbol{\theta}.$$

所以f是单射. □

现在我们讨论特殊的正交映射.

定义 4　设 V 和 W 是欧氏空间, f 是 V 到 W 作为线性空间的同构. 如果 f 同时是正交映射, 则称 f 是欧氏空间 V 和 W 的**同构映射**, 称欧氏空间 V 与 W 关于 f 是**同构的**.

命题 4　设 f 是从有限维欧氏空间 V 到 W 的一个线性映射, 那么 f 是欧氏空间 V 到 W 的同构映射当且仅当 f 是 V 到 W 的正交映射且 f 是一个满射.

证明　**必要性:** 由定义4 即得.

充分性: 由推论4, f 是单射, 所以 f 是一个同构, 再由定义4 即可. □

由定义知, 欧氏空间的同构映射恰是保持内积不变的线性空间同构. 而内积不变显然是一种具有反身性、传递性和对称性的欧氏空间之间的一种关系, 即: 恒等映射是内积不变的; 两个内积不变的映射的积仍是内积不变的; 一个从V到W的内积不变的线性空间同构映射 σ 的逆映射也是内积不变的, 因为对任意 $\boldsymbol{\alpha},\boldsymbol{\beta}\in W$,

$$(\boldsymbol{\alpha},\boldsymbol{\beta})=(\sigma(\sigma^{-1}(\boldsymbol{\alpha})),\ \sigma(\sigma^{-1}(\boldsymbol{\beta})))=(\sigma^{-1}(\boldsymbol{\alpha}),\sigma^{-1}(\boldsymbol{\beta})).$$

因此, 欧氏空间的同构映射是欧氏空间之间的一个等价关系, 即欧式空间之间的同构

关系具有反身性、对称性和传递性的.

由于线性空间同构当且仅当它们有相同的维数, 欧氏空间同构当然意味着它们有相同的维数. 但反之如何呢? 即: 有相同维数的欧氏空间是否为欧氏空间同构的?

首先, 我们考虑 n 维欧氏空间 V 和 $\mathbb{R}^n$ 之间的关系. 令 $\boldsymbol{\varepsilon}_1, \boldsymbol{\varepsilon}_2, \cdots, \boldsymbol{\varepsilon}_n$ 是 V 的一组标准正交基, $\boldsymbol{\alpha} \in V$, 有

$$\boldsymbol{\alpha} = x_1\boldsymbol{\varepsilon}_1 + x_2\boldsymbol{\varepsilon}_2 + \cdots + x_n\boldsymbol{\varepsilon}_n = (\boldsymbol{\varepsilon}_1, \boldsymbol{\varepsilon}_2, \cdots, \boldsymbol{\varepsilon}_n)\begin{pmatrix} x_1 \\ x_2 \\ \vdots \\ x_n \end{pmatrix},$$

其中 $\begin{pmatrix} x_1 \\ x_2 \\ \vdots \\ x_n \end{pmatrix} \in \mathbb{R}^n$ 是 $\boldsymbol{\alpha}$ 在 $\mathbb{R}^n$ 中的唯一坐标向量. 定义$\sigma : V \to \mathbb{R}^n$使得

$$\boldsymbol{\alpha} = \sum x_i\boldsymbol{\varepsilon}_i \mapsto \begin{pmatrix} x_1 \\ x_2 \\ \vdots \\ x_n \end{pmatrix},$$

即$\sigma(\boldsymbol{\alpha}) = \begin{pmatrix} x_1 \\ x_2 \\ \vdots \\ x_n \end{pmatrix}$. 那么 σ 是 V 到 $\mathbb{R}^n$ 的一个双射. 由本章定理1, σ 是 V 到 $\mathbb{R}^n$ 的线性空间同构; 又对 $\boldsymbol{\beta} = \sum y_i\boldsymbol{\varepsilon}_i$, 有

$$(\boldsymbol{\alpha}, \boldsymbol{\beta}) = \sum_{i,j} x_i y_j(\boldsymbol{\varepsilon}_i, \boldsymbol{\varepsilon}_j) = \sum_{i=1}^{n} x_i y_i = (\sigma(\boldsymbol{\alpha}), \sigma(\boldsymbol{\beta})),$$

即 σ 是内积不变的. 因此 σ 是欧氏空间 V 到 $\mathbb{R}^n$ 的一个同构映射. 这说明, 任一 n 维欧氏空间都与 $\mathbb{R}^n$ 是欧氏空间同构的. 又上面已知, 欧氏空间同构是等价关系, 因而任意两个 n 维欧氏空间都同构. 综之, 得:

定理 7 (i) 任一 n 维欧氏空间都同构于 $\mathbb{R}^n$;

(ii) 两个有限维欧氏空间同构当且仅当它们的维数相同.

这个定理说明, 从抽象观点看, 欧氏空间结构完全被它的维数决定. 或者说, 如果V是一个欧氏空间, 在同构意义下, 我们可以认为 V"="$\mathbb{R}^n$.

最后再讨论另一个特殊的正交映射—-正交变换.

定义 5 设 f 是欧氏空间 V 到自身的正交映射, 称 f 是 V 的**正交变换**.

当V是有限维时, 由推论4 知, 正交变换 $f : V \to V$, 必为单射. 又由推论1 知, 这时f 也是 V 到自身的线性空间同构. 因此由定义4, f 成为欧氏空间 V 的自同构映射, 所以有限维欧氏空间 V 上的正交变换是 V 到自身的欧氏空间自同构. 有限维欧氏空间上三类线性映射的关系是:

$$\text{正交映射类} \supset \text{欧氏空间同构映射类} \supset \text{正交变换类}.$$

作为特殊的正交映射, 定理6 的结论对正交变换当然成立. 但是, 这时 (iii) 中的

$f(\varepsilon_1), f(\varepsilon_2), \cdots, f(\varepsilon_n)$ 成为 V 的标准正交基, 与原标准正交基 $\varepsilon_1, \varepsilon_2, \cdots, \varepsilon_n$ 的过渡矩阵同时成为 f 在标准正交基下的矩阵, 这一矩阵的性质决定了 f 的性质. 因此在这一特殊情形下, 我们由定理6得到了下面的定理:

定理 8 设 f 是 n 维欧氏空间 V 的一个线性变换, 那么下述条件等价:

(i) f 是正交变换;

(ii) f 保持向量长度不变;

(iii) 若 $\varepsilon_1, \varepsilon_2, \cdots, \varepsilon_n$ 是 V 的标准正交基, 则 $f(\varepsilon_1), f(\varepsilon_2), \cdots, f(\varepsilon_n)$ 也是 V 的标准正交基;

(iv) f 在 V 的任一标准正交基下的矩阵是正交矩阵.

证明 由定理5, (i), (ii), (iii) 的等价性成立. 这里只需证明 (iii) $\Longleftrightarrow$ (iv):

令 f 在 $\varepsilon_1, \varepsilon_2, \cdots, \varepsilon_n$ 下的矩阵是 $\boldsymbol{A}$, 即

$$f(\varepsilon_1, \varepsilon_2, \cdots, \varepsilon_n) = (\varepsilon_1, \varepsilon_2, \cdots, \varepsilon_n)\boldsymbol{A}.$$

当 (iii) 成立, 则 $f(\varepsilon_1, \varepsilon_2, \cdots, \varepsilon_n) = (f(\varepsilon_1), f(\varepsilon_2), \cdots, f(\varepsilon_n))$是$V$ 的标准正交基, 上述 $\boldsymbol{A}$ 同时也是两个标准正交基 $\varepsilon_1, \varepsilon_2, \cdots, \varepsilon_n$ 和 $f(\varepsilon_1), f(\varepsilon_2), \cdots, f(\varepsilon_n)$ 之间的过渡矩阵, 因而 $\boldsymbol{A}$ 是正交矩阵.

反之, 若 $\boldsymbol{A}$ 是正交矩阵, 则由 $(f(\varepsilon_1), f(\varepsilon_2), \cdots, f(\varepsilon_n)) = (\varepsilon_1, \varepsilon_2, \cdots, \varepsilon_n)\boldsymbol{A}$, 得 $f(\varepsilon_i) = a_{1i}\varepsilon_1 + a_{2i}\varepsilon_2 + \cdots + a_{ni}\varepsilon_n$. 于是,

$$\begin{aligned}(f(\varepsilon_i), f(\varepsilon_j)) &= (a_{1i}\varepsilon_1 + a_{2i}\varepsilon_2 + \cdots + a_{ni}\varepsilon_n,\ a_{1j}\varepsilon_1 + a_{2i}\varepsilon_2 + \cdots + a_{nj}\varepsilon_n) \\ &= a_{1i}a_{1j} + a_{2i}a_{2j} + \cdots + a_{ni}a_{nj} \\ &= \begin{cases} 1, & i = j; \\ 0, & i \neq j. \end{cases}\end{aligned}$$

这是因为 $\boldsymbol{A}^{\mathrm{T}}\boldsymbol{A} = \boldsymbol{E}_n$, 因此 $f(\varepsilon_1)$, $f(\varepsilon_2), \cdots, f(\varepsilon_n)$ 是 V 的标准正交基. □

注 该定理的一个先决条件是: f首先是一个线性变换, 才能有定理中的等价条件. 例如, 设在$\mathbb{R}^2$中向量平移$\mathcal{A}$满足: $\mathcal{A}(x, y) = (x+1, y+1)$, 则对$\boldsymbol{\alpha} = (x_1, y_1)$, $\boldsymbol{\beta} = (x_2, y_2)$, 有

$$\mathcal{A}\boldsymbol{\alpha} = (x_1 + 1, y_1 + 1), \mathcal{A}\boldsymbol{\beta} = (x_2 + 1, y_2 + 1).$$

于是

$$\begin{aligned}d(\mathcal{A}(\boldsymbol{\alpha}), \mathcal{A}(\boldsymbol{\beta})) &= |\mathcal{A}(\boldsymbol{\alpha}) - \mathcal{A}(\boldsymbol{\beta})| = |x_1 - x_2, y_1 - y_2| = \sqrt{(x_1 - x_2)^2 + (y_1 - y_2)^2} \\ &= d(\boldsymbol{\alpha}, \boldsymbol{\beta}).\end{aligned}$$

因此, $\mathcal{A}$保持距离不变. 但因为

$$\mathcal{A}(0,\ 0) \neq (0,\ 0),$$

这说明$\mathcal{A}$不是线性变换, 当然更不是正交变换.

由正交矩阵的定义易见, 正交矩阵的逆矩阵是正交矩阵, 两个正交矩阵的乘积仍是正交矩阵. 于是, 相对应地, 正交变换的逆变换是正交变换, 两个正交变换的合成是正交变换.

§ 4.4 镜面反射

这一节我们专门介绍一类特殊的正交变换——镜面反射. 这是一类有着明确的几何意义, 在群论和李代数理论中有重要作用, 在物理、化学等领域有着广泛应用的线性变换.

设$\boldsymbol{\eta}$是以(　,　)为内积的欧氏空间V中的一个单位向量, 对于V中任一向量$\boldsymbol{\alpha}$, 定义映射$\mathcal{A}: V \to V$满足:

$$\mathcal{A}\boldsymbol{\alpha} = \boldsymbol{\alpha} - 2(\boldsymbol{\eta}, \boldsymbol{\alpha})\boldsymbol{\eta}.$$

对V中任意元素$\boldsymbol{\alpha}, \boldsymbol{\beta}$和实数$k_1, k_2$, 有

$$\mathcal{A}(k_1\boldsymbol{\alpha} + k_2\boldsymbol{\beta}) = k_1\boldsymbol{\alpha} + k_2\boldsymbol{\beta} - 2(\boldsymbol{\eta}, k_1\boldsymbol{\alpha} + k_2\boldsymbol{\beta})\boldsymbol{\eta} = k_1\mathcal{A}\boldsymbol{\alpha} + k_2\mathcal{A}\boldsymbol{\beta}$$

即$\mathcal{A}$是一个线性变换. 又有

$$\begin{aligned}(\mathcal{A}\boldsymbol{\alpha}, \mathcal{A}\boldsymbol{\beta}) &= (\boldsymbol{\alpha} - 2(\boldsymbol{\eta}, \boldsymbol{\alpha})\boldsymbol{\eta}, \boldsymbol{\beta} - 2(\boldsymbol{\eta}, \boldsymbol{\beta})\boldsymbol{\eta}) \\ &= (\boldsymbol{\alpha}, \boldsymbol{\beta}) - 4(\boldsymbol{\eta}, \boldsymbol{\alpha})(\boldsymbol{\eta}, \boldsymbol{\beta}) + 4(\boldsymbol{\eta}, \boldsymbol{\alpha})(\boldsymbol{\eta}, \boldsymbol{\beta})(\boldsymbol{\eta}, \boldsymbol{\eta})\end{aligned}$$

但$(\boldsymbol{\eta}, \boldsymbol{\eta}) = 1$, 故$(\mathcal{A}\boldsymbol{\alpha}, \mathcal{A}\boldsymbol{\beta}) = (\boldsymbol{\alpha}, \boldsymbol{\beta})$, 从而由定义, $\mathcal{A}$是一个正交变换. 我们把这样的正交变换称为**镜面反射**.

由于$\boldsymbol{\eta}$是单位向量, 可将它扩充成V的一组标准正交基$\boldsymbol{\eta}, \varepsilon_2, \cdots, \varepsilon_n$, 则有

$$\mathcal{A}\boldsymbol{\eta} = \boldsymbol{\eta} - 2(\boldsymbol{\eta}, \boldsymbol{\eta})\boldsymbol{\eta} = -\boldsymbol{\eta}, \quad \mathcal{A}\varepsilon_i = \varepsilon_i - 2(\boldsymbol{\eta}, \varepsilon_i)\boldsymbol{\eta} = \varepsilon_i,$$

于是, 我们有

$$\mathcal{A}(\boldsymbol{\eta}, \varepsilon_2, \cdots, \varepsilon_n) = (\boldsymbol{\eta}, \varepsilon_2, \cdots, \varepsilon_n)\boldsymbol{A},$$

其中$\boldsymbol{A} = \begin{pmatrix} -1 & & & \\ & 1 & & \\ & & \ddots & \\ & & & 1 \end{pmatrix}$. 因为$|\boldsymbol{A}| = -1$, 所以$\mathcal{A}$总是第二类正交变换.

当$V = \mathbb{R}^3$, 设$\boldsymbol{\eta}, \varepsilon_2, \varepsilon_3$分别是$\mathbb{R}^3$中的$x$轴, y轴, z轴上的单位向量, 那么正交变换$\mathcal{A}$事实上就是$\mathbb{R}^3$中把向量以yOz为对称面做对称变化的一种行为.

由上面讨论可见, 由于对应矩阵是$\boldsymbol{A}$, 镜面反射$\mathcal{A}$的特征值是-1（1重）和1（$n-1$重）, 它们的对应特征子空间分别是1维和$n-1$维的. 实际上, 这个事实的逆命题也是成立的, 即我们有:

定理 9 如果n维欧氏空间V中, 正交变换$\mathcal{A}$以1为一个特征值, 且其对应特征子空间V_1的维数为$n-1$, 那么$\mathcal{A}$是V的一个镜面反射.

证明 设$\varepsilon_2, \cdots, \varepsilon_n$是$V_1$的一组标准正交基, 则可扩充为$V$的一组标准正交基$\varepsilon_1, \varepsilon_2, \cdots, \varepsilon_n$. 由已知条件, $\mathcal{A}\varepsilon_2 = \varepsilon_2, \cdots, \mathcal{A}\varepsilon_n = \varepsilon_n$. 令$\mathcal{A}\varepsilon_1 = k_1\varepsilon_1 + k_2\varepsilon_2 + \cdots + k_n\varepsilon_n$, 那么

$$\mathcal{A}(\varepsilon_1, \varepsilon_2, \cdots, \varepsilon_n) = (\varepsilon_1, \varepsilon_2, \cdots, \varepsilon_n)\boldsymbol{A},$$

其中矩阵$\boldsymbol{A} = \begin{pmatrix} k_1 & & & \\ k_2 & 1 & & \\ \vdots & & \ddots & \\ k_n & & & 1 \end{pmatrix}$. 但$\mathcal{A}$是正交变换, $\varepsilon_1, \varepsilon_2, \cdots, \varepsilon_n$是标准正交基,

所以$\boldsymbol{A}$是正交矩阵，于是$k_1=-1, k_2=\cdots=k_n=0$.

这时$\mathcal{A}\boldsymbol{\varepsilon}_1=-\boldsymbol{\varepsilon}_1$，即$\boldsymbol{\varepsilon}_1\in V_{-1}$，$\dim_k V_{-1}\geq 1$. 因为不同特征值对应的特征向量是线性无关的，故$V_{-1}\oplus V_1=V$，$V_{-1}=L(\boldsymbol{\varepsilon}_1)$.

对任一$\boldsymbol{\alpha}\in V$，令$\boldsymbol{\alpha}=x_1\boldsymbol{\varepsilon}_1+x_2\boldsymbol{\varepsilon}_2+\cdots+x_n\boldsymbol{\varepsilon}_n$，则

$$\begin{aligned}\mathcal{A}\boldsymbol{\alpha}&=x_1\mathcal{A}\boldsymbol{\varepsilon}_1+x_2\mathcal{A}\boldsymbol{\varepsilon}_2+\cdots+x_n\mathcal{A}\boldsymbol{\varepsilon}_n\\&=-x_1\boldsymbol{\varepsilon}_1+x_2\boldsymbol{\varepsilon}_2+\cdots+x_n\boldsymbol{\varepsilon}_n\\&=-2x_1\boldsymbol{\varepsilon}_1+x_1\boldsymbol{\varepsilon}_1+x_2\boldsymbol{\varepsilon}_2+\cdots+x_n\boldsymbol{\varepsilon}_n\\&=-2x_1\boldsymbol{\varepsilon}_1+\boldsymbol{\alpha}\\&=\boldsymbol{\alpha}-2(\boldsymbol{\varepsilon}_1,\boldsymbol{\alpha})\boldsymbol{\varepsilon}_1,\end{aligned}$$

这说明$\mathcal{A}$是镜面反射. □

下面我们要介绍的结论，能充分地说明镜面反射的普遍性和重要性:

定理 10 设V是一个n维欧氏空间. 那么，

(1) 对V中任两个不同的单位向量$\boldsymbol{\alpha},\boldsymbol{\beta}$，存在一个镜面反射$\mathcal{A}$，使$\mathcal{A}\boldsymbol{\alpha}=\boldsymbol{\beta}$;

(2) V中任一正交变换都可以表成一系列镜面反射的乘积.

证明 (1) 对V中某一单位向量$\boldsymbol{\eta}$，可以定义一个镜面反射$\mathcal{A}$满足:

$$\mathcal{A}\boldsymbol{\gamma}=\boldsymbol{\gamma}-2(\boldsymbol{\eta},\boldsymbol{\gamma})\boldsymbol{\eta},\quad\forall\boldsymbol{\gamma}\in V.$$

下面我们假定有$\mathcal{A}(\boldsymbol{\alpha})=\boldsymbol{\beta}$，看是否能找出满足这一要求的$\boldsymbol{\eta}$.

由于$\mathcal{A}\boldsymbol{\alpha}=\boldsymbol{\alpha}-2(\boldsymbol{\eta},\boldsymbol{\alpha})\boldsymbol{\eta}$，因此$\boldsymbol{\alpha}-2(\boldsymbol{\eta},\boldsymbol{\alpha})\boldsymbol{\eta}=\boldsymbol{\beta}$，得$\boldsymbol{\alpha}-\boldsymbol{\beta}=2(\boldsymbol{\eta},\boldsymbol{\alpha})\boldsymbol{\eta}$.

因为$\boldsymbol{\alpha}\neq\boldsymbol{\beta}$，所以$(\boldsymbol{\eta},\boldsymbol{\alpha})\neq 0$，从而

$$\boldsymbol{\eta}=\frac{\boldsymbol{\alpha}-\boldsymbol{\beta}}{2(\boldsymbol{\eta},\boldsymbol{\alpha})}.\tag{4.4.1}$$

于是，

$$\begin{aligned}(\boldsymbol{\eta},\boldsymbol{\alpha})&=(\frac{\boldsymbol{\alpha}-\boldsymbol{\beta}}{2(\boldsymbol{\eta},\boldsymbol{\alpha})},\boldsymbol{\alpha})=\frac{1}{2(\boldsymbol{\eta},\boldsymbol{\alpha})}((\boldsymbol{\alpha},\boldsymbol{\alpha})-(\boldsymbol{\alpha},\boldsymbol{\beta}))\\&=\frac{1}{2(\boldsymbol{\eta},\boldsymbol{\alpha})}(1-(\boldsymbol{\alpha},\boldsymbol{\beta})),\end{aligned}$$

得$(\boldsymbol{\eta},\boldsymbol{\alpha})=\pm\sqrt{\frac{1}{2}(1-(\boldsymbol{\alpha},\boldsymbol{\beta}))}$. 代入(4.4.1)，得

$$\boldsymbol{\eta}=\pm\frac{\boldsymbol{\alpha}-\boldsymbol{\beta}}{\sqrt{2[1-(\boldsymbol{\alpha},\boldsymbol{\beta})]}}.$$

不难验证，无论上式中$\boldsymbol{\eta}$取“$+$”号还是“$-$”号，都有$(\boldsymbol{\eta},\boldsymbol{\eta})=1$，而且由这个$\boldsymbol{\eta}$确定的镜面反射$\mathcal{A}$满足$\mathcal{A}\boldsymbol{\alpha}=\boldsymbol{\beta}$.

(2) 设$\mathcal{A}$是V的正交变换，$\boldsymbol{\varepsilon}_1,\boldsymbol{\varepsilon}_2,\cdots,\boldsymbol{\varepsilon}_n$是$V$的一组标准正交基，令

$$\boldsymbol{\eta}_i=\mathcal{A}\boldsymbol{\varepsilon}_i\ \ (i=1,2,\cdots,n).$$

因为$\mathcal{A}$是正交变换，所以$\boldsymbol{\eta}_1,\boldsymbol{\eta}_2,\cdots,\boldsymbol{\eta}_n$也是$V$的标准正交基.

这时，若$\boldsymbol{\varepsilon}_i=\boldsymbol{\eta}_i\quad(i=1,2,\cdots,n)$，则只要取$\mathcal{A}_1$满足

$$\mathcal{A}_1\boldsymbol{\gamma}=\boldsymbol{\gamma}-2(\boldsymbol{\varepsilon}_1,\boldsymbol{\gamma})\boldsymbol{\varepsilon}_1\quad(\forall\boldsymbol{\gamma}\in V),$$

那么$\mathcal{A}_1$是V的镜面反射且

$$\mathcal{A}_1\boldsymbol{\varepsilon}_1=-\boldsymbol{\varepsilon}_1,\mathcal{A}_1\boldsymbol{\varepsilon}_i=\boldsymbol{\varepsilon}_i\quad(i=2,\cdots,n).$$

于是, 可见

$$\mathcal{A} = \mathcal{A}_1\mathcal{A}_1.$$

因此, 下面假设$\boldsymbol{\varepsilon}_1, \boldsymbol{\varepsilon}_2, \cdots, \boldsymbol{\varepsilon}_n$与$\boldsymbol{\eta}_1, \boldsymbol{\eta}_2, \cdots, \boldsymbol{\eta}_n$不尽相同. 对$V$的维数$n$用归纳法.

当$n = 1$时, $\boldsymbol{\varepsilon}_1 \neq \boldsymbol{\eta}_1$. 那么, 由(1), 存在镜面反射$\mathcal{A}_1$使得$\mathcal{A}_1(\boldsymbol{\varepsilon}_1) = \boldsymbol{\eta}_1$. 但因为$V$是一维的, 有$\mathcal{A}_1 = \mathcal{A}$, $\mathcal{A}$本身就是镜面反射.

假设对维数小于n的欧氏空间, 结论成立, 现在对V是n维的情况讨论.

不妨假设$\boldsymbol{\varepsilon}_1 \neq \boldsymbol{\eta}_1$. 那么, 由(1), 存在镜面反射$\mathcal{A}_1$使得$\mathcal{A}_1(\boldsymbol{\varepsilon}_1) = \boldsymbol{\eta}_1$.

令$\mathcal{A}_1\boldsymbol{\varepsilon}_i = \boldsymbol{\xi}_i \ (i = 2, \cdots, n)$, 则

$$\boldsymbol{\varepsilon}_1, \boldsymbol{\varepsilon}_2, \cdots, \boldsymbol{\varepsilon}_n \xrightarrow{\mathcal{A}_1} \boldsymbol{\eta}_1, \boldsymbol{\xi}_2, \cdots, \boldsymbol{\xi}_n$$

且 $\boldsymbol{\eta}_1, \boldsymbol{\xi}_2, \cdots, \boldsymbol{\xi}_n$也是$V$的一组标准正交基.

取$\mathcal{B}_1 : V \to V$ 使得

$$\mathcal{B}_1(\boldsymbol{\eta}_1) = \boldsymbol{\eta}_1,\ \mathcal{B}_1(\boldsymbol{\xi}_i) = \boldsymbol{\eta}_i,\ i = 2, \cdots, n.$$

那么, $\mathcal{B}_1$可以线性扩张为V的一个正交变换, 因为$\boldsymbol{\eta}_1, \boldsymbol{\xi}_2, \cdots, \boldsymbol{\xi}_n$和$\boldsymbol{\eta}_1, \boldsymbol{\eta}_2, \cdots, \boldsymbol{\eta}_n$ 都是V的标准正交基. 易见,

$$\mathcal{A} = \mathcal{B}_1\mathcal{A}_1.$$

这时, $V = L(\boldsymbol{\eta}_1) \oplus V_1$, 其中

$$V_1 = L(\boldsymbol{\xi}_2, \cdots, \boldsymbol{\xi}_n) = L(\boldsymbol{\eta}_2, \cdots, \boldsymbol{\eta}_n),\ \dim V_1 = n - 1.$$

因此, 易验证, 映射

$$\begin{array}{rccc} \mathcal{B}_1|_{V_1}: & V_1 & \longrightarrow & V_1 \\ & \alpha & \mapsto & \mathcal{B}_1(\alpha) \end{array}$$

成为V_1上的正交变换.

若$\boldsymbol{\xi}_i = \boldsymbol{\eta}_i \quad (i = 2, \cdots, n)$, 则由前面证明可知$\mathcal{B}_1|_{V_1}$可写成$V_1$上两个同样的镜面反射的乘积. 若$\boldsymbol{\xi}_2, \cdots, \boldsymbol{\xi}_n$与$\boldsymbol{\eta}_2, \cdots, \boldsymbol{\eta}_n$不尽相同, 由归纳假设, $\mathcal{B}_1|_{V_1}$可以分解为V_1上一些镜面反射的乘积. 故不妨设

$$\mathcal{B}_1|_{V_1} = \mathcal{C}_s \cdots \mathcal{C}_2,$$

其中$\mathcal{C}_j \ (j = 2, \cdots, s)$均为$V_1$上的镜面反射.

对$j = 2, \cdots, s$, 定义映射

$$\mathcal{A}_j : V \to V$$

使得对于任意$\boldsymbol{\alpha} = k\boldsymbol{\eta}_1 + \boldsymbol{\beta} \in L(\boldsymbol{\eta}_1) + V_1 = V$, 有$\mathcal{A}_j(\boldsymbol{\alpha}) = k\boldsymbol{\eta}_1 + \mathcal{C}_j(\boldsymbol{\beta})$. 因为$\mathcal{C}_j \ (j = 2, \cdots, s)$均为$V_1$上的镜面反射且$\mathcal{B}_1|_{V_1} = \mathcal{C}_s \cdots \mathcal{C}_2$, 所以$\mathcal{A}_j \ (j = 2, \cdots, s)$均为$V$上的镜面反射且

$$\mathcal{B}_1 = \mathcal{A}_s \cdots \mathcal{A}_2.$$

从而,

$$\mathcal{A} = \mathcal{A}_s \cdots \mathcal{A}_2\mathcal{A}_1.$$

由$\boldsymbol{\eta}_1$与$\boldsymbol{\eta}_2, \cdots, \boldsymbol{\eta}_n$之间的正交性和镜面反射的定义, 不难理解, 对$j = 2, \cdots, s$, 由$\mathcal{C}_j$为镜面反射导出$\mathcal{A}_j$也均为镜面反射. □

§4.5 习 题

1. 在线性空间中 $\mathbb{P}[x]_n$，定义线性变换 τ为:

$$\text{对任意} f\in\mathbb{P}[x]_n,\ \tau(f(x))=xf'(x)-f(x),$$

这里 $f'(x)$表示 $f(x)$的导数.

(1) 求 $\operatorname{Ker}\tau$ 及 $\operatorname{Im}\tau$;

(2) 证明: $\mathbb{P}[x]_n=\operatorname{Ker}\tau\oplus\operatorname{Im}\tau$.

2. 设$\mathbb{R}^{2\times2}$是实数域$\mathbb{R}$上全体2阶方阵所构成的空间, 令$\boldsymbol{M}=\begin{pmatrix}1&2\\0&3\end{pmatrix}$，在$\mathbb{R}^{2\times2}$中定义线性变换$\tau$为$\tau(\boldsymbol{A})=\boldsymbol{AM}-\boldsymbol{MA}$，试求$\tau$的核和像集.

3. 设V是一个线性空间, σ,τ 是V到V的线性映射, 满足$\sigma^2=\sigma,\tau^2=\tau$. 证明:

(1) σ 与τ 有相同像集$\Leftrightarrow\sigma\tau=\tau,\tau\sigma=\sigma$;

(2) σ 与τ 有相同核$\Leftrightarrow\sigma\tau=\sigma,\tau\sigma=\tau$.

4. 将复数集合$\mathbb{C}$看成实数域上的线性空间$\mathbb{C}_{\mathbb{R}}$. 求$\mathbb{C}_{\mathbb{R}}$ 与实数域上2维数组空间$\mathbb{R}^2=\{(x,y):\ x,y\in\mathbb{R}\}$之间的同构映射$\sigma$, 将$1+i,1-i$分别映到$(1,0),(0,1)$.

5. 设$\mathbb{R}^+$为全体正实数对运算$a\oplus b=ab,\ k\circ a=a^k$所作成的空间. 证明: 实数域$\mathbb{R}$作为它自身上的线性空间与$\mathbb{R}^+$同构, 并找出同构映射.

6. 设$\mathbb{P}$为数域. 对任意的两个复数$\boldsymbol{\alpha},\boldsymbol{\beta}$, 定义

$$V_{\boldsymbol{\alpha}}=\{f(x)\in\mathbb{P}[x]:\ f(\boldsymbol{\alpha})=0\},\ V_{\boldsymbol{\beta}}=\{g(x)\in\mathbb{P}[x]:\ g(\boldsymbol{\beta})=0\}.$$

证明: 对于多项式的加法及数与多项式的乘法, $V_{\boldsymbol{\alpha}},V_{\boldsymbol{\beta}}$分别成为$\mathbb{P}$上的线性空间, 且$V_{\boldsymbol{\alpha}}$与$V_{\boldsymbol{\beta}}$同构.

7. 设V是实数域$\mathbb{R}$上n阶对称矩阵所成的线性空间; W是数域$\mathbb{R}$上n阶上三角矩阵所成的线性空间, 给出V到W的一个同构映射.

8. 设f是从有限维线性空间V到W的一个线性映射, 则f是同构映射的充要条件是: 以下三个条件中的任意两个条件同时成立:

(1) $\dim V=\dim W=n$;

(2) $\operatorname{Ker} f=\{\boldsymbol{\theta}\}$;

(3) $\operatorname{Im} f=W$.

9. 设V是复数域上以$\{\boldsymbol{e}_1,\ \boldsymbol{e}_2,\ \boldsymbol{e}_3,\ \boldsymbol{e}_4\}$为基底的线性空间 τ 为V上线性变换

$$\begin{cases}\tau(\boldsymbol{e}_i)=\boldsymbol{e}_1,(i=1,2,3),\\ \tau(\boldsymbol{e}_4)=\boldsymbol{e}_2.\end{cases}$$

试求$\operatorname{Im}\tau,\ \operatorname{Ker}\tau,\ \operatorname{Im}\tau+\operatorname{Ker}\tau,\ \operatorname{Im}\tau\cap\operatorname{Ker}\tau$.

10. 设V 为n维线性空间, $\boldsymbol{\beta}_1,\boldsymbol{\beta}_2,\cdots,\boldsymbol{\beta}_s$ 是V 中向量, W 是以$\boldsymbol{\alpha}_1,\boldsymbol{\alpha}_2,\cdots,\boldsymbol{\alpha}_m$ 为基的子空间. 证明: $\boldsymbol{\beta}_1+W,\boldsymbol{\beta}_2+W,\cdots,\boldsymbol{\beta}_s+W$ 在V/W中线性无关的充要条件是$\boldsymbol{\alpha}_1,\cdots,\boldsymbol{\alpha}_m,\boldsymbol{\beta}_1,\cdots,\boldsymbol{\beta}_s$在$V$中线性无关.

11. 设$\mathbb{P}$是一个数域, $V=\mathbb{P}^5$, $\boldsymbol{\alpha}_1=(1,2,-1,1,2),\boldsymbol{\alpha}_2=(-1,0,1,-1,-1),\boldsymbol{\alpha}_3=(3,-1,2,-1,-1),\boldsymbol{\alpha}_4=(0,-1,2,1,1),\boldsymbol{\alpha}_5=(6,3,-2,-5,-3)$. 令
$$W_1=L(\boldsymbol{\alpha}_1,\boldsymbol{\alpha}_2),W_2=L(\boldsymbol{\alpha}_1,\boldsymbol{\alpha}_2,\boldsymbol{\alpha}_3),W_3=L(\boldsymbol{\alpha}_4,\boldsymbol{\alpha}_5).$$
判断:

(1) 在商空间V/W_1中, $\boldsymbol{\alpha}_3+W_1,\boldsymbol{\alpha}_4+W_1,\boldsymbol{\alpha}_5+W_1$是否相关?

(2) 在商空间V/W_2中, $\boldsymbol{\alpha}_4+W_2,\boldsymbol{\alpha}_5+W_2$是否相关?

(3) 在商空间V/W_3中, $\boldsymbol{\alpha}_1+W_3,\boldsymbol{\alpha}_2+W_3,\boldsymbol{\alpha}_3+W_3$是否相关?

12. 在线性空间V中取定一个基$\varepsilon_1,\varepsilon_2,\cdots,\varepsilon_n$. W为任意子空间. 证明必有$j_1,j_2,\cdots,j_m$, 使$\varepsilon_{j_1}+W,\varepsilon_{j_2}+W,\cdots,\varepsilon_{j_m}+W$为商空间$V/W$的基, 这里$n=m+\dim W$. 举例说明在一般情况下$j_1,j_2,\cdots,j_m$不是被$W$唯一确定的. 给出他们被$W$唯一确定的充要条件.

13. 条件同上, 给出子空间$L(\varepsilon_{j_1},\varepsilon_{j_2},\cdots,\varepsilon_{j_m})$到商空间$V/W$的一个同构映射.

14. 用商空间理论证明, 对有限维线性空间V及其子空间W_1和W_2, 如果$\dim W_1+\dim W_2=\dim V$, 那么存在V上的线性变换$\mathcal{A}$使得$\operatorname{Im}\mathcal{A}=W_2$, $\operatorname{Ker}\mathcal{A}=W_1$.

15. 欧氏空间中保持向量长度不变的映射是否一定是正交映射？如果是，试证明之；如果不是，试给出一个反例.

16. 设U,V,W是欧氏空间, f是U到V的正交映射, g是V到W的正交映射, 证明gf是U到W的正交映射.

17. 设f是有限维欧氏空间V到W的一个正交映射. 当f将V的标准正交基映射到W的标准正交基时, 问f的对应矩阵是怎样的?

18. 设$\boldsymbol{\alpha}_1,\boldsymbol{\alpha}_2,\cdots,\boldsymbol{\alpha}_m$与$\boldsymbol{\beta}_1,\boldsymbol{\beta}_2,\cdots,\boldsymbol{\beta}_m$为$n$维欧氏空间中的两个向量组. 证明存在一正交变换$\mathcal{A}$, 使得$\mathcal{A}\boldsymbol{\alpha}_i=\boldsymbol{\beta}_i,i=1,2,\cdots,m$的充分必要条件为$(\boldsymbol{\alpha}_i,\boldsymbol{\alpha}_j)=(\boldsymbol{\beta}_i,\boldsymbol{\beta}_j),i,j=1,2,\cdots,m$.

19. 设f为n维欧氏空间V的一个正交变换, $\boldsymbol{\alpha}_1,\boldsymbol{\alpha}_2,\cdots,\boldsymbol{\alpha}_n$为$V$的任意一组基, 此基的格拉姆矩阵(见上册第五章习题10)为$\boldsymbol{G}$, f在此基下的矩阵为$\boldsymbol{A}$. 证明: $\boldsymbol{A}^{\mathrm{T}}\boldsymbol{G}\boldsymbol{A}=\boldsymbol{G}$.

20. 证明: 正交变换的特征值的模等于1.

21. 证明: 任何二阶正交阵$\boldsymbol{A}$都可表为以下形状:
$$\begin{pmatrix}\cos\theta & -\sin\theta\\ \sin\theta & \cos\theta\end{pmatrix} \text{或} \begin{pmatrix}\cos\theta & \sin\theta\\ \sin\theta & -\cos\theta\end{pmatrix},$$
并且如果$|\boldsymbol{A}|=-1$, 则$\boldsymbol{A}$相似于$\begin{pmatrix}1 & 0\\ 0 & -1\end{pmatrix}$.

22. 证明: 镜面反射的逆变换还是镜面反射.

23. 假设$\mathbb{R}^2$上的正交变换$\mathcal{A}$在其自然基下的矩阵为$\begin{pmatrix}\cos\theta & -\sin\theta\\ \sin\theta & \cos\theta\end{pmatrix}$. 试将$\mathcal{A}$表示成镜面反射的乘积.

24. 试将n维欧氏空间V上的恒等变换表示成镜面反射的乘积.

25. 若线性变换$\mathcal{A}$是幂等且对称的, 则称$\mathcal{A}$为**正交投影变换**. 证明: 任何一个镜面反射都可以表示成为两个正交投影变换的差.

补 充 题

1. 设线性空间V是子空间$W_1, W_2, \cdots, W_s$的直和, 即$V = W_1 \oplus W_2 \oplus \cdots, \oplus W_s$. 对任何$\boldsymbol{\alpha} \in V$, 令$\boldsymbol{\alpha} = \boldsymbol{\alpha}_1 + \boldsymbol{\alpha}_2 + \cdots + \boldsymbol{\alpha}_s$, 其中$\boldsymbol{\alpha}_i \in W_i\ (i = 1, 2, \cdots, s)$. 定义$V$到$W_k$的投影变换$f$为满足$f(\boldsymbol{\alpha}) = \boldsymbol{\alpha}_k$. 证明:

   (1) f是线性变换;

   (2) $f^2 = f$（这时称f为**幂等线性变换**）.

2. 设V是n维线性空间. 证明: V中的任意线性变换必可表为一个可逆线性变换与一个幂等线性变换的乘积.

3. 设V为线性空间, W_1, W_2为子空间. 则有一个由$W_2/W_1 \cap W_2$ 到V/W_1 的映射ϕ, 它是线性的而且为单射. 于是我们说$W_2/W_1 \cap W_2$可嵌入到V/W_1 中. 证明ϕ 为双射当且仅当$V = W_1 + W_2$.

4. V, W_1, W_2 同上, 证明$(W_1 + W_2)/W_2$与$W_1/(W_1 \cap W_2)$ 同构.

5. 设$\mathcal{A}$为V到自身的线性变换, $\boldsymbol{\varepsilon}_1, \boldsymbol{\varepsilon}_2, \cdots, \boldsymbol{\varepsilon}_n$ 为V 的基. $W = L(\boldsymbol{\varepsilon}_1, \boldsymbol{\varepsilon}_2, \cdots, \boldsymbol{\varepsilon}_m)$为$V$ 的不变子空间. 在$\boldsymbol{\varepsilon}_1, \boldsymbol{\varepsilon}_2, \cdots, \boldsymbol{\varepsilon}_m, \cdots, \boldsymbol{\varepsilon}_n$ 下$\mathcal{A}$ 的矩阵为

$$\boldsymbol{A} = \begin{pmatrix} \boldsymbol{A}_1 & \boldsymbol{B} \\ \boldsymbol{O} & \boldsymbol{A}_2 \end{pmatrix}$$

   其中$\boldsymbol{A}_1$为$m \times m$ 的矩阵.

   (1) 定义V/W到自身映射: $\overline{\mathcal{A}} : \boldsymbol{\xi} + W \mapsto \mathcal{A}\boldsymbol{\xi} + W$, 证明$\overline{\mathcal{A}}$ 为V/W 的线性变换.

   (2) 证明$\boldsymbol{\varepsilon}_{m+1} + W, \boldsymbol{\varepsilon}_{m+2} + W, \cdots, \boldsymbol{\varepsilon}_n + W$ 为V/W 的基, 并且在此基下$\overline{\mathcal{A}}$ 的矩阵恰为$\boldsymbol{A}_2$.

6. 设$\boldsymbol{\alpha}_1, \boldsymbol{\alpha}_2, \cdots, \boldsymbol{\alpha}_m$与$\boldsymbol{\beta}_1, \boldsymbol{\beta}_2, \cdots, \boldsymbol{\beta}_m$为欧氏空间$V$的两组向量. 证明: 如果对$i, j = 1, 2, \cdots, m$, 有$(\boldsymbol{\alpha}_i, \boldsymbol{\alpha}_j) = (\boldsymbol{\beta}_i, \boldsymbol{\beta}_j)$, 则子空间$V_1 = L(\boldsymbol{\alpha}_1, \boldsymbol{\alpha}_2, \cdots, \boldsymbol{\alpha}_m)$与$V_2 = L(\boldsymbol{\beta}_1, \boldsymbol{\beta}_2, \cdots, \boldsymbol{\beta}_m)$ 作为欧氏空间是同构的.

7. 设f, g为欧氏空间V的两个线性变换, 且对于V中任意向量$\boldsymbol{\alpha}$, 均有$(f(\boldsymbol{\alpha}), f(\boldsymbol{\alpha})) = (g(\boldsymbol{\alpha}), g(\boldsymbol{\alpha}))$. 证明: 像空间$V_1 = f(V)$与$V_2 = g(V)$作为欧氏空间是同构的.

8. 设V是一个n维欧氏空间, $n \geq 2$. 证明: V上的任一个正交变换均可表示成个数不超过n的镜面反射之积.

第 5 章　Jordan标准形理论

从本课程至今的研究知道, 矩阵常常是解决线性代数实际问题的关键. 因此, 即使一个方阵不可相似对角化, 找到一种方法使其相似简化为尽可能简单的一类矩阵, 也是非常重要的. 这就是Jordan标准形理论的目的. 对于有限维线性空间, 由于线性变换与方阵之间的对应关系, 因此方阵的简化也就意味着线性变换性质的刻画会被简化; 另一方面, 我们也可以通过对线性变换特点的研究, 找出矩阵简化的途径. 因而, 我们将从不变子空间入手.

§5.1　不变子空间

定义 1　设$\mathcal{A}$是数域$\mathbb{P}$上线性空间V的线性变换, W是V的子空间. 如果对任何$\boldsymbol{\xi} \in W$, 有$\mathcal{A}\boldsymbol{\xi} \in W$. 即$\mathcal{A}W \subseteq W$, 就称$W$是$\mathcal{A}$的**不变子空间**, 简称**$\mathcal{A}$-子空间**; 或说$W$具有**$\mathcal{A}$-不变性**.

从定义可见, 不变性是子空间关于某个线性变换的相对性质.

首先讨论一些特殊子空间的不变性.

例 1　任何线性空间V及其零子空间$\{\boldsymbol{\theta}\}$均是V上任一线性变换$\mathcal{A}$的不变子空间.

例 2　对任一线性空间V及其上的线性变换$\mathcal{A}$, $\mathrm{Ker}\mathcal{A}$和$\mathrm{Im}\mathcal{A}$必为$\mathcal{A}$-子空间.

这是因为:

$$\mathcal{A}(\mathrm{Ker}\mathcal{A}) = \{\boldsymbol{\theta}\} \subseteq \mathrm{Ker}\mathcal{A},$$
$$\mathcal{A}(\mathrm{Im}\mathcal{A}) \subseteq \mathcal{A}(V) = \mathrm{Im}\mathcal{A}.$$

例 3　当线性空间V的两个线性变换$\mathcal{A}$与$\mathcal{B}$可交换, 即$\mathcal{AB} = \mathcal{BA}$, 则$\mathrm{Ker}\mathcal{B}$和$\mathrm{Im}\mathcal{B}$必为$\mathcal{A}$-子空间.

事实上,

$$\mathcal{B}(\mathcal{A}(\mathrm{Ker}\mathcal{B})) = (\mathcal{BA})(\mathrm{Ker}\mathcal{B}) = (\mathcal{AB})(\mathrm{Ker}\mathcal{B}) = \mathcal{A}(\mathcal{B}(\mathrm{Ker}\mathcal{B})) = \mathcal{A}(\{\boldsymbol{\theta}\}) = \{\boldsymbol{\theta}\}.$$

从而, $\mathcal{A}(\mathrm{Ker}\mathcal{B}) \subseteq \mathrm{Ker}\mathcal{B}$, 即$\mathrm{Ker}\mathcal{B}$是$\mathcal{A}$-子空间.

又有, $\mathcal{A}(\mathrm{Im}\mathcal{B}) = \mathcal{A}(\mathcal{B}(V)) = (\mathcal{BA})(V) = \mathcal{B}(\mathcal{A}(V)) = \mathcal{B}(\mathrm{Im}\mathcal{A}) \subseteq \mathcal{B}(V) = \mathrm{Im}\mathcal{B}$, 即$\mathrm{Im}\mathcal{B}$是$\mathcal{A}$-子空间.

注意: 1. 例3中令$\mathcal{A} = \mathcal{B}$, 就得到例2.

2. 设V是数域$\mathbb{P}$上的线性空间, $f(x) \in \mathbb{P}[x]$. 那么对于多项式线性变换$f(\mathcal{A})$, 显然有$\mathcal{A}f(\mathcal{A}) = f(\mathcal{A})\mathcal{A}$. 故由例3, $\mathrm{Ker}f(\mathcal{A})$和$\mathrm{Im}f(\mathcal{A})$均是$\mathcal{A}$-子空间.

例 4　任何一个子空间都是数乘变换的不变子空间, 因为子空间在数量乘法下是封闭的.

作为问题的另一个方面, 可以证明, 任一真子空间必为某线性变换下的非不变子空间.

事实上, 设V_1是有限维线性空间V的一个真子空间, 则存在V的另一个真子空间V_2, 使得$V = V_1 \oplus V_2$. 从$L(V_1, V_2)$和$L(V_2, V_1)$中分别任取一个非零线性映射，并分别记为f和g. 由第三章线性映射与矩阵的对应知道, 这样的f, g必存在.

定义

$$\begin{aligned} \varphi : V = V_1 \oplus V_2 &\longrightarrow V, \\ \boldsymbol{v} = \boldsymbol{v}_1 + \boldsymbol{v}_2 &\longmapsto f(\boldsymbol{v}_1) + g(\boldsymbol{v}_2) \end{aligned}$$

其中, $\boldsymbol{v}_1 \in V_1$, $\boldsymbol{v}_2 \in V_2$. 那么, 易验证, φ是V的线性变换, 通常可表为$\varphi = f \oplus g$, 即$(f \oplus g)(\boldsymbol{v}_1 + \boldsymbol{v}_2) = f(\boldsymbol{v}_1) + g(\boldsymbol{v}_2)$. 这时, $(f \oplus g)(V_1) = f(V_1) + g(\boldsymbol{\theta}) \subseteq V_2$, 故

$$(f \oplus g)(V_1) \subsetneqq V_1,$$

从而V_1不是φ-不变的. 当然, 同样V_2也不是φ-不变的.

针对不变子空间决定于所取线性变换这一原因, 我们可引入所谓线性变换的限制变换. 设$\mathcal{A}$是线性空间V的线性变换, W是$\mathcal{A}$-不变子空间. 定义W上的一个线性变换(表其为$\mathcal{A}|_W$)如下:

$$\begin{aligned} \mathcal{A}|_W : \quad W &\longrightarrow W, \\ \boldsymbol{w} &\longmapsto \mathcal{A}(\boldsymbol{w}) \end{aligned}$$

对任何$\boldsymbol{w} \in W$. 由于W是$\mathcal{A}$-不变的, 有$\mathcal{A}(W) \subseteq W$, 从而$\mathcal{A}|_W$是一个$W$到$W$的映射; 又由$\mathcal{A}$是$V$上的线性变换, 易见$\mathcal{A}|_W$是$W$上的线性变换. 根据$\mathcal{A}|_W$定义的特点, 我们称$\mathcal{A}|_W$是$\mathcal{A}$在$W$上的**限制变换**.

鉴于W中的任一个元素在映射$\mathcal{A}|_W$和$\mathcal{A}$下的像是相同的, 在不会产生混淆的情况下, 我们经常把$\mathcal{A}|_W$仍写为$\mathcal{A}$. 但要注意的是, 当$W \subsetneqq V$时, $\mathcal{A}|_W$与$\mathcal{A}$是必然不同的, 因为它们的定义域是不同的.

例如, 设$\mathcal{A}$是V上的一个线性变换且不是一个数乘变换, 令λ_0是$\mathcal{A}$的一个特征值, V_{λ_0}是$\mathcal{A}$的属于λ_0的特征子空间, 则$V_{\lambda_0} \subsetneqq V$且对任一向量$\boldsymbol{\xi} \in V_{\lambda_0}$, 有$\mathcal{A}(\boldsymbol{\xi}) = \lambda_0\boldsymbol{\xi} = \overline{\lambda}_0(\boldsymbol{\xi})$, 这里$\overline{\lambda}_0$表示$V_{\lambda_0}$上由$\lambda_0$定义的数乘变换. 这说明, V_{λ_0}是$\mathcal{A}$-不变子空间, 而且$\mathcal{A}|_{V_{\lambda_0}} = \overline{\lambda}_0$. 所以$\mathcal{A}|_{V_{\lambda_0}}$是一个数乘变换. 因为$\mathcal{A}$不是数乘变换，所以$\mathcal{A}|_W$与$\mathcal{A}$是不同的.

又, 前面已知 $\mathrm{Ker}\mathcal{A}$是$\mathcal{A}$-不变的. 事实上$\mathcal{A}(\mathrm{Ker}\mathcal{A}) = \{\boldsymbol{\theta}\}$, 即$\mathcal{A}|_{\mathrm{Ker}\mathcal{A}} = \mathcal{O}$(零变换). 但是$\mathcal{A}$不是零变换(因为零变换也是数乘变换), 所以$\mathcal{A}|_{\mathrm{Ker}\mathcal{A}}$与$\mathcal{A}$也是不同的..

上面提到线性变换$\mathcal{A}$的任一个特征子空间总是$\mathcal{A}$的不变子空间. 反过来, 我们可用$\mathcal{A}$的不变子空间来判断某个向量是否是$\mathcal{A}$的一个特征向量.

命题 1 设$\mathcal{A}$是$\mathbb{P}$上线性空间V的线性变换, $\boldsymbol{\theta} \neq \boldsymbol{\xi} \in V$. 那么, $\boldsymbol{\xi}$是$\mathcal{A}$的一个特征向量当且仅当$L(\boldsymbol{\xi})$是$\mathcal{A}$-不变的.

证明 **必要性:** 设$\boldsymbol{\xi}$关于$\mathcal{A}$的特征值是λ_0, 即$\mathcal{A}\boldsymbol{\xi} = \lambda_0\boldsymbol{\xi}$.

任取$\boldsymbol{\alpha} \in L(\boldsymbol{\xi})$, 不妨设$\boldsymbol{\alpha} = \lambda\boldsymbol{\xi}, \lambda \in \mathbb{P}$, 则$\mathcal{A}(\boldsymbol{\alpha}) = \lambda\mathcal{A}(\boldsymbol{\xi}) = \lambda\lambda_0\boldsymbol{\xi} \in L(\boldsymbol{\xi})$, 所以$L(\boldsymbol{\xi})$是$\mathcal{A}$-不变的.

充分性: 设$L(\boldsymbol{\xi})$是$\mathcal{A}$-不变的. 由$\boldsymbol{\xi} \in L(\boldsymbol{\xi})$, 得$\mathcal{A}(\boldsymbol{\xi}) \in L(\boldsymbol{\xi})$, 所以存在$\lambda_0 \in \mathbb{P}$使得$\mathcal{A}(\boldsymbol{\xi}) = \lambda_0\boldsymbol{\xi}$, 即$\boldsymbol{\xi}$是$\mathcal{A}$的特征值为$\lambda_0$的特征向量. □

下面给出不变子空间的两个性质.

命题 2 设$\mathcal{A}$是线性空间V的线性变换, 则V的$\mathcal{A}$-子空间的和与交还是$\mathcal{A}$-子空间.

证明 设V_λ $(\lambda\in\Lambda)$是V的$\mathcal{A}$-子空间, Λ是指标集.

首先, $\sum\limits_{\lambda\in\Lambda}V_\lambda$和$\bigcap_{\lambda\in\Lambda}V_\lambda$均为$V$的子空间(关于无穷多个子空间之和的定义见§3.1). 又,

$$\mathcal{A}\left(\sum_{\lambda\in\Lambda}V_\lambda\right)=\sum_{\lambda\in\Lambda}\mathcal{A}(V_\lambda)\subseteq\sum_{\lambda\in\Lambda}V_\lambda,$$
$$\mathcal{A}\left(\bigcap\nolimits_{\lambda\in\Lambda}V_\lambda\right)\subseteq\bigcap\nolimits_{\lambda\in\Lambda}\mathcal{A}(V_\lambda)\subseteq\bigcap\nolimits_{\lambda\in\Lambda}V_\lambda.$$

从而$\sum\limits_{\lambda\in\Lambda}V_\lambda$和$\bigcap_{\lambda\in\Lambda}V_\lambda$均为$\mathcal{A}$-不变的. □

命题 3 设W是线性空间V的子空间且$W=L(\boldsymbol{\alpha}_1,\cdots,\boldsymbol{\alpha}_s)$, 那么, W是$\mathcal{A}$-不变的当且仅当$\mathcal{A}(\boldsymbol{\alpha}_i)\in W$, 对$i=1,\cdots,s$.

证明 显然. 请读者自己考虑. □

不变子空间的重要性体现在它与线性变换矩阵化简之间的关系.

1) **利用一个不变子空间将线性变换对应矩阵化简为准上三角阵的方法**

设$\mathcal{A}$是$\mathbb{P}$上n维线性空间V的线性变换, W是V 的$\mathcal{A}$-子空间, 令$\boldsymbol{\varepsilon}_1,\cdots,\boldsymbol{\varepsilon}_k$是$W$的一组基. 把$\boldsymbol{\varepsilon}_1,\cdots,\boldsymbol{\varepsilon}_k$扩充为$V$的一组基$\boldsymbol{\varepsilon}_1,\cdots,\boldsymbol{\varepsilon}_k,\boldsymbol{\varepsilon}_{k+1},\cdots,\boldsymbol{\varepsilon}_n$, 那么

$$\begin{aligned}\mathcal{A}\boldsymbol{\varepsilon}_1&=a_{11}\boldsymbol{\varepsilon}_1+\cdots+a_{k1}\boldsymbol{\varepsilon}_k,\\&\ \vdots\\\mathcal{A}\boldsymbol{\varepsilon}_k&=a_{1k}\boldsymbol{\varepsilon}_1+\cdots+a_{kk}\boldsymbol{\varepsilon}_k,\\\mathcal{A}\boldsymbol{\varepsilon}_{k+1}&=a_{1,k+1}\boldsymbol{\varepsilon}_1+\cdots+a_{k,k+1}\boldsymbol{\varepsilon}_k+a_{k+1,k+1}\boldsymbol{\varepsilon}_{k+1}+\cdots+a_{n,k+1}\boldsymbol{\varepsilon}_n,\\&\ \vdots\\\mathcal{A}\boldsymbol{\varepsilon}_n&=a_{1n}\boldsymbol{\varepsilon}_1+\cdots+a_{kn}\boldsymbol{\varepsilon}_k+a_{k+1,n}\boldsymbol{\varepsilon}_{k+1}+\cdots+a_{n,n}\boldsymbol{\varepsilon}_n,\end{aligned}$$

其中$a_{ij}\in\mathbb{P}$. 于是,

$$\mathcal{A}(\boldsymbol{\varepsilon}_1,\cdots,\boldsymbol{\varepsilon}_k,\boldsymbol{\varepsilon}_{k+1},\cdots,\boldsymbol{\varepsilon}_n)=(\boldsymbol{\varepsilon}_1,\cdots,\boldsymbol{\varepsilon}_k,\boldsymbol{\varepsilon}_{k+1},\cdots,\boldsymbol{\varepsilon}_n)\boldsymbol{A},$$

其中$\boldsymbol{A}=(a_{ij})_{n\times n}=\begin{pmatrix}\boldsymbol{A}_1&\boldsymbol{A}_3\\\boldsymbol{O}&\boldsymbol{A}_2\end{pmatrix}$, $\boldsymbol{A}_1$是$k\times k$阶的, $\boldsymbol{A}_2$是$(n-k)\times(n-k)$阶的. 这包含了

$$\mathcal{A}|_W(\boldsymbol{\varepsilon}_1,\cdots,\boldsymbol{\varepsilon}_k)=(\boldsymbol{\varepsilon}_1,\cdots,\boldsymbol{\varepsilon}_k)\boldsymbol{A}_1.$$

反之, 若$\mathcal{A}$在基$\boldsymbol{\varepsilon}_1,\cdots,\boldsymbol{\varepsilon}_k,\boldsymbol{\varepsilon}_{k+1},\cdots,\boldsymbol{\varepsilon}_n$ 下的矩阵是$\boldsymbol{A}=\begin{pmatrix}\boldsymbol{A}_1&\boldsymbol{A}_3\\\boldsymbol{O}&\boldsymbol{A}_2\end{pmatrix}$, 其中$\boldsymbol{A}_1$是$k\times k$阶的, $\boldsymbol{A}_2$是$(n-k)\times(n-k)$阶的, 那么

$$\mathcal{A}(\boldsymbol{\varepsilon}_1,\cdots,\boldsymbol{\varepsilon}_k,\boldsymbol{\varepsilon}_{k+1},\cdots,\boldsymbol{\varepsilon}_n)=(\boldsymbol{\varepsilon}_1,\cdots,\boldsymbol{\varepsilon}_k,\boldsymbol{\varepsilon}_{k+1},\cdots,\boldsymbol{\varepsilon}_n)\boldsymbol{A},$$

从而

$$\begin{aligned}&(\mathcal{A}(\boldsymbol{\varepsilon}_1,\cdots,\boldsymbol{\varepsilon}_k),\mathcal{A}(\boldsymbol{\varepsilon}_{k+1},\cdots,\boldsymbol{\varepsilon}_n))\\&=((\boldsymbol{\varepsilon}_1,\cdots,\boldsymbol{\varepsilon}_k)\boldsymbol{A}_1,(\boldsymbol{\varepsilon}_1,\cdots,\boldsymbol{\varepsilon}_k)\boldsymbol{A}_3+(\boldsymbol{\varepsilon}_{k+1},\cdots,\boldsymbol{\varepsilon}_n)\boldsymbol{A}_2),\end{aligned}$$

于是得

$$\mathcal{A}(\boldsymbol{\varepsilon}_1,\cdots,\boldsymbol{\varepsilon}_k)=(\boldsymbol{\varepsilon}_1,\cdots,\boldsymbol{\varepsilon}_k)\boldsymbol{A}_1,$$

这说明由$\boldsymbol{\varepsilon}_1,\cdots,\boldsymbol{\varepsilon}_k$生成的子空间$W$是$\mathcal{A}$-不变的. 于是, 有:

定理 1 设$\mathcal{A}$是$\mathbb{P}$上n维线性空间V的线性变换, W是V的k维子空间, 那么, W是$\mathcal{A}$-不变的当且仅当存在V的一组基$\boldsymbol{\varepsilon}_1,\boldsymbol{\varepsilon}_2,\cdots,\boldsymbol{\varepsilon}_n$使得$\boldsymbol{\varepsilon}_1,\boldsymbol{\varepsilon}_2,\cdots,\boldsymbol{\varepsilon}_k$为$W$的基并且$\mathcal{A}$在

基$\varepsilon_1, \varepsilon_2, \cdots, \varepsilon_n$下的矩阵$\boldsymbol{A}$可分块为

$$\boldsymbol{A} = \begin{pmatrix} \boldsymbol{A}_1 & \boldsymbol{A}_3 \\ \boldsymbol{O} & \boldsymbol{A}_2 \end{pmatrix},$$

其中$\boldsymbol{A}_1$是$k \times k$阶的，$\boldsymbol{A}_2$是$(n-k) \times (n-k)$阶的.

2) 利用不变子空间直和分解将线性变换对应矩阵化简为准对角阵的方法

设$V = W_1 \oplus \cdots \oplus W_s$, 其中$W_i$均为$\mathcal{A}$-子空间$(i = 1, \cdots, s)$. 取$W_i$的基$\varepsilon_{i1}, \cdots, \varepsilon_{in_i}$, $(i = 1, \cdots, s)$. 那么，$\varepsilon_{11}, \cdots, \varepsilon_{1n_1}, \cdots, \varepsilon_{s1}, \cdots, \varepsilon_{sn_s}$是$V$的基. 由于每个$W_i$均为$\mathcal{A}$-不变的, 所以有

$$\begin{aligned} \mathcal{A}(\varepsilon_{i1}) &= a_{11}^{(i)}\varepsilon_{i1} + \cdots + a_{n_i1}^{(i)}\varepsilon_{in_i}, \\ &\vdots \\ \mathcal{A}(\varepsilon_{in_i}) &= a_{n_i1}^{(i)}\varepsilon_{i1} + \cdots + a_{n_in_i}^{(i)}\varepsilon_{in_i}, \end{aligned}$$

其中$a_{uv}^{(i)} \in \mathbb{P}$. 那么

$$\mathcal{A}(\varepsilon_{i1}, \cdots, \varepsilon_{in_i}) = (\varepsilon_{i1}, \cdots, \varepsilon_{in_i})\boldsymbol{A}_i,$$

其中, $\boldsymbol{A}_i = \begin{pmatrix} a_{11}^{(i)} & \cdots & a_{n_i1}^{(i)} \\ \vdots & & \vdots \\ a_{n_i1}^{(i)} & \cdots & a_{n_in_i}^{(i)} \end{pmatrix}$, $i = 1, 2, \cdots, s$. 于是,

$$\mathcal{A}(\varepsilon_{11}, \cdots, \varepsilon_{1n_1}, \cdots, \varepsilon_{s1}, \cdots, \varepsilon_{sn_s}) = (\varepsilon_{11}, \cdots, \varepsilon_{1n_1}, \cdots, \varepsilon_{s1}, \cdots, \varepsilon_{sn_s})\boldsymbol{A},$$

其中,

$$\boldsymbol{A} = \begin{pmatrix} \boldsymbol{A}_1 & & & \\ & \boldsymbol{A}_2 & & \\ & & \ddots & \\ & & & \boldsymbol{A}_s \end{pmatrix}.$$

反之, 若$\mathcal{A}$在基 $\varepsilon_{11}, \cdots, \varepsilon_{1n_1}, \cdots, \varepsilon_{s1}, \cdots, \varepsilon_{sn_s}$ 下的矩阵$\boldsymbol{A}$可写为准对角阵

$$\boldsymbol{A} = \begin{pmatrix} \boldsymbol{A}_1 & & & \\ & \boldsymbol{A}_2 & & \\ & & \ddots & \\ & & & \boldsymbol{A}_s \end{pmatrix},$$

其中$\boldsymbol{A}_i$是n_i阶方阵, 则对由$\varepsilon_{i1}, \cdots, \varepsilon_{in_i}$生成的子空间$W_i$, 有

$$\mathcal{A}|_{W_i}(\varepsilon_{i1}, \cdots, \varepsilon_{in_i}) = (\varepsilon_{i1}, \cdots, \varepsilon_{in_i})\boldsymbol{A}_i,$$

从而W_i是$\mathcal{A}$-不变子空间且$V = W_1 \oplus \cdots \oplus W_s$, 于是, 有:

定理 2 设$\mathcal{A}$是$\mathbb{P}$上n维线性空间V的线性变换, 那么存在n_i维$\mathcal{A}$-子空间W_i $(i = 1, 2, \cdots, s)$ 使得$V = W_1 \oplus \cdots \oplus W_s$当且仅当存在$V$的基$\varepsilon_1, \varepsilon_2, \cdots, \varepsilon_n$, 使得$\mathcal{A}$在此基下的矩阵是准对角阵

$$\boldsymbol{A} = \begin{pmatrix} \boldsymbol{A}_1 & & & \\ & \boldsymbol{A}_2 & & \\ & & \ddots & \\ & & & \boldsymbol{A}_s \end{pmatrix},$$

其中$\boldsymbol{A}_i$是$n_i \times n_i$阶的, $i = 1, 2, \cdots, s$, 且$n_1 + n_2 + \cdots + n_s = \dim V$.

根据定理2, 下面的定理3将线性空间分解成了由特征值决定的所谓根子空间的直和.

首先给出根子空间的定义. 设λ是$\mathbb{P}$上线性空间V的线性变换$\mathcal{A}$的特征值, V_λ是$\mathcal{A}$的属于λ的特征子空间. 前面已知, V_λ是$\mathcal{A}$-子空间, 可表为

$$V_\lambda = \{\boldsymbol{\xi} \in V : (\mathcal{A} - \lambda id)(\boldsymbol{\xi}) = \boldsymbol{\theta}\} = \mathrm{Ker}(\mathcal{A} - \lambda id),$$

其中id是V上的恒等变换. 我们知道, λ对于$\mathcal{A}$的另一重要因素是它在$\mathcal{A}$的特征多项式$f(x)$中的重数. 设λ为$\mathcal{A}$的r重特征根, 作为特征子空间V_λ 的推广, 我们可以定义

$$\overline{V}_\lambda = \{\boldsymbol{\xi} \in V : (\mathcal{A} - \lambda id)^r(\boldsymbol{\xi}) = \boldsymbol{\theta}\} = \mathrm{Ker}(\mathcal{A} - \lambda id)^r,$$

称其为$\mathcal{A}$的属于特征值λ的**根子空间**. 显然, V_λ是$\overline{V}_\lambda$的子空间, 特别地, 当$r = 1$时总有$V_\lambda = \overline{V}_\lambda$. 由例3, 因为$(\mathcal{A} - \lambda id)^r\mathcal{A} = \mathcal{A}(\mathcal{A} - \lambda id)^r$, 所以$\overline{V}_\lambda$也是$\mathcal{A}$-子空间.

定理 3 (根子空间分解定理) 设$\mathbb{P}$上线性空间V有线性变换$\mathcal{A}$, 且$\mathcal{A}$的特征多项式$f(\lambda)$可表为一次因式之积, 即

$$f(\lambda) = (\lambda - \lambda_1)^{r_1}(\lambda - \lambda_2)^{r_2} \cdots (\lambda - \lambda_s)^{r_s}.$$

则 (i) 根子空间$\overline{V}_{\lambda_i} = f_i(\mathcal{A})(V) = \mathrm{Im} f_i(\mathcal{A})$, 其中$f_i(x) = \dfrac{f(x)}{(x - \lambda_i)^{r_i}}$;

(ii) $V = \overline{V}_{\lambda_1} \oplus \overline{V}_{\lambda_2} \oplus \cdots \oplus \overline{V}_{\lambda_s}$.

证明 (i) 因为

$$f(x) = (x - \lambda_i)^{r_i} f_i(x),$$

于是, $\mathcal{O} = f(\mathcal{A}) = (\mathcal{A} - \lambda_i id)^{r_i} f_i(\mathcal{A})$, 进而可得,

$$(\mathcal{A} - \lambda_i id)^{r_i} f_i(\mathcal{A})(V) = f(\mathcal{A})(V) = \{\boldsymbol{\theta}\},$$

这意味着$f_i(\mathcal{A})(V) \subseteq \mathrm{Ker}(\mathcal{A} - \lambda_i id)^{r_i} = \overline{V}_{\lambda_i}$.

又, $((x-\lambda_i)^{r_i}, f_i(x)) = 1$, 则存在$u(x), v(x) \in \mathbb{P}[x]$使$u(x)(x-\lambda_i)^{r_i} + v(x) f_i(x) = 1$. 由此可得,

$$u(\mathcal{A})(\mathcal{A} - \lambda_i id)^{r_i}(\overline{V}_{\lambda_i}) + v(\mathcal{A}) f_i(\mathcal{A})(\overline{V}_{\lambda_i}) = \overline{V}_{\lambda_i}.$$

但是, 由$\overline{V}_{\lambda_i}$定义, $(\mathcal{A} - \lambda_i id)^{r_i}(\overline{V}_{\lambda_i}) = \{\boldsymbol{\theta}\}$, 所以

$$\overline{V}_{\lambda_i} = v(\mathcal{A}) f_i(\mathcal{A})(\overline{V}_{\lambda_i}) = f_i(\mathcal{A}) v(\mathcal{A})(\overline{V}_{\lambda_i}) \subseteq f_i(\mathcal{A})(V).$$

综上, $\overline{V}_{\lambda_i} = f_i(\mathcal{A})(V) = \mathrm{Im} f_i(\mathcal{A})$.

(ii)首先证明: $V = \overline{V}_{\lambda_1} + \overline{V}_{\lambda_2} + \cdots + \overline{V}_{\lambda_s}$.

由$f_i(x) = \dfrac{f(x)}{(x - \lambda_i)^{r_i}}$得$(f_1(x), f_2(x), \cdots, f_s(x)) = 1$. 因此存在$u_1(x), u_2(x), \cdots, u_s(x) \in \mathbb{P}[x]$, 使$u_1(x) f_1(x) + \cdots + u_s(x) f_s(x) = 1$. 于是,

$$u_1(\mathcal{A}) f_1(\mathcal{A}) + \cdots + u_s(\mathcal{A}) f_s(\mathcal{A}) = id.$$

从而,

$$\begin{aligned} V &= u_1(\mathcal{A}) f_1(\mathcal{A})(V) + \cdots + u_s(\mathcal{A}) f_s(\mathcal{A})(V) \\ &= f_1(\mathcal{A})[u_1(\mathcal{A})(V)] + \cdots + f_s(\mathcal{A})[u_s(\mathcal{A})(V)] \\ &\subseteq f_1(\mathcal{A})(V) + \cdots + f_s(\mathcal{A})(V) \\ &= \overline{V}_{\lambda_1} + \cdots + \overline{V}_{\lambda_s} \subseteq V, \end{aligned}$$

即得, $V = \overline{V}_{\lambda_1} + \overline{V}_{\lambda_2} + \cdots + \overline{V}_{\lambda_s}$.

再证明: 若对$\boldsymbol{\beta}_i \in \overline{V}_{\lambda_i}(i=1,\cdots,s)$, 有$\boldsymbol{\beta}_1+\cdots+\boldsymbol{\beta}_s=\boldsymbol{\theta}$, 那么$\boldsymbol{\beta}_1=\cdots=\boldsymbol{\beta}_s=\boldsymbol{\theta}$.

事实上, 若$j \neq i$, 则$(x-\lambda_j)^{r_j}|f_i(x)$, 故存在$g_j(x) \in \mathbb{P}[x]$使$f_i(x)=g_j(x)(x-\lambda_j)^{r_j}$, 从而

$$f_i(\mathcal{A})(\boldsymbol{\beta}_j)=g_j(\mathcal{A})(\mathcal{A}-\lambda_j id)^{r_j}(\boldsymbol{\beta}_j)=g_j(\mathcal{A})(\boldsymbol{\theta})=\boldsymbol{\theta}.$$

于是, 对$\boldsymbol{\beta}_1+\cdots+\boldsymbol{\beta}_s=\boldsymbol{\theta}$两边作用$f_i(\mathcal{A})$, 对$i=1,\cdots,s$, 得

$$f_i(\mathcal{A})(\boldsymbol{\beta}_i)=\boldsymbol{\theta}.$$

又由前面的$u(x)(x-\lambda_i)^{r_i}+v(x)f_i(x)=1$, 对$i=1,\cdots,s$, 得

$$\boldsymbol{\beta}_i=id(\boldsymbol{\beta}_i)=u(\mathcal{A})(\mathcal{A}-\lambda_i id)^{r_i}(\boldsymbol{\beta}_i)+v(\mathcal{A})f_i(\mathcal{A})(\boldsymbol{\beta}_i)=\boldsymbol{\theta}+\boldsymbol{\theta}=\boldsymbol{\theta}.$$

综上, 得$V=\overline{V}_{\lambda_1}\oplus\overline{V}_{\lambda_2}\oplus\cdots\oplus\overline{V}_{\lambda_s}$. □

对一般数域$\mathbb{P}$, 特征多项式$f(x)$分解为一次因式是不一定可做到的, 因此定理3中$\mathcal{A}$的特征多项式$f(\lambda)$可表为一次因式之积只能是一个假设. 但是, 若$\mathbb{P}=\mathbb{C}$, 因为$f(x)$的一次因式分解是必然的, 故该定理对$\mathbb{C}$上任一线性变换都成立. 因为$\mathcal{A}$的根子空间均是$\mathcal{A}$-不变的，所以必存在V的一组基使得$\mathcal{A}$在这组基下的矩阵是一个准对角阵. 接下来我们要考虑的问题是怎么使其中的子块更简单.

§ 5.2 复方阵的Jordan标准形的存在性

在上册中我们已知, 只有在适当条件下, 线性变换对应的方阵才可能是对角阵. 那么, 对于一般的线性变换, 或说一般的方阵, 能如何简化呢？事实上, 我们可将任一个复矩阵简化为很接近对角阵的一类矩阵, 即Jordan形矩阵. 这就是本节将要证明的.

定义 2 形式为

$$\boldsymbol{J}(\lambda,t)=\begin{pmatrix}\lambda & & & \\ 1 & \lambda & & \\ & \ddots & \ddots & \\ & & 1 & \lambda\end{pmatrix}_{t\times t}$$

的矩阵称为**Jordan块**. 由若干个Jordan块组成的准对角矩阵$\boldsymbol{J}$, 即

$$\boldsymbol{J}=\begin{pmatrix}\boldsymbol{A}_1 & & & \\ & \boldsymbol{A}_2 & & \\ & & \ddots & \\ & & & \boldsymbol{A}_s\end{pmatrix} \qquad (5.2.1)$$

其中$\boldsymbol{A}_i$是$k_i \times k_i$阶Jordan块$(i=1,\cdots,s)$, 则称$\boldsymbol{J}$是**Jordan形矩阵**.

例如,

$$\begin{pmatrix}i & 0 & 0\\ 1 & i & 0\\ 0 & 1 & i\end{pmatrix}, \begin{pmatrix}0 & & & \\ 1 & 0 & & \\ & 1 & 0 & \\ & & 1 & 0\end{pmatrix}, \begin{pmatrix}1 & & \\ 1 & 1 & \\ & 1 & 1\end{pmatrix}$$

都是Jordan块, 而

$$\begin{pmatrix} 1 & & & & & \\ 1 & 1 & & & & \\ & & 2 & & & \\ & & & 2 & & \\ & & & 1 & 2 & \\ & & & & & -1 \end{pmatrix}$$

是一个Jordan形矩阵.

特别地, 对角矩阵是一个Jordan形矩阵, 其中的Jordan块均为一阶方阵.

对Jordan形矩阵$\boldsymbol{J}$(见(5.2.1)), 设$\boldsymbol{A}_i = \begin{pmatrix} \lambda_i & & & \\ 1 & \lambda_i & & \\ & \ddots & \ddots & \\ & & 1 & \lambda_i \end{pmatrix}$. 那么, $\boldsymbol{J}$的特征多项式为$f(x) = (x-\lambda_1)^{k_1}\cdots(x-\lambda_s)^{k_s}$. 从而, $\boldsymbol{J}$的主对角线上元素

$$\lambda_1, \cdots, \lambda_1, \lambda_2, \cdots, \lambda_2, \cdots, \lambda_s, \cdots \lambda_s$$

恰是$\boldsymbol{J}$的全部特征值(重根按重数计算).

下面我们利用线性变换按其根子空间的直和分解来导出本节主要结论. 首先给出:

引理 1 设$\mathcal{B}$是n维线性空间V的幂零线性变换(即存在正整数k使$\mathcal{B}^k = \mathcal{O}$), 其中$n > 0$. 那么$V$有如下形式的一组基:

$$\begin{array}{llll} \boldsymbol{\alpha}_1, & \boldsymbol{\alpha}_2, & \cdots, & \boldsymbol{\alpha}_t, \\ \mathcal{B}\boldsymbol{\alpha}_1, & \mathcal{B}\boldsymbol{\alpha}_2, & \cdots, & \mathcal{B}\boldsymbol{\alpha}_t, \\ \vdots & \vdots & & \vdots \\ \mathcal{B}^{k_1-1}\boldsymbol{\alpha}_1, & \mathcal{B}^{k_2-1}\boldsymbol{\alpha}_2, & \cdots, & \mathcal{B}^{k_t-1}\boldsymbol{\alpha}_t \end{array} \tag{5.2.2}$$

(这时$\mathcal{B}^{k_i}\boldsymbol{\alpha}_i = \boldsymbol{\theta}$对$i = 1, 2, \cdots, t$), 并且$\mathcal{B}$在这组基下的矩阵是

$$\begin{array}{l} k_1\left\{\vphantom{\begin{matrix}0\\0\\0\\0\end{matrix}}\right. \\ k_2\left\{\vphantom{\begin{matrix}0\\0\\0\\0\end{matrix}}\right. \\ \vdots \\ k_s\left\{\vphantom{\begin{matrix}0\\0\\0\\0\end{matrix}}\right. \end{array} \begin{pmatrix} \begin{matrix} 0 & & & \\ 1 & 0 & & \\ & \ddots & \ddots & \\ & & 1 & 0 \end{matrix} & & & \\ & \begin{matrix} 0 & & & \\ 1 & 0 & & \\ & \ddots & \ddots & \\ & & 1 & 0 \end{matrix} & & \\ & & \ddots & \\ & & & \begin{matrix} 0 & & & \\ 1 & 0 & & \\ & \ddots & \ddots & \\ & & 1 & 0 \end{matrix} \end{pmatrix}_{n\times n}. \tag{5.2.3}$$

证明 对V的维数n用数学归纳法.

当$n=1$时, 设$V=L(\boldsymbol{\alpha}_1)$, 则存在$\lambda_1\in\mathbb{C}$, 使$\mathcal{B}\boldsymbol{\alpha}_1=\lambda_1\boldsymbol{\alpha}_1$. 因为$\mathcal{B}^k=\mathcal{O}$, 而$\mathcal{B}^k\boldsymbol{\alpha}_1=\lambda_1^k\boldsymbol{\alpha}_1$, 所以$\lambda_1^k=0$, 即$\lambda_1=0$. 于是$\mathcal{B}$关于基$\boldsymbol{\alpha}_1$的矩阵是$(0)_{1\times1}$.

假设$\dim V<n$时结论成立. 考虑$\dim V=n$时的结论.

若$\dim\mathrm{Im}\mathcal{B}=n$, 则$\mathcal{B}V=V$, 从而$\{\boldsymbol{\theta}\}=\mathcal{B}^kV=\mathcal{B}^{k-1}V=\cdots=\mathcal{B}V=V$, 这与条件"$n>0$"矛盾.

因此, $\dim\mathrm{Im}\mathcal{B}\lneqq n$. 由于$\mathcal{B}$限制到$\mathcal{B}V$上也是幂零线性变换, 所以由归纳假设, $\mathcal{B}V=\mathrm{Im}\mathcal{B}$有如下形式的基:

$$\begin{array}{llll}\boldsymbol{\varepsilon}_1, & \boldsymbol{\varepsilon}_2, & \cdots, & \boldsymbol{\varepsilon}_t\\ \mathcal{B}\boldsymbol{\varepsilon}_1, & \mathcal{B}\boldsymbol{\varepsilon}_2, & \cdots, & \mathcal{B}\boldsymbol{\varepsilon}_t\\ \vdots & \vdots & & \vdots\\ \mathcal{B}^{k_1-1}\boldsymbol{\varepsilon}_1, & \mathcal{B}^{k_2-1}\boldsymbol{\varepsilon}_2, & \cdots, & \mathcal{B}^{k_t-1}\boldsymbol{\varepsilon}_t\end{array}\tag{5.2.4}$$

并且$\mathcal{B}^{k_1}\boldsymbol{\varepsilon}_1=\mathcal{B}^{k_2}\boldsymbol{\varepsilon}_2=\cdots=\mathcal{B}^{k_t}\boldsymbol{\varepsilon}_t=\boldsymbol{\theta}$.

由于$\boldsymbol{\varepsilon}_1,\cdots,\boldsymbol{\varepsilon}_t\in\mathcal{B}V$, 故存在$\boldsymbol{\alpha}_1,\cdots,\boldsymbol{\alpha}_t\in V$, 使

$$\mathcal{B}\boldsymbol{\alpha}_1=\boldsymbol{\varepsilon}_1,\cdots,\mathcal{B}\boldsymbol{\alpha}_t=\boldsymbol{\varepsilon}_t.$$

这时, $\mathcal{B}^{k_1-1}\boldsymbol{\varepsilon}_1=\mathcal{B}^{k_1}\boldsymbol{\alpha}_1,\cdots,\mathcal{B}^{k_t-1}\boldsymbol{\varepsilon}_t=\mathcal{B}^{k_t}\boldsymbol{\alpha}_t$ 是$\mathrm{Ker}\mathcal{B}$的一组线性无关向量.

设$\dim\ \mathrm{Ker}\mathcal{B}=s$, 则可将$\mathcal{B}^{k_1}\boldsymbol{\alpha}_1,\cdots,\mathcal{B}^{k_t}\boldsymbol{\alpha}_t$ 扩为$\mathrm{Ker}\mathcal{B}$的基, 设为

$$\mathcal{B}^{k_1}\boldsymbol{\alpha}_1,\cdots,\mathcal{B}^{k_t}\boldsymbol{\alpha}_t,\boldsymbol{\alpha}_{t+1},\cdots,\boldsymbol{\alpha}_s.\tag{5.2.5}$$

又, (5.2.4)是$\mathrm{Im}\mathcal{B}$的基, 而

$$\begin{array}{llll}\boldsymbol{\alpha}_1, & \boldsymbol{\alpha}_2, & \cdots, & \boldsymbol{\alpha}_t,\\ \mathcal{B}\boldsymbol{\alpha}_1, & \mathcal{B}\boldsymbol{\alpha}_2, & \cdots, & \mathcal{B}\boldsymbol{\alpha}_t,\\ \vdots & \vdots & & \vdots\\ \mathcal{B}^{k_1-1}\boldsymbol{\alpha}_1, & \mathcal{B}^{k_2-1}\boldsymbol{\alpha}_2, & \cdots, & \mathcal{B}^{k_t-1}\boldsymbol{\alpha}_t\end{array}\tag{5.2.6}$$

是$\mathrm{Im}\mathcal{B}$的基(5.2.4)的原像集. 由第四章的定理4, 将(5.2.5)和(5.2.6)的向量集并在一起, 就组成了V的一组基. 我们可将它们排列为:

$$\begin{array}{lllllll}\boldsymbol{\alpha}_1, & \boldsymbol{\alpha}_2, & \cdots, & \boldsymbol{\alpha}_t, & \boldsymbol{\alpha}_{t+1}, & \cdots, & \boldsymbol{\alpha}_s,\\ \mathcal{B}\boldsymbol{\alpha}_1, & \mathcal{B}\boldsymbol{\alpha}_2, & \cdots, & \mathcal{B}\boldsymbol{\alpha}_t, & & & \\ \vdots & \vdots & & \vdots & & & \\ \mathcal{B}^{k_1-1}\boldsymbol{\alpha}_1, & \mathcal{B}^{k_2-1}\boldsymbol{\alpha}_2, & \cdots, & \mathcal{B}^{k_t-1}\boldsymbol{\alpha}_t, & & & \\ \mathcal{B}^{k_1}\boldsymbol{\alpha}_1, & \mathcal{B}^{k_2}\boldsymbol{\alpha}_2, & \cdots, & \mathcal{B}^{k_t}\boldsymbol{\alpha}_t, & & & \end{array}$$

这时可认为$k_{t+1}=\cdots=k_s=0$, 从而$\mathcal{B}^{k_i+1}\boldsymbol{\alpha}_i=\boldsymbol{\theta}$对$i=1,\cdots,t,t+1,\cdots,s$.

由归纳法知, V总有形如(5.2.2)式的基, 并且显然有

$$\begin{aligned}&\mathcal{B}(\boldsymbol{\alpha}_1,\mathcal{B}\boldsymbol{\alpha}_1,\cdots,\mathcal{B}^{k_1-1}\boldsymbol{\alpha}_1,\boldsymbol{\alpha}_2,\mathcal{B}\boldsymbol{\alpha}_2,\cdots,\mathcal{B}^{k_2-1}\boldsymbol{\alpha}_2,\cdots,\boldsymbol{\alpha}_s,\mathcal{B}\boldsymbol{\alpha}_s,\cdots,\mathcal{B}^{k_s-1}\boldsymbol{\alpha}_s)\\ &=(\boldsymbol{\alpha}_1,\mathcal{B}\boldsymbol{\alpha}_1,\cdots,\mathcal{B}^{k_1-1}\boldsymbol{\alpha}_1,\boldsymbol{\alpha}_2,\mathcal{B}\boldsymbol{\alpha}_2,\cdots,\mathcal{B}^{k_2-1}\boldsymbol{\alpha}_2,\cdots,\boldsymbol{\alpha}_s,\mathcal{B}\boldsymbol{\alpha}_s,\cdots,\mathcal{B}^{k_s-1}\boldsymbol{\alpha}_s)\boldsymbol{A},\end{aligned}$$

其中$\boldsymbol{A}$就是矩阵(5.2.3). □

定理4 设$\mathcal{A}$是$\mathbb{C}$上线性空间V的一个线性变换，则在V中必定存在一组基，使$\mathcal{A}$在这组基下的矩阵是Jordan形矩阵.

证明 由定理3, $V=\overline{V}_1\bigoplus\cdots\bigoplus\overline{V}_s$, 其中

$$\overline{V}_i=\{\boldsymbol{\xi}\in V:(\mathcal{A}-\lambda_i id)^{r_i}\boldsymbol{\xi}=\boldsymbol{\theta}\}$$

是V关于$\mathcal{A}$的根子空间$(i=1,2,\cdots,s)$, r_i是特征根λ_i的重数，且$\lambda_i\neq\lambda_j$对$i\neq j$.

令$\mathcal{B}_i=(\mathcal{A}-\lambda_i id)\mid_{\overline{V}_i}$, 则$\mathcal{B}_i^{r_i}=\mathcal{O}$, 对$i=1,2,\cdots,s$.

令$\dim\overline{V}_i=p_i$, 那么由引理1, 存在$\overline{V}_i$的基$\boldsymbol{\varepsilon}_{1i},\cdots,\boldsymbol{\varepsilon}_{p_ii}$使$\mathcal{B}_i$在此基下的矩阵是

$$\boldsymbol{B}_i=\begin{pmatrix}\begin{array}{|cccc|}\hline 0&&&\\1&0&&\\&\ddots&\ddots&\\&&1&0\\\hline\end{array}&&\\&\ddots&\\&&\begin{array}{|cccc|}\hline 0&&&\\1&0&&\\&\ddots&\ddots&\\&&1&0\\\hline\end{array}\end{pmatrix}_{p_i\times p_i},$$

而$\lambda_i id_{\overline{V}_i}$在基$\boldsymbol{\varepsilon}_{1i},\cdots,\boldsymbol{\varepsilon}_{p_ii}$下的矩阵是$\lambda_i\boldsymbol{E}_{p_i}=\begin{pmatrix}\lambda_i&&\\&\ddots&\\&&\lambda_i\end{pmatrix}_{p_i\times p_i}$. 所以$\mathcal{A}\mid_{\overline{V}_i}=\mathcal{B}_i+\lambda_i id_{\overline{V}_i}$在基$\boldsymbol{\varepsilon}_{1i},\cdots,\boldsymbol{\varepsilon}_{p_ii}$下的矩阵是

$$\overline{\boldsymbol{J}}_i=\boldsymbol{B}_i+\lambda_i\boldsymbol{E}_{p_i}=\begin{pmatrix}\begin{array}{|cccc|}\hline \lambda_i&&&\\1&\lambda_i&&\\&\ddots&\ddots&\\&&1&\lambda_i\\\hline\end{array}&&\\&\ddots&\\&&\begin{array}{|cccc|}\hline \lambda_i&&&\\1&\lambda_i&&\\&\ddots&\ddots&\\&&1&\lambda_i\\\hline\end{array}\end{pmatrix}$$

对$i=1,2,\cdots,s$, 它们都是由对角元相同的若干Jordan块组成的Jordan形矩阵.

于是$\mathcal{A}$在基$\boldsymbol{\varepsilon}_{1i},\cdots,\boldsymbol{\varepsilon}_{p_11},\cdots,\boldsymbol{\varepsilon}_{1s},\cdots,\boldsymbol{\varepsilon}_{p_ss}$下的矩阵是$\boldsymbol{J}=\begin{pmatrix}\overline{\boldsymbol{J}}_1&&\\&\ddots&\\&&\overline{\boldsymbol{J}}_s\end{pmatrix}$, 这是一个Jordan形矩阵. □

我们称定理4中由$\mathcal{A}$导出的Jordan形矩阵$\boldsymbol{J}$为$\mathcal{A}$的**Jordan标准形**. 本章最后将证明, $\mathcal{A}$的Jordan标准形具有唯一性.

上述结果用矩阵表示就是:

定理 5 每个n阶复矩阵$\boldsymbol{A}$都与一个Jordan形矩阵相似, 称为$\boldsymbol{A}$的Jordan标准形.

思考 由定理5, 给定一个n阶复矩阵$\boldsymbol{A}$, 必存在可逆矩阵 $\boldsymbol{P}$ 使得 $\boldsymbol{P}^{-1}\boldsymbol{A}\boldsymbol{P}$ 是一个Jordan形矩阵. 那么, 如何求可逆矩阵$\boldsymbol{P}$呢? 此问题可以从不同基下线性变换对应的矩阵角度来考虑, 也可以直接通过递推地计算来求出$\boldsymbol{P}$, 请读者自己考虑.

在定理4的证明中, 易见λ_i作为$\boldsymbol{J}$的特征值是p_i重的, 而λ_i作为$\mathcal{A}$的特征值是r_i重的. 但$\boldsymbol{J}$是$\mathcal{A}$在基下的对应矩阵, 故它们的特征值完全一致, 因此有$p_i = r_i(i = 1, 2, \cdots, s)$. 这说明事实上, 我们有

推论 1 $\mathbb{C}$上有限维线性空间V关于线性变换$\mathcal{A}$的特征值λ的根子空间$\overline{V}_\lambda$的维数等于特征值λ的重数.

§ 5.3 方阵的相似对角化与最小多项式

上节我们刻画了任一方阵如何相似简化为Jordan标准形. 但由Jordan形矩阵定义, 对角形矩阵是其特例, 即: 所有Jordan块均为1×1阶的Jordan阵就是对角阵. 因此, 一个方阵如何相似对角化就可看作相似于Jordan阵的问题的一种细化讨论. 这方面讨论事实上上册中已经涉及, 让我们先来回顾, 然后整理出相应的结论.

设V是$\mathbb{C}$上n维线性空间, $\mathcal{A}$是V上的线性变换, 设$\mathcal{A}$有不同的特征值为$\lambda_1, \cdots, \lambda_s$, 那么, 各个特征值的特征子空间均为根子空间的子空间, 即:

$$V_{\lambda_i} \subseteq \overline{V}_{\lambda_i}(i = 1, \cdots, s).$$

由上册知, $\mathcal{A}$在某组基下的矩阵成对角形当且仅当

$$\sum_{i=1}^{s} \dim V_{\lambda_i} = \dim V.$$

但是, 由定理3, 对任一$\mathcal{A}$, 总有

$$V = \bigoplus_{i=1}^{s} \overline{V}_{\lambda_i} \supset \bigoplus_{i=1}^{s} V_{\lambda_i}.$$

因此, $\dim V = \sum\limits_{i=1}^{s} \dim V_{\lambda_i}$当且仅当$V_{\lambda_i} = \overline{V}_{\lambda_i}$对$i = 1, \cdots, s$. 于是, 我们有:

命题 4 (1) $\mathbb{C}$上有限维线性空间V的线性变换$\mathcal{A}$在某组基下的矩阵成对角形当且仅当$\mathcal{A}$的任一特征值的特征子空间等于该特征值的根子空间;

(2) $\mathbb{C}$上方阵$\boldsymbol{A}$相似于某对角形矩阵当且仅当$\boldsymbol{A}$的任一特征值的特征子空间等于该特征值的根子空间.

本节将对此相似对角化可能性做进一步更具体的刻画, 即通过使用"最小多项式理论"的方法进行, 使其判别法具有可操作性.

首先介绍最小多项式的概念和性质.

设$\boldsymbol{A}$是数域$\mathbb{P}$上n阶方阵, $f(x) \in \mathbb{P}[x]$, 若$f(\boldsymbol{A}) = \boldsymbol{O}$, 则称$\boldsymbol{A}$是$f(x)$的一个**根矩阵**.

以$\boldsymbol{A}$为根矩阵的非零多项式总是有的, 比如, 由哈密尔顿-凯莱定理, 对$\boldsymbol{A}$的特征多项式$f_{\boldsymbol{A}}(x)$, 总有$f_{\boldsymbol{A}}(\boldsymbol{A})=\boldsymbol{O}$.

对所有这些以$\boldsymbol{A}$为根矩阵的非零多项式, 我们把其中次数最低的首项为1的多项式称为**矩阵$\boldsymbol{A}$的最小多项式**.

相应地, 设$\mathcal{A}$是数域$\mathbb{P}$上的n维线性空间V的一个线性变换，$f(x)\in\mathbb{P}[x]$, 若$f(\mathcal{A})=\mathcal{O}$，则称$\mathcal{A}$是$f(x)$的一个**根变换**. 如果$\mathcal{A}$ 在某组基下的对应矩阵为$\boldsymbol{A}$, 那么我们把矩阵$\boldsymbol{A}$的最小多项式就称为**线性变换$\mathcal{A}$的最小多项式**.

下面所有关于矩阵的最小多项式的讨论和结论都可给出矩阵的对应线性变换的最小多项式的相应表达形式, 请读者自己注意.

性质 1 方阵$\boldsymbol{A}$的最小多项式是唯一的.

证明 设$g_1(x)$, $g_2(x)$均为$\boldsymbol{A}$的最小多项式. 由带余除法, 存在$q(x)$, $r(x)\in\mathbb{P}[x]$且$r(x)=0$或$\partial(r(x))<\partial(g_2(x))$, 使得

$$g_1(x)=q(x)g_2(x)+r(x).$$

于是

$$g_1(\boldsymbol{A})=q(\boldsymbol{A})g_2(\boldsymbol{A})+r(\boldsymbol{A}),$$

其中$g_1(\boldsymbol{A})=g_2(\boldsymbol{A})=0$. 所以$r(\boldsymbol{A})=0$.

若$r(x)\neq 0$, 则$\partial(r(x))<\partial(g_2(x))$. 但$r(\boldsymbol{A})=0$, 这与$g_2(x)$的最小性矛盾, 因此$r(x)=0$, 从而$g_1(x)=q(x)g_2(x)$, 即$g_2(x)\mid g_1(x)$. 同理可得$g_1(x)\mid g_2(x)$. 又, $g_1(x),g_2(x)$均为首1的, 故$g_1(x)=g_2(x)$. □

下面我们都用$g_{\boldsymbol{A}}(x)$表示$\boldsymbol{A}$的唯一的最小多项式.

性质 2 $f(x)\in\mathbb{P}[x]$以$\boldsymbol{A}$为根矩阵当且仅当$g_{\boldsymbol{A}}(x)\mid f(x)$.

证明 充分性显然. 必要性与性质1一样用带余除法即可得. □

推论 2 对方阵$\boldsymbol{A}$的特征多项式$f_{\boldsymbol{A}}(x)$和最小多项式$g_{\boldsymbol{A}}(x)$, 必有$g_{\boldsymbol{A}}(x)\mid f_{\boldsymbol{A}}(x)$.

一些简单方阵的最小多项式是很容易看出来的. 比如, 数量阵$k\boldsymbol{E}$的最小多项式是$x-k$. 特别地, 单位阵的最小多项式是$x-1$, 零矩阵的最小多项式是x. 反之, 以一次多项式为最小多项式的方阵必为数量阵.

一般方阵的最小多项式$g_{\boldsymbol{A}}(x)$如何求呢？我们可以利用$g_{\boldsymbol{A}}(x)\mid f_{\boldsymbol{A}}(x)$来求, 即在低于$\partial(f_{\boldsymbol{A}})$的$f_{\boldsymbol{A}}$的因子中去找最小次的以$\boldsymbol{A}$为根矩阵的因子.

例 5 设$\boldsymbol{A}=\left(\begin{array}{cc|c} 1 & & \\ 1 & 1 & \\ \hline & & 1 \end{array}\right)$, 求$\boldsymbol{A}$的最小多项式.

解 因为$f_{\boldsymbol{A}}(x)=|x\boldsymbol{E}-\boldsymbol{A}|=(x-1)^3$, 所以 $g_{\boldsymbol{A}}(x)$是$(x-1)^3$的因子. 从低到高次看,

$$\boldsymbol{A}-\boldsymbol{E}\neq\boldsymbol{O},\ (\boldsymbol{A}-\boldsymbol{E})^2=\left(\begin{array}{cc|c} 0 & & \\ 1 & 0 & \\ \hline & & 0 \end{array}\right)^2=\boldsymbol{O}.$$

因此$g_{\boldsymbol{A}}(x)=(x-1)^2$.

用这一方法可以证明下述性质(留给读者作为练习):

性质 3 k阶Jordan块$\boldsymbol{J}=\begin{pmatrix} a & & & \\ 1 & a & & \\ & \ddots & \ddots & \\ & & 1 & a \end{pmatrix}$的最小多项式是$(x-a)^k$.

如果方阵$\boldsymbol{A}$与$\boldsymbol{B}$相似, 即有可逆阵$\boldsymbol{T}$使

$$\boldsymbol{B}=\boldsymbol{T}^{-1}\boldsymbol{A}\boldsymbol{T},$$

那么对任一多项式$f(x)$, 有

$$f(\boldsymbol{B})=\boldsymbol{T}^{-1}f(\boldsymbol{A})\boldsymbol{T},$$

从而$f(\boldsymbol{A})=\boldsymbol{O}$当且仅当$f(\boldsymbol{B})=\boldsymbol{O}$. 这说明, **相似矩阵有相同的最小多项式**. 这保证了线性变换$\mathcal{A}$ 的最小多项式$g_{\mathcal{A}}(x)=g_{\boldsymbol{A}}(x)$不因基的改变而改变.

但反之不然, 即: 有相同最小多项式的方阵未必是相似的. 比如, 用上面说过的方法不难求出,

$$\boldsymbol{A}=\left(\begin{array}{cc|cc} 1 & & & \\ 1 & 1 & & \\ \hline & & 1 & \\ & & & 2 \end{array}\right) \text{与} \boldsymbol{B}=\left(\begin{array}{cc|cc} 1 & & & \\ 1 & 1 & & \\ \hline & & 2 & \\ & & & 2 \end{array}\right)$$

的最小多项式都是$(x-1)^2(x-2)$. 但

$$f_{\boldsymbol{A}}(x)=(x-1)^2(x-2)\neq f_{\boldsymbol{B}}(x)=(x-1)^2(x-2)^2,$$

因此$\boldsymbol{A}$与$\boldsymbol{B}$不相似.

根据这一事实, 由于复域$\mathbb{C}$上任一方阵相似于它的Jordan标准形矩阵, 这样我们只要计算Jordan形矩阵的最小多项式, 求出的也就是原矩阵的最小多项式.

那么, 如何计算Jordan形矩阵的最小多项式呢？前面性质3已给出了Jordan块的最小多项式, 而我们注意到每个Jordan形矩阵是若干个Jordan块组成的准对角阵. 因此下面我们给出准对角阵的最小多项式的计算方法.

性质 4 设

$$\boldsymbol{A}=\begin{pmatrix} \boldsymbol{A}_1 & \\ & \boldsymbol{A}_2 \end{pmatrix},$$

其中$\boldsymbol{A}_1,\boldsymbol{A}_2$均为方阵, 则

$$g_{\boldsymbol{A}}(x)=[g_{\boldsymbol{A}_1}(x),g_{\boldsymbol{A}_2}(x)],$$

即$g_{\boldsymbol{A}_1}(x)$和$g_{\boldsymbol{A}_2}(x)$的最小公倍式.

证明 令$g(x)=[g_{\boldsymbol{A}_1}(x),\ g_{\boldsymbol{A}_2}(x)]$, 则有多项式$s(x)$和$t(x)$, 使

$$g(x)=g_{\boldsymbol{A}_1}(x)s(x)=g_{\boldsymbol{A}_2}(x)t(x)$$

且$(s(x),\ t(x))=1$, 于是

$$g(\boldsymbol{A}_1)=\boldsymbol{O},\ g(\boldsymbol{A}_2)=\boldsymbol{O},$$

从而,

$$g(\boldsymbol{A})=g\begin{pmatrix} \boldsymbol{A}_1 & \\ & \boldsymbol{A}_2 \end{pmatrix}=\begin{pmatrix} g(\boldsymbol{A}_1) & \\ & g(\boldsymbol{A}_2) \end{pmatrix}=\begin{pmatrix} \boldsymbol{O} & \\ & \boldsymbol{O} \end{pmatrix}=\boldsymbol{O}.$$

由性质2, $g_{\boldsymbol{A}}(x)\mid g(x)$.

又因为

$$\boldsymbol{O}=g_{\boldsymbol{A}}(\boldsymbol{A})=g_{\boldsymbol{A}}\begin{pmatrix}\boldsymbol{A}_1 & \\ & \boldsymbol{A}_2\end{pmatrix}=\begin{pmatrix}g_{\boldsymbol{A}}(\boldsymbol{A}_1) & \\ & g_{\boldsymbol{A}}(\boldsymbol{A}_2)\end{pmatrix},$$

所以$g_{\boldsymbol{A}}(\boldsymbol{A}_1)=\boldsymbol{O}$, $g_{\boldsymbol{A}}(\boldsymbol{A}_2)=\boldsymbol{O}$. 从而$g_{\boldsymbol{A}_1}(x)\mid g_{\boldsymbol{A}}(x)$, $g_{\boldsymbol{A}_2}(x)\mid g_{\boldsymbol{A}}(x)$. 于是$g(x)\mid g_{\boldsymbol{A}}(x)$. 这说明$g_{\boldsymbol{A}}(x)=g(x)=[g_{\boldsymbol{A}_1}(x),g_{\boldsymbol{A}_2}(x)]$. □

由归纳法即得

推论 3 设

$$\boldsymbol{A}=\begin{pmatrix}\boldsymbol{A}_1 & & & \\ & \boldsymbol{A}_2 & & \\ & & \ddots & \\ & & & \boldsymbol{A}_m\end{pmatrix},$$

其中$\boldsymbol{A}_i\ (i=1,2,\cdots,m)$均为方阵, 那么$g_{\boldsymbol{A}}(x)=[g_{\boldsymbol{A}_1}(x),g_{\boldsymbol{A}_2}(x),\cdots,g_{\boldsymbol{A}_m}(x)]$.

据此可给出$\mathbb{C}$上方阵$\boldsymbol{A}$的最小多项式的计算方法, 即, 设有可逆阵$\boldsymbol{T}$使

$$\boldsymbol{T}^{-1}\boldsymbol{A}\boldsymbol{T}=\boldsymbol{J}$$

为Jordan形矩阵, 那么

$$\boldsymbol{J}=\begin{pmatrix}\boldsymbol{J}_1 & & & \\ & \boldsymbol{J}_2 & & \\ & & \ddots & \\ & & & \boldsymbol{J}_m\end{pmatrix},$$

其中$\boldsymbol{J}_i\ (i=1,2,\cdots,m)$均为Jordan块, 则

$$g_{\boldsymbol{A}}(x)=g_{\boldsymbol{J}}(x)=[g_{\boldsymbol{J}_1}(x),g_{\boldsymbol{J}_2}(x),\cdots,g_{\boldsymbol{J}_m}(x)].$$

例如, 上述

$$\boldsymbol{A}=\left(\begin{array}{cc|cc}1 & & & \\ 1 & 1 & & \\ \hline & & 1 & \\ & & & 2\end{array}\right),\ \boldsymbol{B}=\left(\begin{array}{cc|cc}1 & & & \\ 1 & 1 & & \\ \hline & & 2 & \\ & & & 2\end{array}\right),$$

其中$\begin{pmatrix}1 & 0\\ 1 & 1\end{pmatrix}$, (1),(2) 的最小多项式分别是$(x-1)^2, x-1, x-2$, 则

$$g_{\boldsymbol{A}}(x)=[(x-1)^2,x-1,x-2]=(x-1)^2(x-2),$$
$$g_{\boldsymbol{B}}(x)=[(x-1)^2,x-2,x-2]=(x-1)^2(x-2).$$

现在用最小多项式给出$\mathbb{C}$上方阵$\boldsymbol{A}$可以相似对角化的刻画. 由前面讨论知, $\boldsymbol{A}$ 可相似对角化当且仅当它的Jordan标准形可相似对角化. 而可以看出的是, 一个Jordan形矩阵可相似对角化当且仅当它是对角阵, 这等价于说Jordan阵的每个Jordan块都是1×1的. 由此, 我们可以得到的结论如下:

定理 6 数域$\mathbb{P}$上n阶方阵$\boldsymbol{A}$可相似对角化当且仅当$\boldsymbol{A}$的最小多项式是$\mathbb{P}$上互素的一次因式的乘积.

证明 **必要性**: 已知有可逆阵$\boldsymbol{T}$使

$$T^{-1}AT=\begin{pmatrix}\lambda_1&&&&&&\\&\ddots&&&&&\\&&\lambda_1&&&&\\&&&\ddots&&&\\&&&&\lambda_s&&\\&&&&&\ddots&\\&&&&&&\lambda_s\end{pmatrix},$$

其中对$i\neq j$, $\lambda_i\neq\lambda_j$. 由推论3可见,

$$g_{A}(x)=[x-\lambda_1,\cdots,x-\lambda_1,\cdots,x-\lambda_s,\cdots,x-\lambda_s]=(x-\lambda_1)\cdots(x-\lambda_s).$$

充分性: 由上册知, A可相似对角化当且仅当线性空间$\mathbb{P}^n$有一组由A的特征向量组成的基. 设$g_{A}(x)=(x-\lambda_1)\cdots(x-\lambda_s)$, 其中当$i\neq j$, $\lambda_i\neq\lambda_j$. 因为$g_{A}(x)\mid f_{A}(x)$, 所以$\lambda_1,\cdots,\lambda_s$均为$A$的特征值. 对$i=1,\cdots,s$, 令$V_{\lambda_i}$是$\lambda_i$的特征子空间. 下面我们只需证明

$$\mathbb{P}^n=V_{\lambda_1}\bigoplus\cdots\bigoplus V_{\lambda_s},$$

从而说明了$\mathbb{P}^n$有一组由A的特征向量组成的基.

首先, 由于不同特征值对应的特征向量总是线性无关的, 因此$V_{\lambda_1}+\cdots+V_{\lambda_s}$是一个直和.

令

$$g_i(x)=\frac{g_{A}(x)}{x-\lambda_i}=\frac{(x-\lambda_1)\cdots(x-\lambda_s)}{x-\lambda_i},$$

则$(g_1(x),\cdots,g_s(x))=1$, 从而有$u_1(x),\cdots,u_s(x)\in\mathbb{P}[x]$使

$$u_1(x)g_1(x)+\cdots+u_s(x)g_s(x)=1.$$

则对任一$\alpha\in\mathbb{P}^n$, 有

$$\alpha=u_1(A)g_1(A)\alpha+\cdots+u_s(A)g_s(A)\alpha=\beta_1+\cdots+\beta_s,$$

其中$\beta_i=u_i(A)g_i(A)\alpha\ (i=1,\cdots,s)$.

由于$(\lambda_iE-A)\beta_i=(\lambda_iE-A)u_i(A)g_i(A)\alpha=-u_i(A)g_{A}(A)\alpha=u_i(A)O\alpha=\theta$, 则$\beta_i\in V_{\lambda_i}$. 于是, 我们得$\mathbb{P}^n=V_{\lambda_1}\bigoplus\cdots\bigoplus V_{\lambda_s}$. □

由于$\mathbb{P}=\mathbb{C}$时, $g_{A}(x)$总可分解为一次因式的乘积, 因此, 上述定理可表述为:

推论 4 复方阵可相似对角化当且仅当A的最小多项式$g_{A}(x)$没有重根.

§5.4 λ-矩阵及其标准形

§5.2已经说明了复方阵Jordan标准形的存在性. 本节开始将围绕Jordan标准形的唯一性与计算问题展开, 所用方法是所谓的λ-矩阵的方法.

设有数域$\mathbb{P}$上的一元多项式环$\mathbb{P}[\lambda]$. 如果一个矩阵的元素都是$\mathbb{P}[\lambda]$的多项式, 就称此矩阵为**λ-矩阵**.

注意, 通常所说的数域$\mathbb{P}$上的矩阵的元素都是数字, 故称为**数字矩阵**. 由于$\mathbb{P} \subseteq \mathbb{P}[\lambda]$, 因此, 数字矩阵可以看作是特殊的λ-矩阵. 一般地, 数字矩阵表为$\boldsymbol{A} = (a_{ij})$, 其中$a_{ij} \in \mathbb{P}$; λ-矩阵表为$\boldsymbol{A}(\lambda) = (a_{ij}(\lambda))$, 其中$a_{ij}(\lambda) \in \mathbb{P}[\lambda]$.

虽然λ-矩阵与数字矩阵有很大区别, 但是还有很多相似的方面. 比如, 设

$$\boldsymbol{A}(\lambda) = (a_{ij}(\lambda))_{n\times m},\ \boldsymbol{B}(\lambda) = (b_{ij}(\lambda))_{n\times m},\ \boldsymbol{C}(\lambda) = (c_{ij}(\lambda))_{m\times k},$$

则加法定义为

$$\boldsymbol{A}(\lambda) + \boldsymbol{B}(\lambda) = (a_{ij}(\lambda) + b_{ij}(\lambda))_{n\times m};$$

乘法定义为

$$\boldsymbol{A}(\lambda)\boldsymbol{C}(\lambda) = \boldsymbol{D}(\lambda) = (d_{ij}(\lambda))_{n\times k},$$

其中$d_{ij}(\lambda) = \Sigma_{l=1}^{m} a_{il}(\lambda)c_{lj}(\lambda)$; 当$n = m$时, $\boldsymbol{A}(\lambda)$的行列式

$$|\boldsymbol{A}(\lambda)| = \Sigma_{i_1\cdots i_n}(-1)^{\tau(i_1\cdots i_n)} a_{1i_1}(\lambda)a_{2i_2}(\lambda)\cdots a_{ni_n}(\lambda).$$

当$n = m = k$时, $|\boldsymbol{A}(\lambda)\boldsymbol{C}(\lambda)| = |\boldsymbol{A}(\lambda)||\boldsymbol{C}(\lambda)|$, 其证明方法与数字矩阵的一样.

与数字矩阵一样的方法，可以定义λ-矩阵的子式、(代数)余子式等概念，并进而证明λ-矩阵上的Laplace定理.

$\boldsymbol{A}(\lambda)$的**秩**定义为r, 如果$\boldsymbol{A}(\lambda)$中至少有一个$r(r \geq 1)$级子式不为零, 但所有$r+1$级子式(如果有的话)全为零. 特别地, 零矩阵的秩规定为零. 这是数字矩阵的秩的推广.

同样地, 我们还有:

定义 3 一个n阶λ-矩阵$\boldsymbol{A}(\lambda)$称为**可逆的**, 若存在一个$n \times n$的λ-矩阵$\boldsymbol{B}(\lambda)$使

$$\boldsymbol{A}(\lambda)\boldsymbol{B}(\lambda) = \boldsymbol{B}(\lambda)\boldsymbol{A}(\lambda) = \boldsymbol{E}.$$

可以证明, 这样的$\boldsymbol{B}(\lambda)$是唯一的, 称$\boldsymbol{B}(\lambda)$是$\boldsymbol{A}(\lambda)$的**逆矩阵**, 记为$\boldsymbol{A}^{-1}(\lambda)$.

在λ-矩阵的情形, 其可逆的条件是:

定理 7 一个n阶λ-矩阵$\boldsymbol{A}(\lambda)$是可逆的充要条件是行列式$|\boldsymbol{A}(\lambda)|$为一个非零的数, 即$|\boldsymbol{A}(\lambda)| \neq 0$且$\partial(|\boldsymbol{A}(\lambda)|) = 0$.

证明 对于λ-矩阵, 与数字矩阵同样的方法，可定义$\boldsymbol{A}(\lambda)$的伴随矩阵$\boldsymbol{A}^*(\lambda)$, 其$(i,j)$-元是$\boldsymbol{A}(\lambda)$中$(j,i)$-元的代数余子式. 由λ-矩阵上的Laplace定理可得,

$$\boldsymbol{A}(\lambda)\boldsymbol{A}^*(\lambda) = \boldsymbol{A}^*(\lambda)\boldsymbol{A}(\lambda) = d\boldsymbol{E},$$

其中$d = |\boldsymbol{A}(\lambda)|$.

当d是非零数, 则$\boldsymbol{A}(\lambda)\dfrac{1}{d}\boldsymbol{A}^*(\lambda) = \dfrac{1}{d}\boldsymbol{A}^*(\lambda)\boldsymbol{A}(\lambda) = \boldsymbol{E}$, 从而$\boldsymbol{A}(\lambda)$有逆矩阵$\boldsymbol{A}^{-1}(\lambda) = \dfrac{1}{d}\boldsymbol{A}^*(\lambda)$.

反之, 当$\boldsymbol{A}(\lambda)$可逆, 即有λ-矩阵$\boldsymbol{B}(\lambda)$使$\boldsymbol{A}(\lambda)\boldsymbol{B}(\lambda) = \boldsymbol{E}$. 从而$|\boldsymbol{A}(\lambda)||\boldsymbol{B}(\lambda)| = 1$, 得$d = |\boldsymbol{A}(\lambda)|$是非零数. □

λ-矩阵的初等变换定义为如下三种变换或它们的多次合成:

1. λ-矩阵的两行(列)互换位置;

2. λ-矩阵的某一行(列)乘以一个非零常数;

3. λ-矩阵的某一行(列)加上另一行(列)的$\varphi(\lambda)$-倍, 这里$\varphi(\lambda)$是一个多项式.

与数字矩阵一样, 对λ-矩阵作某一类初等行(列)变换, 相当于左(右)乘某个简单的λ-矩阵, 这个对应的简单λ-矩阵称为**初等矩阵**.

(i) 互换i行(列)和j行(列)相当于左(右)乘初等矩阵

$$P(i,j)=\begin{pmatrix}1&&&&&&\\&\ddots&&&&&\\&&0&\cdots&1&&\\&&\vdots&\ddots&\vdots&&\\&&1&\cdots&0&&\\&&&&&\ddots&\\&&&&&&1\end{pmatrix}\begin{matrix}\\ \\ i\\ \\ j\\ \\ \\ \end{matrix};$$

(ii) i行(列)乘以非零常数c相当于左(右)乘初等矩阵

$$P(i(c))=\begin{pmatrix}1&&&&\\&\ddots&&&\\&&c&&\\&&&\ddots&\\&&&&1\end{pmatrix}i\ ;$$

(iii) 将第j行乘以$\varphi(\lambda)$倍加到第i行(或将第i列乘以$\varphi(\lambda)$倍加到第j列) 相当于左(右)乘初等矩阵

$$P(i,j(\varphi(\lambda)))=\begin{pmatrix}1&&&&&&\\&\ddots&&&&&\\&&1&\cdots&\varphi(\lambda)&&\\&&&\ddots&\vdots&&\\&&&&1&&\\&&&&&\ddots&\\&&&&&&1\end{pmatrix}\begin{matrix}\\ \\ i\\ \\ j\\ \\ \\ \end{matrix}.$$

由于每个初等变换都是可逆的, 所以相应的初等矩阵也是可逆的; 逆变换对应的矩阵就是相应初等矩阵的逆矩阵. 易见,

$$P(i,j)^{-1}=P(i,j),P(i(c))=P(i(\frac{1}{c})),P(i,j(\varphi(\lambda)))=P(i,j(-\varphi(\lambda))).$$

因为次数大于1的多项式关于乘法总是不可逆的, 所以第2类初等变换$P(i(c))$中的c只能取非零常数.

定义 4 λ-矩阵$A(\lambda)$与$B(\lambda)$称为**等价**的, 若可以经过一系列的初等变换将$A(\lambda)$变成$B(\lambda)$.

显然, $A(\lambda)$与$B(\lambda)$等价当且仅当存在一系列初等矩阵$P_1,\cdots,P_l,Q_1,\cdots,Q_t$使

$$B(\lambda)=P_1\cdots P_lA(\lambda)Q_1\cdots Q_t.$$

因为初等阵总是可逆的, 所以$X=P_1\cdots P_l$与$Y=Q_1\cdots Q_t$均为可逆λ-矩阵, 于是$B(\lambda)=XA(\lambda)Y$. 因而, 我们有:

性质 5 若λ-矩阵$A(\lambda)$与$B(\lambda)$等价, 那么

(i) 存在可逆λ-矩阵X,Y, 使$B(\lambda)=XA(\lambda)Y$;

(ii) $|\boldsymbol{A}(\lambda)|$与$|\boldsymbol{B}(\lambda)|$相差一个常数倍.

下面§5.5中将说明上述性质5 (i)的逆命题也是成立的.

与数字矩阵情况一样, λ-矩阵间的等价也满足反身性、对称性和传递性.

上册中已证明, 任一数字矩阵经过初等变换可以化成它的标准形. 下面我们也来给出λ-矩阵的标准形概念并证明类似的结论.

引理 2 设λ-矩阵$\boldsymbol{A}(\lambda)$的$(1,1)$元素$a_{11}(\lambda)\neq 0$, 并且$\boldsymbol{A}(\lambda)$中至少有一个元素不能被$a_{11}(\lambda)$整除, 那么$\boldsymbol{A}(\lambda)$等价于一个λ-矩阵$\boldsymbol{B}(\lambda)$, 使得$\boldsymbol{B}(\lambda)$的$(1,1)$元素不为零且次数比$a_{11}(\lambda)$的次数低.

证明 根据$\boldsymbol{A}(\lambda)$中不能被$a_{11}(\lambda)$整除的元素所在位置, 分三种情况讨论:

(i) 当$\boldsymbol{A}(\lambda)$的第一列中有一个元素$a_{i1}(\lambda)$不能被$a_{11}(\lambda)$整除. 由带余除法,

$$a_{i1}(\lambda)=a_{11}(\lambda)q(\lambda)+r(\lambda),$$

其中$r(\lambda)\neq 0$且$\partial(r(\lambda))<\partial(a_{11}(\lambda))$. 那么,

$$\boldsymbol{A}(\lambda)\xrightarrow{R_i-q(\lambda)R_1}\begin{pmatrix} a_{11}(\lambda) & \cdots & \cdots \\ \vdots & \ddots & \ddots \\ r(\lambda) & \cdots & \cdots \\ \vdots & \ddots & \ddots \end{pmatrix}$$

$$\xrightarrow{R_i\leftrightarrow R_1}\begin{pmatrix} r(\lambda) & \cdots & \cdots \\ \vdots & \ddots & \ddots \\ a_{11}(\lambda) & \cdots & \cdots \\ \vdots & \ddots & \ddots \end{pmatrix}=\boldsymbol{B}(\lambda);$$

即$\boldsymbol{B}(\lambda)$的$(1,1)$-元素$r(\lambda)$的次数小于$a_{11}(\lambda)$的次数.

(ii) 当$\boldsymbol{A}(\lambda)$的第一行中有一个元素$a_{1i}(\lambda)$不能被$a_{11}(\lambda)$整除. 该情况与(i)对称, 作初等列变换即可.

(iii) 当$\boldsymbol{A}(\lambda)$的第一行与第一列中元素均可以被$a_{11}(\lambda)$整除.

由已知条件, 存在$a_{ij}(\lambda)(i>1,j>1)$不能被$a_{11}(\lambda)$整除. 由条件(iii), $a_{11}(\lambda)$整除$a_{i1}(\lambda)$, 设$a_{i1}(\lambda)=a_{11}(\lambda)\varphi(\lambda)$. 那么,

$$\boldsymbol{A}(\lambda)\xrightarrow{R_i-\varphi(\lambda)R_1}\begin{pmatrix} a_{11}(\lambda) & \cdots & a_{1j}(\lambda) & \cdots \\ \vdots & & \vdots & \\ 0 & \cdots & a_{ij}(\lambda)-a_{1j}(\lambda)\varphi(\lambda) & \cdots \\ \vdots & & \vdots & \end{pmatrix}$$

$$\xrightarrow{R_1+R_i}\begin{pmatrix} a_{11}(\lambda) & \cdots & a_{ij}(\lambda)+(1-\varphi(\lambda))a_{1j}(\lambda) & \cdots \\ \vdots & & \vdots & \\ 0 & \cdots & a_{ij}(\lambda)-a_{1j}(\lambda)\varphi(\lambda) & \cdots \\ \vdots & & \vdots & \end{pmatrix}=\boldsymbol{A}_1(\lambda);$$

这里$\boldsymbol{A}_1(\lambda)$的$(1,j)$元素$a_{ij}(\lambda)+(1-\varphi(\lambda))a_{1j}(\lambda)$不能被$a_{11}(\lambda)$整除, 因为$a_{11}(\lambda)|a_{1j}(\lambda)$,

但$a_{11}(\lambda)\nmid a_{ij}(\lambda)$. 这样$\boldsymbol{A}_1(\lambda)$满足情况(ii). 再由(ii)的讨论, 结论得证. □

定理 8 任意一个非零常数的$s\times n$阶λ-矩阵$\boldsymbol{A}(\lambda)$都等价于下述形式的λ-矩阵:

$$\begin{pmatrix} d_1(\lambda) & & & \\ & \ddots & & \\ & & d_r(\lambda) & \\ & & & \boldsymbol{O} \end{pmatrix}_{s\times n},$$

其中$r\geq 1, d_1(\lambda),\cdots,d_r(\lambda)$是首项系数为1的多项式, 且$d_i(\lambda)|d_{i+1}(\lambda)\ (i=1,\cdots,r-1)$.

证明 第一步, 首先证明, $\boldsymbol{A}(\lambda)$等价于某个λ-矩阵$\boldsymbol{C}(\lambda)$, 使得$\boldsymbol{C}(\lambda)$的$(1,1)$-元素非零且可以整除$\boldsymbol{C}(\lambda)$ 中的任一其他元素.

事实上, 因为$\boldsymbol{A}(\lambda)\neq 0$, 必存在$a_{i_0j_0}(\lambda)\neq 0$, 则

$$\boldsymbol{A}(\lambda)\xrightarrow{R_1\leftrightarrow R_{i_0}}\begin{pmatrix} a_{i_01}(\lambda) & \cdots & a_{i_0j_0}(\lambda) & \cdots \\ \vdots & & \vdots & \\ a_{11}(\lambda) & \cdots & a_{1j_0}(\lambda) & \cdots \\ \vdots & & \vdots & \end{pmatrix}$$

$$\xrightarrow{C_1\leftrightarrow C_{j_0}}\begin{pmatrix} a_{i_0j_0}(\lambda) & \cdots & a_{i_01}(\lambda) & \cdots \\ \vdots & & \vdots & \\ a_{1j_0}(\lambda) & \cdots & a_{11}(\lambda) & \cdots \\ \vdots & & \vdots & \end{pmatrix}.$$

因此, 不妨直接假设$\boldsymbol{A}(\lambda)$的$a_{11}(\lambda)\neq 0$.

若任一$a_{ij}(\lambda)$都可被$a_{11}(\lambda)$整除, 即已证.

不然, 则存在$a_{ij}(\lambda)$不可被$a_{11}(\lambda)$整除, 那么由引理2得, $\boldsymbol{A}(\lambda)$等价于一个λ-矩阵$\boldsymbol{A}_1(\lambda)$, 这里$\boldsymbol{A}_1(\lambda)$的$(1,1)$- 元素$a_{11}^{(1)}(\lambda)$的次数小于$\partial(a_{11}(\lambda))$.

若$a_{11}^{(1)}(\lambda)$可以整除$\boldsymbol{A}_1(\lambda)$的任一元素$a_{ij}^{(1)}(\lambda)$, 则已证. 不然, 同理, $\boldsymbol{A}_1(\lambda)$等价于$\boldsymbol{A}_2(\lambda)$, 这里$\boldsymbol{A}_2(\lambda)$的$(1,1)$-元素的次数小于$\partial(a_{11}^{(1)}(\lambda))$.

依次, 我们得彼此等价的λ-矩阵序列$\boldsymbol{A}(\lambda),\boldsymbol{A}_1(\lambda),\cdots,\boldsymbol{A}_t(\lambda),\cdots$, 它们的$(1,1)$-元素的次数是严格递减的. 若每个$a_{11}^{(t)}(\lambda)$ 都不能完全整除$\boldsymbol{A}_t(\lambda)$的所有元, 总可构造$\boldsymbol{A}_{t+1}(\lambda)$, 则得一个无限序列. 这与$a_{11}(\lambda)$的次数有限矛盾.

因此, 总有$\boldsymbol{A}_t(\lambda)$, 使$a_{11}^{(t)}(\lambda)$整除$\boldsymbol{A}_t(\lambda)$的所有元素. 取$\boldsymbol{C}(\lambda)=\boldsymbol{A}_t(\lambda)$即可.

第二步, 令$p=\min\{s,n\}$, 对p用归纳法, 证明$\boldsymbol{A}(\lambda)$等价于形如

$$\begin{pmatrix} d_1(\lambda) & & & \\ & \ddots & & \\ & & d_r(\lambda) & \\ & & & \boldsymbol{O} \end{pmatrix}_{s\times n}$$

的λ-矩阵, 其中, $r\geq 1,\ d_i(\lambda)|d_{i+1}(\lambda)\ (i=1,2,\cdots,r-1)$.

当$p=1$时, 若$s=n=1$, 则$\boldsymbol{A}(\lambda)=(a_{11}(\lambda))$已有所需形式. 若$s\neq n$, 因为$p=1$, 不妨设$1=s<n$, 由第一步结论, $\boldsymbol{A}(\lambda)$等价于某个$\boldsymbol{C}(\lambda)$, 而$\boldsymbol{C}(\lambda)$满足: 对任意i,j有$c_{11}(\lambda)|c_{ij}(\lambda)$成立, 故$c_{1j}(\lambda)=c_{11}(\lambda)q_{1j}(\lambda)$, 对某些$q_{1j}(\lambda)\in\mathbb{P}[\lambda]$ $(j=1,\cdots,n)$, 那么

$$\boldsymbol{C}(\lambda)\xrightarrow{C_j-q_{1j}(\lambda)C_1\ (j=1,\cdots,n)}\begin{pmatrix}c_{11}(\lambda) & 0 & \cdots & 0\end{pmatrix}_{1\times n}$$

即为所需形式.

假设当$p=p_0$时, 结论成立, 下面考虑$p=\min\{s,n\}=p_0+1$时的情况.

由第一步结论, $\boldsymbol{A}(\lambda)$等价于某$\boldsymbol{C}(\lambda)$, 而$\boldsymbol{C}(\lambda)$满足: 对任意i,j有$c_{11}(\lambda)|c_{ij}(\lambda)$成立, 故$c_{ij}(\lambda)=c_{11}(\lambda)q_{ij}(\lambda)$, 对某些$q_{ij}(\lambda)\in\mathbb{P}[\lambda]$ $(i=1,\cdots,s;\ j=1,\cdots,n)$. 那么

$$\boldsymbol{C}(\lambda)\xrightarrow[R_i-q_{i1}(\lambda)R_1\ (i=1,\cdots,s)]{C_j-q_{1j}(\lambda)C_1\ (j=1,\cdots,n)}\begin{pmatrix}c_{11}(\lambda) & \\ & \boldsymbol{C}_1(\lambda)\end{pmatrix},$$

其中$(s-1)\times(n-1)$阶λ-阵$\boldsymbol{C}_1(\lambda)$是$\boldsymbol{C}(\lambda)$中的元素通过初等变换得到的, 故每个元素都是$\boldsymbol{C}(\lambda)$中元素的$\mathbb{P}[\lambda]$-线性组合（即, 对$\boldsymbol{C}_1(\lambda)$中的元素$x$, 总有$\boldsymbol{C}(\lambda)$中的元素$w_1,\cdots,w_h$使得$x=\alpha_1w_1+\cdots+\alpha_hw_h$, 其中$\alpha_1,\cdots,\alpha_h\in\mathbb{P}[\lambda]$）, 从而$\boldsymbol{C}_1(\lambda)$的每个元素都可以被$c_{11}(\lambda)$整除.

这时$\min\{s-1,n-1\}=\min\{s,n\}-1=(p_0+1)-1=p_0$, 即$\boldsymbol{C}_1(\lambda)$满足归纳假设的条件. 若$\boldsymbol{C}_1(\lambda)=\boldsymbol{O}$(零矩阵), 则结论已成立. 若$\boldsymbol{C}_1(\lambda)\neq\boldsymbol{O}$, 则由归纳假设, $\boldsymbol{C}_1(\lambda)$等价于形如

$$\boldsymbol{D}(\lambda)=\left(\begin{array}{ccc:c}d_1'(\lambda) & & & \\ & \ddots & & \\ & & d_{r-1}'(\lambda) & \\ \hdashline & & & \boldsymbol{O}\end{array}\right)_{(s-1)\times(n-1)},$$

的λ-矩阵, 其中, $r-1\geq1$, $d_i'(\lambda)|d_{i+1}'(\lambda)$ $(i=1,2,\cdots,r-2)$. 由于$\boldsymbol{D}(\lambda)$由$\boldsymbol{C}_1(\lambda)$经初等变换得到, 所以$\boldsymbol{D}(\lambda)$的每个元素是$\boldsymbol{C}_1(\lambda)$的某些元素的$\mathbb{P}[\lambda]$-线性组合, 而$\boldsymbol{C}_1(\lambda)$的每个元素都可以被$c_{11}(\lambda)$整除, 所以$\boldsymbol{D}(\lambda)$的每个元素也都可以被$c_{11}(\lambda)$整除. 因此, $c_{11}(\lambda)|d_i'(\lambda)$ $(i=1,2,\cdots,r-1)$, 于是,

$$\begin{pmatrix}c_{11}(\lambda) & \\ & \boldsymbol{D}(\lambda)\end{pmatrix}$$

即有我们所需的形式. 由于$\boldsymbol{C}_1(\lambda)$等价于$\boldsymbol{D}(\lambda)$, 所以

$$\begin{pmatrix}c_{11}(\lambda) & \\ & \boldsymbol{C}_1(\lambda)\end{pmatrix}\text{等价于}\begin{pmatrix}c_{11}(\lambda) & \\ & \boldsymbol{D}(\lambda)\end{pmatrix}.$$

因此, $\boldsymbol{A}(\lambda)$等价于$\begin{pmatrix}c_{11}(\lambda) & \\ & \boldsymbol{D}(\lambda)\end{pmatrix}$, 结论得证.

上述第二步所得结论与原定理结论仅差“$d_1(\lambda),\ \cdots,\ d_r(\lambda)$是首项系数为1的多项式”这一点, 而这在初等变换下显然是一样的. □

上述定理中，$\boldsymbol{A}(\lambda)$经初等变换转化成具有如下形式的λ-矩阵:

$$\left(\begin{array}{ccc|c} d_1(\lambda) & & & \\ & \ddots & & \\ & & d_r(\lambda) & \\ \hline & & & \boldsymbol{O} \end{array}\right),$$

其中$d_i(\lambda)$的首项系数均为1，且

$$d_i(\lambda)|d_{i+1}(\lambda) \ \ (i=1,2,\cdots,r-1)).$$

上述λ-矩阵被称为$\boldsymbol{A}(\lambda)$的**标准形**. 因此定理8实际上给出了$\boldsymbol{A}(\lambda)$的标准形的存在性.

下一节我们再证明标准形的唯一性.

例 6 给出$\boldsymbol{A}(\lambda)=\begin{pmatrix} 1-\lambda & 2\lambda-1 & \lambda \\ \lambda & \lambda^2 & -\lambda \\ 1+\lambda^2 & \lambda^3+\lambda-1 & -\lambda^2 \end{pmatrix}$的标准形.

解 因为

$$\boldsymbol{A}(\lambda) \xrightarrow{C_3+C_1} \begin{pmatrix} 1-\lambda & 2\lambda-1 & 1 \\ \lambda & \lambda^2 & 0 \\ 1+\lambda^2 & \lambda^3+\lambda-1 & 1 \end{pmatrix}$$

$$\xrightarrow{C_1\leftrightarrow C_3} \begin{pmatrix} 1 & 2\lambda-1 & 1-\lambda \\ 0 & \lambda^2 & \lambda \\ 1 & \lambda^3+\lambda-1 & 1+\lambda^2 \end{pmatrix}\text{(即使左上角元素可以整除所有其他元素)}$$

$$\xrightarrow{R_3-R_1} \begin{pmatrix} 1 & 2\lambda-1 & 1-\lambda \\ 0 & \lambda^2 & \lambda \\ 0 & \lambda^3-\lambda & \lambda^2+\lambda \end{pmatrix} \xrightarrow[C_3-(1-\lambda)C_1]{C_2-(2\lambda-1)C_1} \begin{pmatrix} 1 & 0 & 0 \\ 0 & \lambda^2 & \lambda \\ 0 & \lambda^3-\lambda & \lambda^2+\lambda \end{pmatrix}$$

$$\xrightarrow{C_2\leftrightarrow C_3} \begin{pmatrix} 1 & 0 & 0 \\ 0 & \lambda & \lambda^2 \\ 0 & \lambda^2+\lambda & \lambda^3-\lambda \end{pmatrix} \xrightarrow{C_3-\lambda C_2} \begin{pmatrix} 1 & 0 & 0 \\ 0 & \lambda & 0 \\ 0 & \lambda^2+\lambda & -\lambda^2-\lambda \end{pmatrix}$$

$$\xrightarrow{R_3-(\lambda+1)R_2} \begin{pmatrix} 1 & 0 & 0 \\ 0 & \lambda & 0 \\ 0 & 0 & -(\lambda^2+\lambda) \end{pmatrix} \xrightarrow{-R_3} \begin{pmatrix} 1 & 0 & 0 \\ 0 & \lambda & 0 \\ 0 & 0 & \lambda^2+\lambda \end{pmatrix} = \boldsymbol{B}(\lambda),$$

所以$\boldsymbol{B}(\lambda)$是$\boldsymbol{A}(\lambda)$的标准形.

§ 5.5 行列式因子与标准形唯一性

本节将引入λ-矩阵的行列式因子、不变因子、初等因子等这些在初等变换下不变的概念. 它们是本节讨论标准形唯一性的主要工具，也是我们理解整个λ-矩阵理论的关键.

定义 5 设λ-矩阵$\boldsymbol{A}(\lambda)$的秩为r, 对于正整数k, $1 \le k \le r$, $\boldsymbol{A}(\lambda)$中所有非零的k级子式的首项系数为1的最大公因式$D_k(\lambda)$称为$\boldsymbol{A}(\lambda)$的k**级行列式因子**.

由秩的定义可见, 秩为r的λ-矩阵的行列式因子共有r个, 设为

$$D_1(\lambda),\ D_2(\lambda),\ \cdots,\ D_r(\lambda),$$

由行列式因子定义知它们都不为零.

行列式因子的意义在于, 它是初等变换下的不变量, 即我们有定理:

定理 9 等价的两个λ-矩阵的秩及对应的各级行列式因子必为相同的.

证明 只要证明, λ-矩阵$\boldsymbol{A}(\lambda)$经过一次初等变换成为$\boldsymbol{B}(\lambda)$后, 秩与行列式因子都是不变的. 设$\boldsymbol{A}(\lambda)$和$\boldsymbol{B}(\lambda)$的秩分别是r和s, $\boldsymbol{A}(\lambda)$和$\boldsymbol{B}(\lambda)$的k级行列式因子分别是$f(\lambda)$和$g(\lambda)$. 下面根据三类初等行变换, 分三种情况讨论:

(i) $\boldsymbol{A}(\lambda) \xrightarrow{R_i \leftrightarrow R_j} \boldsymbol{B}(\lambda)$.

这时, $\boldsymbol{B}(\lambda)$的每个k级子式或者等于$\boldsymbol{A}(\lambda)$的某个k级子式或者与$\boldsymbol{A}(\lambda)$的某个k级子式反号. 因此$f(\lambda)$整除$\boldsymbol{B}(\lambda)$的所有k级子式, 从而$f(\lambda)|g(\lambda)$. 再由秩的定义, 得$r \geq s$.

(ii) $\boldsymbol{A}(\lambda) \xrightarrow{cR_i} \boldsymbol{B}(\lambda)$.

这时, $\boldsymbol{B}(\lambda)$的每个k级子式或者等于$\boldsymbol{A}(\lambda)$的某个k级子式或者等于$\boldsymbol{A}(\lambda)$的某个k级子式的c倍. 因此, $f(\lambda)$也整除$\boldsymbol{B}(\lambda)$的所有k级子式, 从而$f(\lambda)|g(\lambda)$. 同样由秩的定义, 可得$r \geq s$.

(iii) $\boldsymbol{A}(\lambda) \xrightarrow{R_i + \varphi(\lambda) R_j} \boldsymbol{B}(\lambda)$.

这时, $\boldsymbol{B}(\lambda)$中那些包含i行与j行的k级子式和不含i行的k级子式都等于$\boldsymbol{A}(\lambda)$中的某个k级子式; $\boldsymbol{B}(\lambda)$中那些包含i行但不含j行的k级子式可按原i行拆分为$\boldsymbol{A}(\lambda)$的一个k级子式与另一个k级子式的$\pm\varphi(\lambda)$倍的和. 因此$f(\lambda)$也整除$\boldsymbol{B}(\lambda)$的所有k级子式, 从而$f(\lambda)|g(\lambda)$. 同理, 关于秩也有$r \geq s$.

由于初等变换是可逆的, 即有$\boldsymbol{B}(\lambda) \to \boldsymbol{A}(\lambda)$. 同理, 有$g(\lambda)|f(\lambda)$且$s \geq r$.

于是, $f(\lambda) = g(\lambda)$. 从而$s = r$. □

由定理8, 任一λ-矩阵等价于它的标准形, 设为

$$\boldsymbol{B}(\lambda) = \left(\begin{array}{cccc|c} d_1(\lambda) & & & & \\ & d_2(\lambda) & & & \\ & & \ddots & & \\ & & & d_r(\lambda) & \\ \hline & & & & \boldsymbol{O} \end{array}\right),$$

其中$d_i(\lambda)|d_{i+1}(\lambda)$, $i = 1, \cdots, r-1$. 那么根据定理9, $\boldsymbol{A}(\lambda)$与$\boldsymbol{B}(\lambda)$的行列式因子相同, 而$\boldsymbol{B}(\lambda)$比较简单, 所以我们只要算$\boldsymbol{B}(\lambda)$的行列式因子就可以了.

$\boldsymbol{B}(\lambda)$中的k级子式表为$M\begin{pmatrix} i_1 & \cdots & i_k \\ j_1 & \cdots & j_k \end{pmatrix}$. 由$\boldsymbol{B}(\lambda)$的定义不难看出:

当存在$p = 1, \cdots, k$使$i_p \neq j_p$时, $M\begin{pmatrix} i_1 & \cdots & i_k \\ j_1 & \cdots & j_k \end{pmatrix} = 0$;

当$i_p = j_p$时, 对$p = 1, \cdots, k$时, $M\begin{pmatrix} i_1 & \cdots & i_k \\ j_1 & \cdots & j_k \end{pmatrix} = d_{i_1}(\lambda) d_{i_2}(\lambda) \cdots d_{i_k}(\lambda)$.

因为

$$d_i(\lambda)|d_{i+1}(\lambda),\ i=1,\ \cdots,\ r-1,$$

所以, 当$i_1 \geq 1, \cdots, i_k \geq k$时, 有

$$d_1(\lambda)\cdots d_k(\lambda)|d_{i_1}(\lambda)\cdots d_{i_k}(\lambda).$$

这说明$\boldsymbol{B}(\lambda)$的所有k级子式的最大公因式是$d_1(\lambda)\cdots d_k(\lambda)$, 这也就是$\boldsymbol{B}(\lambda)$的$k$级行列式因子.

因此$\boldsymbol{B}(\lambda)$的$1, 2, \cdots, r$级行列式因子分别是:

$$d_1(\lambda), d_1(\lambda)d_2(\lambda), \cdots, d_1(\lambda)d_2(\lambda)\cdots d_r(\lambda).$$

现在令$\boldsymbol{A}(\lambda)$的l级行列式因子是$D_l(\lambda)(l=1,\ \cdots,\ r)$, 那么由定理9,

$$D_l(\lambda)=d_1(\lambda)d_2(\lambda)\cdots d_l(\lambda),\ \text{对}l=1,\ \cdots,\ r.$$

于是, 当$2 \leq l \leq r$时,

$$D_l(\lambda)=D_{l-1}(\lambda)d_l(\lambda),$$

从而

$$D_{l-1}(\lambda)|D_l(\lambda)\text{且}d_l(\lambda)=\frac{D_l(\lambda)}{D_{l-1}(\lambda)},\ d_1(\lambda)=D_1(\lambda).$$

由行列式因子的定义, $\boldsymbol{A}(\lambda)$的各级行列式因子总是唯一的, 因此$\boldsymbol{B}(\lambda)$被$\boldsymbol{A}(\lambda)$唯一决定, 即我们已证:

定理 10 λ-矩阵的标准形是唯一的.

由上讨论, 任一λ-矩阵$\boldsymbol{A}(\lambda)$的唯一标准形

$$\boldsymbol{B}(\lambda)=\left(\begin{array}{cccc|c} d_1(\lambda) & & & & \\ & d_2(\lambda) & & & \\ & & \ddots & & \\ & & & d_r(\lambda) & \\ \hline & & & & \boldsymbol{O} \end{array}\right)$$

的主对角线上非零元$d_1(\lambda),\ \cdots,\ d_r(\lambda)$对于$\boldsymbol{A}(\lambda)$也是唯一的, 即对$2 \leq l \leq r$,

$$d_l(\lambda)=\frac{D_l(\lambda)}{D_{l-1}(\lambda)},\ \text{且}d_1(\lambda)=D_1(\lambda),$$

称这些$d_1(\lambda), \cdots, d_r(\lambda)$是$\boldsymbol{A}(\lambda)$的**不变因子**. 进一步, 当$\mathbb{P}=\mathbb{C}$, 即$\boldsymbol{A}(\lambda)$是复数域C上的$\lambda$-矩阵. 这时$\boldsymbol{A}(\lambda)$所决定的不变因子$d_l(\lambda)$可完全分解为一次因子方幂的乘积. 这些一次因式的方幂称为$\boldsymbol{A}(\lambda)$的**初等因子**(相同的按出现次数计算).

显然, $\boldsymbol{A}(\lambda)$的行列式因子反过来也是由不变因子唯一决定的.

由上已知, $\boldsymbol{A}(\lambda)$的行列式因子、不变因子, 都是初等变换下的不变量; 因此, 我们有:

推论 5 两个λ-矩阵等价当且仅当它们是同型矩阵且有相同的秩和行列式因子(或不变因子).

证明 "$\Rightarrow$": 见上面说明.

"$\Leftarrow$": 令$\boldsymbol{A}(\lambda)$的标准形为

$$\left(\begin{array}{cccc|c} d_1(\lambda) & & & & \\ & d_2(\lambda) & & & \\ & & \ddots & & \\ & & & d_r(\lambda) & \\ \hline & & & & \boldsymbol{O} \end{array}\right),$$

$\boldsymbol{B}(\lambda)$的标准形为

$$\left(\begin{array}{cccc|c} \hat{d}_1(\lambda) & & & & \\ & \hat{d}_2(\lambda) & & & \\ & & \ddots & & \\ & & & \hat{d}_{r_1}(\lambda) & \\ \hline & & & & \boldsymbol{O} \end{array}\right).$$

设$\boldsymbol{A}(\lambda)$与$\boldsymbol{B}(\lambda)$的行列式因子相同, 因为$r = r_1$, 且

$$D_k(\lambda) = d_1(\lambda)d_2(\lambda)\cdots d_k(\lambda) = \hat{d}_1(\lambda)\hat{d}_2(\lambda)\cdots \hat{d}_k(\lambda)$$

对$k = 1, 2, \cdots, r$. 从而$d_i(\lambda) = \hat{d}_i(\lambda)$, 对$i = 1, 2, \cdots, r$. 于是, $\boldsymbol{A}(\lambda)$和$\boldsymbol{B}(\lambda)$都与

$$\left(\begin{array}{cccc|c} d_1(\lambda) & & & & \\ & d_2(\lambda) & & & \\ & & \ddots & & \\ & & & d_r(\lambda) & \\ \hline & & & & \boldsymbol{O} \end{array}\right)$$

等价, 因而$\boldsymbol{A}(\lambda)$和$\boldsymbol{B}(\lambda)$等价.

设$\boldsymbol{A}(\lambda)$与$\boldsymbol{B}(\lambda)$的不变因子相同, 因为它们是同型矩阵，所以$\boldsymbol{A}(\lambda)$与$\boldsymbol{B}(\lambda)$的标准形相同，进而两者等价. □

在秩为r的λ-矩阵$\boldsymbol{A}(\lambda)$中, 当$k = 1, \cdots, r-1$时, $D_k(\lambda)|D_{k+1}(\lambda)$. 具体计算$\lambda$-矩阵的行列式因子时, 如果不先通过初等变换求出标准形的方法来计算, 较方便的是先计算最高阶的行列式因子. 这样, 由整除关系$D_k(\lambda)|D_{k+1}(\lambda)$，就可大致确定低阶行列式因子的范围. 求出行列式因子后, 就可求出不变因子$d_k(\lambda) = \dfrac{D_k(\lambda)}{D_{k-1}(\lambda)}$.

下面以求可逆λ-矩阵的标准形为例来说明上述方法.

设$\boldsymbol{A}(\lambda)$是一个$n \times n$可逆矩阵, 由定理7, $|\boldsymbol{A}(\lambda)| = d$, 这是一个非零常数. 这说明$\boldsymbol{A}(\lambda)$的秩为$n$, 而$D_n(\lambda) = 1$. 于是, 由$D_k(\lambda)|D_{k+1}(\lambda)$得

$$D_k(\lambda) = 1,\ k = 1, \cdots, n-1, n.$$

从而

$$d_k(\lambda) = \frac{D_k(\lambda)}{D_{k-1}(\lambda)} = 1,\ k = 1, 2, \cdots, n.$$

这时$\boldsymbol{A}(\lambda)$没有初等因子. 因此, $\boldsymbol{A}(\lambda)$的标准形是$\boldsymbol{E}$.

反之, 设$\boldsymbol{A}(\lambda)$与$\boldsymbol{E}$等价, 那么存在初等矩阵$\boldsymbol{P}_1, \boldsymbol{P}_2, \cdots, \boldsymbol{P}_l, \boldsymbol{Q}_1, \boldsymbol{Q}_2, \cdots, \boldsymbol{Q}_t$, 使

$$\boldsymbol{P}_1\boldsymbol{P}_2\cdots\boldsymbol{P}_l\boldsymbol{A}(\lambda)\boldsymbol{Q}_1\boldsymbol{Q}_2\cdots\boldsymbol{Q}_t = \boldsymbol{E}.$$

从而

$$|P_1P_2\cdots P_l||A(\lambda)||Q_1Q_2\cdots Q_t|=1,$$

所以$|A(\lambda)|$是非零常数. 于是$A(\lambda)$是可逆λ-矩阵, 并且,

$$A(\lambda)=P_l^{-1}\cdots P_2^{-1}P_1^{-1}Q_t^{-1}\cdots Q_2^{-1}Q_1^{-1}.$$

亦即, 我们得:

定理 11 λ-方阵$A(\lambda)$是可逆的当且仅当$A(\lambda)$的标准形是单位矩阵, 当且仅当$A(\lambda)$可表成一些初等矩阵的乘积.

于是, 结合λ-矩阵等价的定义知, 两个λ-矩阵$A(\lambda)$ 与$B(\lambda)$等价当且仅当存在可逆λ-矩阵X, Y, 使$B(\lambda)=XA(\lambda)Y$.

最后, 来说明初等因子与不变因子的关系, 从而体现初等因子也是初等变换下的不变量.

显然, 不变因子确定以后, 在复数域上完全的因式分解将确定该λ-矩阵的初等因子集. 这从一个例子即可看出:

例 7 设12×12阶λ-矩阵$A(\lambda)$的标准形

$$B(\lambda)=\begin{pmatrix}1&&&&&&&&&&&\\&1&&&&&&&&&&\\&&1&&&&&&&&&\\&&&1&&&&&&&&\\&&&&1&&&&&&&\\&&&&&1&&&&&&\\&&&&&&d_1(\lambda)&&&&&\\&&&&&&&d_2(\lambda)&&&&\\&&&&&&&&d_3(\lambda)&&&\\&&&&&&&&&0&&\\&&&&&&&&&&0&\\&&&&&&&&&&&0\end{pmatrix},$$

这儿

$$d_1(\lambda)=(\lambda-1)^2,\ d_2(\lambda)=(\lambda-1)^2(\lambda+1),\ d_3(\lambda)=(\lambda-1)^2(\lambda+1)^2(\lambda^2+1)^2.$$

那么$A(\lambda)$的不变因子是

$$1,1,1,1,1,1,(\lambda-1)^2,(\lambda-1)^2(\lambda+1),(\lambda-1)^2(\lambda+1)^2(\lambda^2+1)^2,$$

行列式因子是

$$1,1,1,1,1,1,(\lambda-1)^2,(\lambda-1)^4(\lambda+1),(\lambda-1)^6(\lambda+1)^3(\lambda^2+1)^2.$$

把$A(\lambda)$看作是$\mathbb{C}$上的λ-矩阵, 那么

$$(\lambda-1)^2(\lambda+1)^2(\lambda^2+1)^2=(\lambda-1)^2(\lambda+1)^2(\lambda+i)^2(\lambda-i)^2,$$

从而初等因子有:

$$(\lambda-1)^2,(\lambda-1)^2,(\lambda-1)^2,\lambda+1,(\lambda+1)^2,(\lambda+i)^2,(\lambda-i)^2.$$

反过来, 我们可以用这些初等因子构建出唯一的不变因子组吗?

现在我们从一般情况开始分析.

假设$\mathbb{C}$上的λ-矩阵是$n \times m$阶的, 且秩为r, $\boldsymbol{A}(\lambda)$的不变因子是$d_1(\lambda), \cdots, d_r(\lambda)$. 将$d_i(\lambda)(i=1,\cdots,n)$分解成互不相同的一次因式方幂的乘积:

$$
\begin{aligned}
d_1(\lambda) &= (\lambda-\lambda_1)^{k_{11}}(\lambda-\lambda_2)^{k_{12}}\cdots(\lambda-\lambda_s)^{k_{1s}},\\
d_2(\lambda) &= (\lambda-\lambda_1)^{k_{21}}(\lambda-\lambda_2)^{k_{22}}\cdots(\lambda-\lambda_s)^{k_{2s}},\\
&\vdots\\
d_r(\lambda) &= (\lambda-\lambda_1)^{k_{r1}}(\lambda-\lambda_2)^{k_{r2}}\cdots(\lambda-\lambda_s)^{k_{rs}},
\end{aligned}
$$

其中可能有些$k_{ij}=0$, 这是为了统一表达式. 这样, $\boldsymbol{A}(\lambda)$的全部初等因子是

$$\{(\lambda-\lambda_j)^{k_{ij}}: \text{若}k_{ij} \geq 1\text{对}i=1,\cdots,r, j=1,\cdots,s\}.$$

因为$d_i(\lambda)|d_{i+1}(\lambda), i=1,\cdots,n-1$, 所以

$$(\lambda-\lambda_j)^{k_{ij}}|(\lambda-\lambda_j)^{k_{i+1,j}}, \text{对}i=1,\cdots,r-1, j=1,\cdots,s.$$

因此, 在$d_1(\lambda),\cdots,d_r(\lambda)$的分解式中, 属于同一个一次因式的方幂的指数有递升的性质, 即

$$k_{1j} \leq k_{2j} \leq \cdots \leq k_{rj} \quad (j=1,\cdots,s).$$

这说明, 同一个一次因式的方幂做成的初等因子中, 方幂最高的必定出现在$d_r(\lambda)$的分解中, 次高的出现在$d_{r-1}(\lambda)$ 的分解中. 如此顺推下去, 可知属于同一个一次因式的方幂的初等因子在那些不变因子的分解式中出现的位置是唯一确定的.

于是, 由上述分析我们可给出如何从给定的初等因子和已知的矩阵的秩做出不变因子的方法. 具体如下:

设一个$n \times m$阶秩为r的λ–矩阵的全部初等因子为已知. 在全部初等因子中将同一个一次因式$(\lambda-\lambda_j)(j=1,\cdots,s)$ 的方幂的那些初等因子按降幂排列, 而且当这些初等因子的个数不足r时, 就在后面补上适当个数的1, 使得凑成r个. 一般地, 所得排列写为:

$$(\lambda-\lambda_j)^{k_{rj}}, (\lambda-\lambda_j)^{k_{r-1,j}}, \cdots, (\lambda-\lambda_j)^{k_{1j}},$$

对$j=1,2,\cdots,s$. 其中最后一些项的指数可能为零.

于是最高次不变因子

$$d_r(\lambda)=(\lambda-\lambda_1)^{k_{r1}}(\lambda-\lambda_2)^{k_{r2}}\cdots(\lambda-\lambda_s)^{k_{rs}},$$

次高次不变因子

$$d_{r-1}(\lambda)=(\lambda-\lambda_1)^{k_{r-1,1}}(\lambda-\lambda_2)^{k_{r-1,2}}\cdots(\lambda-\lambda_s)^{k_{r-1,s}},$$

依次, 一般地,

$$d_i(\lambda)=(\lambda-\lambda_1)^{k_{i1}}(\lambda-\lambda_2)^{k_{i2}}\cdots(\lambda-\lambda_s)^{k_{is}},$$

对$i=1,2,\cdots,r$. 由此所得$d_1(\lambda),\cdots,d_r(\lambda)$就是$\boldsymbol{A}(\lambda)$的不变因子, 且$d_i(\lambda)|d_{i+1}(\lambda)$对$i=1,\cdots,r-1$.

这时, $\boldsymbol{A}(\lambda)$的标准形是

$$\left(\begin{array}{cccc:c}
d_1(\lambda) & & & & \\
& d_2(\lambda) & & & \\
& & \ddots & & \\
& & & d_r(\lambda) & \\
\hdashline
& & & & \boldsymbol{O}
\end{array}\right)_{n\times m}.$$

我们可以表达为如下命题:

命题 5 对于已知阶数的λ-矩阵$\boldsymbol{A}(\lambda)$, 在固定秩为r的情况下, 由$\boldsymbol{A}(\lambda)$的所有初等因子可以唯一地决定$\boldsymbol{A}(\lambda)$的所有不变因子.

这些讨论说明了, 当$\boldsymbol{A}(\lambda)$与$\boldsymbol{B}(\lambda)$有相同的初等因子时, 它们就有相同的不变因子; 反之亦然.

例 8 设4阶$\lambda-$方阵$\boldsymbol{A}(\lambda)$的秩3, 初等因子组是$\lambda^2, \lambda^4, (\lambda-1)^2, (\lambda-1)^3, \lambda+1$. 求出$\boldsymbol{A}(\lambda)$的标准形.

解 把这些初等因子作为不同一次因式的方幂来分类, 并根据秩为3, 同一类初等因子个数不够3个时, 补上适当个数的1, 那么它们可如下降幂排出:

$$\begin{array}{lll} \lambda^4, & \lambda^2, & 1; \\ (\lambda-1)^3, & (\lambda-1)^2, & 1; \\ \lambda+1, & 1, & 1. \end{array}$$

于是, 不变因子有

$$\begin{aligned} d_3(\lambda) &= \lambda^4(\lambda-1)^3(\lambda+1), \\ d_2(\lambda) &= \lambda^2(\lambda-1)^2, \\ d_1(\lambda) &= 1. \end{aligned}$$

于是得$\boldsymbol{A}(\lambda)$的标准形为:

$$\begin{pmatrix} 1 & & & \\ & \lambda^2(\lambda-1)^2 & & \\ & & \lambda^4(\lambda-1)^3(\lambda+1) & \\ & & & 0 \end{pmatrix}.$$

由于不变因子是等价不变量, 故初等因子也是, 即:

命题 6 $\mathbb{C}$上两个$\lambda-$矩阵等价当且仅当它们是同型的且有相同的初等因子和秩.

现在我们知道, 要证明两个$\lambda-$矩阵是否等价, 只要比较它们的秩是否相同以及行列式因子、不变因子或初等因子三者中的任一组是否相同. 那么, 究竟是先求出哪一组进行比较为方便呢？或者说, 对实际问题是否真有必要完全求出$\lambda-$矩阵的标准形再比较吗？

接下来我们可以看到, 不需要完全求出标准形, 只要求出与$\lambda-$矩阵等价的任一对角矩阵, 就可直接求出$\lambda-$矩阵的所有初等因子. 由此, 根据需要, 可直接比较原$\lambda-$矩阵是否等价, 或再由初等因子求其不变因子、行列式因子等, 这样相对就简单些.

为此, 先需要多项式最大公因式的性质:

引理 3 设多项式$f_i(x)$, $g_j(x)$ $(i,j=1,2)$的首项系数均为1且对任意$i,j=1,2$, $f_i(\lambda)$与$g_j(\lambda)$均互素, 则

(i) $(f_1(\lambda)g_1(\lambda), f_2(\lambda)g_2(\lambda)) = (f_1(\lambda), f_2(\lambda))(g_1(\lambda), g_2(\lambda))$;

(ii) λ-矩阵

$$\boldsymbol{A}(\lambda) = \begin{pmatrix} f_1(\lambda)g_1(\lambda) & \\ & f_2(\lambda)g_2(\lambda) \end{pmatrix} \text{与} \boldsymbol{B}(\lambda) = \begin{pmatrix} f_2(\lambda)g_1(\lambda) & \\ & f_1(\lambda)g_2(\lambda) \end{pmatrix}$$

等价.

证明 (i) 见第一章补充题第5题, 证明略.

(ii) 只要证明它们的行列式因子相同即可. 显然, 它们的二阶行列式因子都是

$$D_2(\lambda)=|\boldsymbol{A}(\lambda)|=|\boldsymbol{B}(\lambda)|=f_1(\lambda)f_2(\lambda)g_1(\lambda)g_2(\lambda).$$

因为$\boldsymbol{A}(\lambda)$的一阶行列式因子是

$$D_1(\lambda)=(f_1(\lambda)g_1(\lambda),f_2(\lambda)g_2(\lambda)),$$

$\boldsymbol{B}(\lambda)$的一阶行列式因子是

$$D_1'(\lambda)=(f_2(\lambda)g_1(\lambda),f_1(\lambda)g_2(\lambda)),$$

由引理3知$D_1(\lambda)=D_1'(\lambda)$, 从而$\boldsymbol{A}(\lambda)$与$\boldsymbol{B}(\lambda)$等价. □

定理 12 设有$\mathbb{C}$上λ–对角阵

$$\boldsymbol{D}(\lambda)=\begin{pmatrix} h_1(\lambda) & & & & & \\ & \ddots & & & & \\ & & h_r(\lambda) & & & \\ & & & 0 & & \\ & & & & \ddots & \\ & & & & & 0 \end{pmatrix}_{n\times n}.$$

那么$h_i(\lambda)(i=1,\cdots,r)$的所有一次因式方幂(相同的按出现次数计算)就是$\boldsymbol{D}(\lambda)$的所有初等因子.

证明 将$h_i(\lambda)$分解成互不相同一次因式方幂的乘积, 对$i=1,2,\cdots,r$,

$$h_i(\lambda)=(\lambda-\lambda_1)^{k_{i1}}(\lambda-\lambda_2)^{k_{i2}}\cdots(\lambda-\lambda_s)^{k_{is}}.$$

现在要说明: 对每个相同的一次因式的方幂

$$(\lambda-\lambda_j)^{k_{1j}},\cdots,(\lambda-\lambda_j)^{k_{rj}},$$

在$\boldsymbol{D}(\lambda)$的主对角线上按递升幂次重排后, 得到的新对角矩阵$\boldsymbol{D}'(\lambda)$与$\boldsymbol{D}(\lambda)$等价, 此时$\boldsymbol{D}'(\lambda)$就是$\boldsymbol{D}(\lambda)$的标准形, 而且所有不为1的$(\lambda-\lambda_j)^{k_{ij}}$就是$\boldsymbol{D}(\lambda)$的全部初等因子.

先对$\lambda-\lambda_1$的方幂讨论. 对$i=1,2,\cdots,r$, 令

$$g_i(\lambda)=(\lambda-\lambda_2)^{k_{i2}}(\lambda-\lambda_3)^{k_{i3}}\cdots(\lambda-\lambda_s)^{k_{is}}.$$

于是$h_i(\lambda)=(\lambda-\lambda_1)^{k_{i1}}g_i(\lambda)\quad(i=1,2,\cdots,r)$ 而且对每个$j=1,2,\cdots,r$, 有

$$((\lambda-\lambda_1)^{k_{i1}},\ g_j(\lambda))=1.$$

若有相邻一对指数$k_{i1}>k_{i+1,1}$, 则在$\boldsymbol{D}(\lambda)$中将$(\lambda-\lambda_1)^{k_{i1}}$与$(\lambda-\lambda_1)^{k_{i+1,1}}$对调位置, 而其余因式保持不动. 由引理3,

$$\begin{pmatrix} (\lambda-\lambda_1)^{k_{i1}}g_i(\lambda) & 0 \\ 0 & (\lambda-\lambda_1)^{k_{i+1,1}}g_{i+1}(\lambda) \end{pmatrix}$$

与

$$\begin{pmatrix} (\lambda-\lambda_1)^{k_{i+1,1}}g_i(\lambda) & 0 \\ 0 & (\lambda-\lambda_1)^{k_{i1}}g_{i+1}(\lambda) \end{pmatrix}$$

等价, 从而$\boldsymbol{D}(\lambda)$与对角矩阵

$$\begin{pmatrix} (\lambda-\lambda_1)^{k_{11}}g_1(\lambda) & & & & & \\ & \ddots & & & & \\ & & (\lambda-\lambda_1)^{k_{i+1,1}}g_{i+1}(\lambda) & & & \\ & & & (\lambda-\lambda_1)^{k_{i1}}g_{i+1}(\lambda) & & \\ & & & & \ddots & \\ & & & & & (\lambda-\lambda_1)^{k_{n1}}g_n(\lambda) \end{pmatrix}$$

等价. 用$\boldsymbol{D}_1(\lambda)$表示此矩阵, 然后继续对$\boldsymbol{D}_1(\lambda)$作如上讨论, 直到对角阵主对角线上元素所含$(\lambda-\lambda_1)$的方幂是按递升幂次排列为止.

依次对$\lambda-\lambda_2,\cdots,\lambda-\lambda_s$作同样处理, 最后得到与$\boldsymbol{D}(\lambda)$等价的对角阵$\boldsymbol{D}'(\lambda)$, 它的主对角线上所含一次因式的方幂都按递升幂次排列.

由定义知, $\boldsymbol{D}'(\lambda)$就成为$\boldsymbol{D}(\lambda)$的标准形. □

由此定理12, 任一λ-阵$\boldsymbol{A}(\lambda)$只要等价地化为对角λ-阵, 那么对角线上每个元的一次因式的幂的全体就是$\boldsymbol{A}(\lambda)$的全部初等因子.

§5.6 数字矩阵相似的刻画

本节我们将发现, 虽然λ–矩阵看来和数字矩阵很不同, 但它恰恰可用于数字矩阵一些性质的刻画. 比如关于数字矩阵的相似, 将提供一种与完全用数字矩阵讨论很不相同的方法, 即通过λ–方阵的等价关系来讨论.

注意, 本节和下一节中所谈的矩阵都是方阵.

定义 6 对于数字方阵$\boldsymbol{A}$, λ–矩阵$\lambda\boldsymbol{E}-\boldsymbol{A}$称为$\boldsymbol{A}$的**特征矩阵**.

这样称呼的原因自然是因为它的行列式$|\lambda\boldsymbol{E}-\boldsymbol{A}|$就是$\boldsymbol{A}$的特征多项式. 事实上, 特征矩阵是我们将主要用到的λ–矩阵.

本节的主要结论就是: 数字矩阵$\boldsymbol{A}$与$\boldsymbol{B}$相似当且仅当$\lambda\boldsymbol{E}-\boldsymbol{A}$与$\lambda\boldsymbol{E}-\boldsymbol{B}$等价.

我们的一个基本方法是: 设λ–矩阵$\boldsymbol{A}(\lambda)=(a_{ij}(\lambda))_{k\times t}$中所有$a_{ij}(\lambda)$的最高次是$m$, 那么$\boldsymbol{A}(\lambda)$可表为

$$\boldsymbol{A}(\lambda)=\lambda^m\boldsymbol{A}_0+\lambda^{m-1}\boldsymbol{A}_1+\cdots+\lambda\boldsymbol{A}_{m-1}+\boldsymbol{A}_m$$

其中系数矩阵$\boldsymbol{A}_i$都是数字矩阵. 然后通过比较多项式的系数矩阵进行讨论. 以后称$m=\max\{\partial(a_{ij}(\lambda))|1\le i\le k,\ 1\le j\le t\}$是$\boldsymbol{A}(\lambda)$**的次数**, 表$m=\partial(\boldsymbol{A}(\lambda))$.

引理 4 设有$n\times n$阶数字矩阵$\boldsymbol{A}$和$\boldsymbol{B}$, 若存在数字矩阵$\boldsymbol{P}_0$, $\boldsymbol{Q}_0$, 使

$$\lambda\boldsymbol{E}-\boldsymbol{A}=\boldsymbol{P}_0(\lambda\boldsymbol{E}-\boldsymbol{B})\boldsymbol{Q}_0,$$

则$\boldsymbol{A}$与$\boldsymbol{B}$相似.

证明 由已知条件得, $\lambda\boldsymbol{E}-\boldsymbol{A}=\boldsymbol{P}_0\boldsymbol{Q}_0\lambda-\boldsymbol{P}_0\boldsymbol{B}\boldsymbol{Q}_0$比较两边系数矩阵, 得

$$\boldsymbol{E}=\boldsymbol{P}_0\boldsymbol{Q}_0,\ \boldsymbol{A}=\boldsymbol{P}_0\boldsymbol{B}\boldsymbol{Q}_0.$$

于是, $\boldsymbol{Q}_0=\boldsymbol{P}_0^{-1}$, $\boldsymbol{A}=\boldsymbol{P}_0\boldsymbol{B}\boldsymbol{P}_0^{-1}$, 从而$\boldsymbol{B}$与$\boldsymbol{A}$相似. □

引理 5 对$n\times n$阶数字矩阵$\boldsymbol{A}$和λ-矩阵$\boldsymbol{U}(\lambda)$, 存在唯一的λ-矩阵$\boldsymbol{Q}(\lambda)$与$\boldsymbol{R}(\lambda)$以及数字矩阵$\boldsymbol{U}_0$与$\boldsymbol{V}_0$, 使

$$\boldsymbol{U}(\lambda)=(\lambda\boldsymbol{E}-\boldsymbol{A})\boldsymbol{Q}(\lambda)+\boldsymbol{U}_0, \tag{5.6.1}$$

$$U(\lambda) = R(\lambda)(\lambda E - A) + V_0. \tag{5.6.2}$$

证明 令$m = \partial(U(\lambda))$, 那么存在数字矩阵$D_0 \neq O, D_1, \cdots, D_m$, 使得

$$U(\lambda) = \lambda^m D_0 + \lambda^{m-1} D_1 + \cdots + \lambda D_{m-1} + D_m.$$

下面只证(5.6.1), (5.6.2)可类似证明.

当$m = 0$, 则取$Q(\lambda) = O, U_0 = U(\lambda) = D_0$即可.

当$m > 0$, 令$Q(\lambda) = \lambda^{m-1} Q_0 + \lambda^{m-2} Q_1 + \cdots + Q_{m-1}$. 将$U(\lambda)$与$Q(\lambda)$的展开式都代入(5.6.1)得:

$$\begin{aligned}
&\lambda^m D_0 + \lambda^{m-1} D_1 + \cdots + \lambda D_{m-1} + D_m \\
&= \lambda^m Q_0 + \lambda^{m-1}(Q_1 - AQ_0) + \cdots + \lambda^{m-k}(Q_k - AQ_{k-1}) \\
&\quad + \cdots + \lambda(Q_{m-1} - AQ_{m-2}) - AQ_{m-1} + U_0.
\end{aligned}$$

比较两边系数矩阵, 得

$$\begin{cases}
D_0 = Q_0, \\
D_1 = Q_1 - AQ_0, \\
\vdots \\
D_k = Q_k - AQ_{k-1}, \\
\vdots \\
D_{m-1} = Q_{m-1} - AQ_{m-2}, \\
D_m = -AQ_{m-1} + U_0,
\end{cases}$$

从而

$$\begin{cases}
Q_0 = D_0, \\
Q_1 = D_1 + AQ_0, \\
\vdots \\
Q_k = D_k + AQ_{k-1}, \\
\vdots \\
Q_{m-1} = D_{m-1} + AQ_{m-2}, \\
U_0 = D_m + AQ_{m-1},
\end{cases}$$

即由此递推公式, 可求出唯一的$Q(\lambda)$和U_0满足(5.6.1). □

注意: (5.6.1)与(5.6.2)其实可以理解为λ–矩阵, 也就是系数是矩阵的多项式的带余除法, 只是除式的次数被限制于一次的. 由于矩阵乘法的非交换性, 这时带余除法有左右之分. 据此, 读者可自己讨论下面的一般结论是否成立:

对$n \times n$阶矩阵$A(\lambda)$和$U(\lambda)$, 那么存在λ–矩阵$Q(\lambda)$与$R(\lambda)$以及$U_0(\lambda)$与$V_0(\lambda)$, 使

$$U(\lambda) = A(\lambda)Q(\lambda) + U_0(\lambda),$$
$$U(\lambda) = R(\lambda)A(\lambda) + V_0(\lambda),$$

其中或$U_0(\lambda) = O$或$\partial(U_0(\lambda)) < \partial(U(\lambda))$; 或$V_0(\lambda) = O$或$\partial(V_0(\lambda)) < \partial(V(\lambda))$.

定理 13 设A和B是数域$\mathbb{P}$上两个$n \times n$矩阵, 那么A与B相似当且仅当它们的特征矩阵$\lambda E - A$与$\lambda E - B$等价.

证明 **必要性:** 存在可逆阵$\boldsymbol{T}$使得$\boldsymbol{A}=\boldsymbol{T}^{-1}\boldsymbol{B}\boldsymbol{T}$, 则

$$\lambda\boldsymbol{E}-\boldsymbol{A}=\lambda\boldsymbol{E}-\boldsymbol{T}^{-1}\boldsymbol{B}\boldsymbol{T}=\boldsymbol{T}^{-1}(\lambda\boldsymbol{E}-\boldsymbol{B})\boldsymbol{T},$$

这说明$\lambda\boldsymbol{E}-\boldsymbol{A}$与$\lambda\boldsymbol{E}-\boldsymbol{B}$等价.

充分性: 由第三节知, 存在可逆λ–阵$\boldsymbol{U}(\lambda)$和$\boldsymbol{V}(\lambda)$使

$$\lambda\boldsymbol{E}-\boldsymbol{A}=\boldsymbol{U}(\lambda)(\lambda\boldsymbol{E}-\boldsymbol{B})\boldsymbol{V}(\lambda). \tag{5.6.3}$$

由引理5, 存在λ–阵$\boldsymbol{Q}(\lambda)$和$\boldsymbol{R}(\lambda)$及数字阵$\boldsymbol{U}_0$和$\boldsymbol{V}_0$使

$$\boldsymbol{U}(\lambda)=(\lambda\boldsymbol{E}-\boldsymbol{A})\boldsymbol{Q}(\lambda)+\boldsymbol{U}_0, \tag{5.6.4}$$

$$\boldsymbol{V}(\lambda)=\boldsymbol{R}(\lambda)(\lambda\boldsymbol{E}-\boldsymbol{A})+\boldsymbol{V}_0. \tag{5.6.5}$$

由(5.6.3)式得:

$$\boldsymbol{U}(\lambda)^{-1}(\lambda\boldsymbol{E}-\boldsymbol{A})=(\lambda\boldsymbol{E}-\boldsymbol{B})\boldsymbol{V}(\lambda).$$

将(5.6.5)式代入得:

$$\boldsymbol{U}(\lambda)^{-1}(\lambda\boldsymbol{E}-\boldsymbol{A})=(\lambda\boldsymbol{E}-\boldsymbol{B})R(\lambda)(\lambda\boldsymbol{E}-\boldsymbol{A})+(\lambda\boldsymbol{E}-\boldsymbol{B})\boldsymbol{V}_0.$$

于是

$$(\boldsymbol{U}(\lambda)^{-1}-(\lambda\boldsymbol{E}-\boldsymbol{B})R(\lambda))(\lambda\boldsymbol{E}-\boldsymbol{A})=(\lambda\boldsymbol{E}-\boldsymbol{B})\boldsymbol{V}_0.$$

比较两边次数, 因为$\boldsymbol{V}_0$是数字阵, 故$\boldsymbol{U}(\lambda)^{-1}-(\lambda\boldsymbol{E}-\boldsymbol{B})\boldsymbol{R}(\lambda)$也必须是数字阵. 令其为$\boldsymbol{T}_0$, 则

$$\boldsymbol{T}_0(\lambda\boldsymbol{E}-\boldsymbol{A})=(\lambda\boldsymbol{E}-\boldsymbol{B})\boldsymbol{V}_0. \tag{5.6.6}$$

又, 因为$\boldsymbol{T}_0=\boldsymbol{U}(\lambda)^{-1}-(\lambda\boldsymbol{E}-\boldsymbol{B})\boldsymbol{R}(\lambda)$, 故

$$\boldsymbol{U}(\lambda)\boldsymbol{T}_0=\boldsymbol{E}-\boldsymbol{U}(\lambda)(\lambda\boldsymbol{E}-\boldsymbol{B})\boldsymbol{R}(\lambda),$$

得:

$$\begin{aligned}\boldsymbol{E}&=\boldsymbol{U}(\lambda)\boldsymbol{T}_0+\boldsymbol{U}(\lambda)(\lambda\boldsymbol{E}-\boldsymbol{B})\boldsymbol{R}(\lambda)\\&=\boldsymbol{U}(\lambda)\boldsymbol{T}_0+(\lambda\boldsymbol{E}-\boldsymbol{A})\boldsymbol{V}(\lambda)^{-1}\boldsymbol{R}(\lambda)\\&=((\lambda\boldsymbol{E}-\boldsymbol{A})\boldsymbol{Q}(\lambda)+\boldsymbol{U}_0)\boldsymbol{T}_0+(\lambda\boldsymbol{E}-\boldsymbol{A})\boldsymbol{V}(\lambda)^{-1}\boldsymbol{R}(\lambda)\\&=\boldsymbol{U}_0\boldsymbol{T}_0+(\lambda\boldsymbol{E}-\boldsymbol{A})(\boldsymbol{Q}(\lambda)\boldsymbol{T}_0+\boldsymbol{V}(\lambda)^{-1}\boldsymbol{R}(\lambda)).\end{aligned}$$

比较$\boldsymbol{E}=\boldsymbol{U}_0\boldsymbol{T}_0+(\lambda\boldsymbol{E}-\boldsymbol{A})(\boldsymbol{Q}(\lambda)\boldsymbol{T}_0+\boldsymbol{V}(\lambda)^{-1}\boldsymbol{R}(\lambda))$两边的次数, 得

$$\boldsymbol{Q}(\lambda)\boldsymbol{T}_0+\boldsymbol{V}(\lambda)^{-1}\boldsymbol{R}(\lambda)=0.$$

于是, $\boldsymbol{E}=\boldsymbol{U}_0\boldsymbol{T}_0$即$\boldsymbol{U}_0=\boldsymbol{T}_0^{-1}$可逆. 代入(5.6.6), 得:

$$\lambda\boldsymbol{E}-\boldsymbol{A}=\boldsymbol{U}_0(\lambda\boldsymbol{E}-\boldsymbol{B})\boldsymbol{V}_0.$$

由引理4, 得$\boldsymbol{A}$与$\boldsymbol{B}$相似. □

这个定理说明数字矩阵$\boldsymbol{A}$的性质可以由它的特征矩阵$\lambda\boldsymbol{E}-\boldsymbol{A}$来决定，所以我们以后主要研究矩阵$\lambda\boldsymbol{E}-\boldsymbol{A}$，并且把$\lambda\boldsymbol{E}-\boldsymbol{A}$的行列式因子、不变因子、初等因子等分别称为**$\boldsymbol{A}$的行列式因子**、**不变因子**、**初等因子** 等.

前面已知, 两个λ–矩阵等价当且仅当它们有相同的行列式因子、不变因子、初等因子等. 因此就得:

推论 6 两个数字阵$\boldsymbol{A}$与$\boldsymbol{B}$相似当且仅当它们有相同的不变因子(或行列式因子, 初等因子).

这一结论说明, 不变因子、行列式因子、初等因子都是数字矩阵的相似不变量. 因而可以把一个线性变换的任一矩阵的不变因子、行列式因子、初等因子, 定义为此线性变换的**不变因子**、**行列式因子**、**初等因子**.

特别要注意的是, n阶数字矩阵$\boldsymbol{A}$的特征矩阵$\lambda\boldsymbol{E}-\boldsymbol{A}$的$n$阶子式就是$\boldsymbol{A}$的特征多项式$|\lambda\boldsymbol{E}-\boldsymbol{A}|\neq 0$, 因而$\lambda\boldsymbol{E}-\boldsymbol{A}$的秩总是$n$且$n$阶行列式因子

$$D_n(\lambda)=|\lambda\boldsymbol{E}-\boldsymbol{A}|=f_{\boldsymbol{A}}(\lambda),$$

从而$\boldsymbol{A}$的不变因子恰有n个, 设为$d_1(\lambda),\cdots,d_n(\lambda)$, 那么

$$d_1(\lambda)\cdots d_n(\lambda)=D_n(\lambda)=f_{\boldsymbol{A}}(\lambda).$$

从上面我们知道, 要讨论两个λ–矩阵是否等价只要看它们的行列式因子、不变因子、初等因子是否相同. 而由定理12, 讨论两个$n\times n$阶数字方阵$\boldsymbol{A}$和$\boldsymbol{B}$是否相似, 只要将$\lambda\boldsymbol{E}-\boldsymbol{A}$与$\lambda\boldsymbol{E}-\boldsymbol{B}$都通过初等变换化为对角阵, 再看它们的对角元完全分解后所得一次因子的幂的完全集是否一致.

§ 5.7 Jordan标准形的唯一性和计算

由§5.1, 我们知道了, $\mathbb{C}$上任一n阶数字方阵都可相似于它的Jordan标准形. 现在, 利用对λ–矩阵理论已得到的结论, 我们可以很方便地解决这样的Jordan标准形的唯一性和具体计算问题.

引理 6 设$\boldsymbol{J}_0$是一个Jordan块. 则

$$\boldsymbol{J}_0=\begin{pmatrix}\lambda_0 & & & \\ 1 & \lambda_0 & & \\ & \ddots & \ddots & \\ & & 1 & \lambda_0\end{pmatrix}_{n\times n}$$

当且仅当$\boldsymbol{J}_0$的初等因子是$(\lambda-\lambda_0)^n$.

证明 首先证明必要性.

若Jordan块

$$\boldsymbol{J}_0=\begin{pmatrix}\lambda_0 & & & \\ 1 & \lambda_0 & & \\ & \ddots & \ddots & \\ & & 1 & \lambda_0\end{pmatrix}_{n\times n},$$

则它的的特征矩阵是

$$\lambda\boldsymbol{E}-\boldsymbol{J}_0=\begin{pmatrix}\lambda-\lambda_0 & & & \\ -1 & \lambda-\lambda_0 & & \\ & \ddots & \ddots & \\ & & -1 & \lambda-\lambda_0\end{pmatrix}_{n\times n},$$

从而它的n阶行列式因子

$$D_n=|\lambda\boldsymbol{E}-\boldsymbol{J}_0|=(\lambda-\lambda_0)^n.$$

但$\boldsymbol{J}_0$有一个$n-1$阶子式是

$$\begin{vmatrix} -1 & \lambda-\lambda_0 & & \\ & -1 & \ddots & \\ & & \ddots & \lambda-\lambda_0 \\ & & & -1 \end{vmatrix} = (-1)^{n-1},$$

因此$n-1$阶行列式因子

$$D_{n-1}=1.$$

进一步, 因为任一i阶行列式因子$D_i|D_{n-1}(i\le n-1)$. 所以

$$D_1=D_2=\cdots=D_{n-1}=1,\ D_n=(\lambda-\lambda_0)^n.$$

由于第i个不变因子$d_i(\lambda)=\dfrac{D_i}{D_{i-1}}$, 故

$$d_n(\lambda)=(\lambda-\lambda_0)^n, d_{n-1}(\lambda)=\cdots=d_1(\lambda)=1.$$

这样, $\lambda\boldsymbol{E}-\boldsymbol{J}_0$的初等因子只有一个, 就是$(\lambda-\lambda_0)^n$.

由必要性的证明易知不同的Jordan块的初等因子是不同的, 从而充分性成立. □

引理 7 设有一个自然数分拆$n=k_1+\cdots+k_s$和$i=1,\cdots,s$. 令

$$\boldsymbol{J}_i=\begin{pmatrix} \lambda_i & & & \\ 1 & \lambda_i & & \\ & \ddots & \ddots & \\ & & 1 & \lambda_i \end{pmatrix}_{k_i\times k_i}, \tag{5.7.1}$$

那么矩阵$\boldsymbol{J}=\begin{pmatrix} \boldsymbol{J}_1 & & \\ & \ddots & \\ & & \boldsymbol{J}_s \end{pmatrix}_{n\times n}$的初等因子集是$\{(\lambda-\lambda_1)^{k_1},\cdots,(\lambda-\lambda_s)^{k_s}\}$.

反之, 任给一组初等因子$\{(\lambda-\lambda_1)^{k_1},\cdots,(\lambda-\lambda_s)^{k_s}\}$, 不考虑Jordan块顺序时, 可得唯一的$n\times n$阶Jordan形矩阵$\boldsymbol{J}=\begin{pmatrix} \boldsymbol{J}_1 & & \\ & \ddots & \\ & & \boldsymbol{J}_s \end{pmatrix}$, 其中$\boldsymbol{J}_i$满足式(5.7.1).

证明 设$\boldsymbol{J}=\begin{pmatrix} \boldsymbol{J}_1 & & \\ & \ddots & \\ & & \boldsymbol{J}_s \end{pmatrix}$, 其中$\boldsymbol{J}_i$满足式(5.7.1). 由引理6, $\lambda-\boldsymbol{J}_i$的初等因子是$(\lambda-\lambda_i)^{k_i}$. 因为$\lambda$-矩阵$\boldsymbol{A}(\lambda)_i=\begin{pmatrix} 1 & & & & \\ & 1 & & & \\ & & \ddots & & \\ & & & 1 & \\ & & & & (\lambda-\lambda_i)^{k_i} \end{pmatrix}_{k_i\times k_i}$的初等因

子也是$(\lambda-\lambda_i)^{k_i}$, 由命题6可知, $\lambda\boldsymbol{E}-\boldsymbol{J}_i$与$\boldsymbol{A}(\lambda)_i$ 是等价的. 所以作为准对角λ-矩阵,

$$\lambda\boldsymbol{E}-\boldsymbol{J}=\begin{pmatrix}\lambda\boldsymbol{E}_{k_1}-\boldsymbol{J}_1 & & \\ & \ddots & \\ & & \lambda\boldsymbol{E}_{k_s}-\boldsymbol{J}_s\end{pmatrix}$$

与

$$\begin{pmatrix}\boldsymbol{A}(\lambda)_1 & & \\ & \ddots & \\ & & \boldsymbol{A}(\lambda)_s\end{pmatrix}$$

是等价的. 由定理12, 后者的初等因子有$(\lambda-\lambda_1)^{k_1},\cdots,(\lambda-\lambda_s)^{k_s}$. 因此, 由命题6可得$\boldsymbol{J}$的初等因子集是$\{(\lambda-\lambda_1)^{k_1},\cdots,(\lambda-\lambda_s)^{k_s}\}$.

反之, 给定一组初等因子$\{(\lambda-\lambda_1)^{k_1},\cdots,(\lambda-\lambda_s)^{k_s}\}$, 由引理6, 每个初等因子$(\lambda-\lambda_i)^{k_i}$均唯一对应Jordan块$\boldsymbol{J}_i$. 由上面Jordan形矩阵的初等因子的计算过程可知, Jordan形矩阵中的每个Jordan块恰好提供一个初等因子. 因此, 不考虑Jordan 块顺序时, 由给定的一组初等因子可得唯一的$n\times n$ 阶Jordan 形矩阵

$$\boldsymbol{J}=\begin{pmatrix}\boldsymbol{J}_1 & & \\ & \ddots & \\ & & \boldsymbol{J}_s\end{pmatrix},$$

其中$\boldsymbol{J}_i$满足式(5.7.1). □

注 在$\boldsymbol{J}$中, 不同的$\boldsymbol{J}_i$的对角元λ_i可以是相同的.

定理 14 在不考虑Jordan块排列顺序时, n 阶复矩阵$\boldsymbol{A}$ 相似于唯一的一个Jordan形矩阵$\boldsymbol{J_A}$. 这个$\boldsymbol{J_A}$称为$\boldsymbol{A}$的**Jordan标准形**.

证明 先求出特征矩阵$\lambda\boldsymbol{E}-\boldsymbol{A}$的标准形$\begin{pmatrix}d_1(\lambda) & & & \\ & d_2(\lambda) & & \\ & & \ddots & \\ & & & d_n(\lambda)\end{pmatrix}$, 其中$d_i(\lambda)|d_{i+1}(\lambda)$, 对$i=1,\cdots,n-1$. 将$d_i(\lambda)$在$\mathbb{C}$上完全分解, 得所有初等因子, 设为:

$$(\lambda-\lambda_1)^{k_1},(\lambda-\lambda_2)^{k_2},\cdots,(\lambda-\lambda_s)^{k_s}.$$

那么, 由不变因子与初等因子关系知,

$$d_1(\lambda)d_2(\lambda)\cdots d_n(\lambda)=(\lambda-\lambda_1)^{k_1}(\lambda-\lambda_2)^{k_2}\cdots(\lambda-\lambda_s)^{k_s}.$$

因而

$$\begin{aligned}n&=\partial(|\lambda\boldsymbol{E}-\boldsymbol{A}|)=\partial(d_1(\lambda)d_2(\lambda)\cdots d_n(\lambda))\\&=\partial((\lambda-\lambda_1)^{k_1}\cdots(\lambda-\lambda_s)^{k_s})=k_1+\cdots+k_s.\end{aligned}$$

构作$\boldsymbol{J}=\begin{pmatrix}\boldsymbol{J}_1 & & \\ & \ddots & \\ & & \boldsymbol{J}_s\end{pmatrix}$, 其中

$$J_i = \begin{pmatrix} \lambda_i & & & \\ 1 & \lambda_i & & \\ & \ddots & \ddots & \\ & & 1 & \lambda_i \end{pmatrix}_{k_i \times k_i}.$$

则$\boldsymbol{J}$与$\boldsymbol{A}$均为$n\times n$复方阵, 且由引理7, $\boldsymbol{J}$的初等因子集也是

$$\{(\lambda-\lambda_1)^{k_1}, (\lambda-\lambda_2)^{k_2}, \cdots, (\lambda-\lambda_s)^{k_s}\},$$

与$\boldsymbol{A}$的完全一样, 这说明$\boldsymbol{A}$与$\boldsymbol{J}$相似. 因此, $\boldsymbol{J}$就是$\boldsymbol{A}$的Jordan标准形.

再证其唯一性. 由于$\boldsymbol{A}$的特征矩阵是唯一的, 因此它的初等因子集也是唯一的. 据引理7, 在不考虑Jordan块顺序时, 由这组初等因子决定的Jordan形矩阵$\boldsymbol{J}$是唯一的. □

说明: 定理5也给出了矩阵$\boldsymbol{A}$的Jordan标准形的存在性, 但方法与定理14给出的不同. 相比定理5而言, 定理14的证明给出了$\boldsymbol{A}$的Jordan标准形的一个较为简单的算法. 下面我们通过例子来说明.

例 9 求矩阵$\boldsymbol{A} = \begin{pmatrix} -1 & -2 & 6 \\ -1 & 0 & 3 \\ -1 & -1 & 4 \end{pmatrix}$的Jordan标准形.

解 首先求出$\boldsymbol{A}$的初等因子:

$$\lambda \boldsymbol{E} - \boldsymbol{A} = \begin{pmatrix} \lambda+1 & 2 & -6 \\ 1 & \lambda & -3 \\ 1 & 1 & \lambda-4 \end{pmatrix} \to \begin{pmatrix} 0 & -\lambda+1 & -\lambda^2+3\lambda-2 \\ 0 & \lambda-1 & -\lambda+1 \\ 1 & 1 & \lambda-4 \end{pmatrix}$$

$$\to \begin{pmatrix} 1 & 0 & 0 \\ 0 & \lambda-1 & -\lambda+1 \\ 0 & -\lambda+1 & -\lambda^2+3\lambda-2 \end{pmatrix} \to \begin{pmatrix} 1 & 0 & 0 \\ 0 & \lambda-1 & -\lambda+1 \\ 0 & 0 & -\lambda^2+2\lambda-1 \end{pmatrix}$$

$$\to \begin{pmatrix} 1 & 0 & 0 \\ 0 & \lambda-1 & 0 \\ 0 & 0 & (\lambda-1)^2 \end{pmatrix}.$$

因此, $\boldsymbol{A}$的初等因子有$\lambda-1, (\lambda-1)^2$. 由定理14证明中给出的方法, $\boldsymbol{A}$的Jordan标准形是

$$\begin{pmatrix} 1 & 0 & 0 \\ 0 & 1 & 0 \\ 0 & 1 & 1 \end{pmatrix}.$$

用线性变换来表述定理14, 即为:

推论 7 设$\mathcal{A}$是复域$\mathbb{C}$上n维线性空间V的线性变换, 则存在V的一组基, 使$\mathcal{A}$在这组基下的矩阵是Jordan形矩阵, 并且这个Jordan形矩阵在不考虑Jordan块的排列次序时是由$\mathcal{A}$唯一决定的.

证明 任取V的基$\boldsymbol{\varepsilon}_1, \cdots, \boldsymbol{\varepsilon}_n$, 设$\mathcal{A}$在这组基下的矩阵是$\boldsymbol{A}$. 由定理14, 存在可逆

阵$\boldsymbol{T}$使

$$\boldsymbol{J} = \boldsymbol{T}^{-1}\boldsymbol{A}\boldsymbol{T}$$

为Jordan阵, 并且在不考虑Jordan块排列次序时, $\boldsymbol{J}$是唯一的. 这时, 令

$$(\boldsymbol{\eta}_1, \cdots, \boldsymbol{\eta}_n) = (\boldsymbol{\varepsilon}_1, \cdots, \boldsymbol{\varepsilon}_n)\boldsymbol{T},$$

那么$\boldsymbol{\eta}_1, \cdots, \boldsymbol{\eta}_n$是$V$的基且$\mathcal{A}$在这组基下的矩阵是$\boldsymbol{J}$. □

作为定理14的应用, 我们可以给出复方阵的最小多项式的具体求法如下:

命题 7　设$\boldsymbol{A}$是n阶复方阵, 那么$\boldsymbol{A}$的最小多项式等于$\boldsymbol{A}$的特征矩阵$x\boldsymbol{E}_n - \boldsymbol{A}$的最高次不变因子.

证明　设$\boldsymbol{J} = \begin{pmatrix} \boldsymbol{J}_1 & & \\ & \ddots & \\ & & \boldsymbol{J}_s \end{pmatrix}$, 其中$\boldsymbol{J}_i = \begin{pmatrix} \lambda_i & & & \\ 1 & \lambda_i & & \\ & \ddots & \ddots & \\ & & 1 & \lambda_i \end{pmatrix}_{k_i \times k_i}$, 是$\boldsymbol{A}$的Jordan标准形矩阵, 那么$\boldsymbol{A}$的最小多项式$g_{\boldsymbol{A}}(x)$等于$\boldsymbol{J}$的最小多项式$g_{\boldsymbol{J}}(x)$.

由推论3, $g_{\boldsymbol{J}}(x) = [g_{\boldsymbol{J}_1}(x), \cdots, g_{\boldsymbol{J}_s}(x)]$. 而由最小多项式的定义易得, 对每个$i = 1, \cdots, s$, $g_{\boldsymbol{J}_i}(x) = (x - \lambda_i)^{k_i}$. 根据$\boldsymbol{J}$的(也就是$x\boldsymbol{E}_n - \boldsymbol{J}$的)不变因子和初等因子的关系, $[g_{\boldsymbol{J}_1}(x), \cdots, g_{\boldsymbol{J}_s}(x)]$就是最高次不变因子. 由定理13, 这也就是$x\boldsymbol{E}_n - \boldsymbol{A}$的最高次不变因子. □

对角阵是特殊的Jordan阵, 即Jordan块均为一阶的, 或等价地说, 初等因子均为一次的. 又由于不变因子是初等因子之积. 因此, 我们有

命题 8　对$\mathbb{C}$上方阵$\boldsymbol{A}$, 下面各款等价:

(i) $\boldsymbol{A}$可相似对角化;

(ii) $\boldsymbol{A}$的初等因子均为一次的;

(iii) $\boldsymbol{A}$的不变因子均无重根;

(iv) $\boldsymbol{A}$的最小多项式是互素一次因式的乘积.

该命题中的(iv)直接由定理6即可得.

另一方面, 在$\mathbb{C}$上, 定理6的证明由上面命题7很容易得到, 请读者自己考虑.

§ 5.8　习　题

1. 设$\mathbb{R}^3$有一个线性变换$\mathcal{A}$定义如下:

$$\mathcal{A}(x_1, x_2, x_3) = (x_1 + x_2, x_3 + x_2, x_3)$$

其中$(x_1, x_2, x_3) \in \mathbb{R}^3$. $\mathbb{R}^3$的下列子空间哪些在$\mathcal{A}$之下不变?

(1) $\{(0,0,c) | c \in \mathbb{R}\}$;　(2) $\{(0,b,c) | b, c \in \mathbb{R}\}$;

(3) $\{(a,0,0) | a \in \mathbb{R}\}$;　(4) $\{(a,b,0) | a, b \in \mathbb{R}\}$;

(5) $\{(a,0,c) | a, c \in \mathbb{R}\}$;　(6) $\{(a,-a,0) | a \in \mathbb{R}\}$.

2. 设$\mathcal{A}_1, \mathcal{A}_2$为线性空间的两个线性变换, 证明: 若$\mathcal{A}_1$与$\mathcal{A}_2$可交换, 则$\mathcal{A}_1$的特征子空间对$\mathcal{A}_2$不变.

3. 设$\mathcal{A}$是n维线性空间V的一个线性变换, W是$\mathcal{A}$的一个不变子空间, 证明: 如果$\mathcal{A}$可逆, 则W也是关于$\mathcal{A}^{-1}$的一个不变子空间.
4. 设V是复数域上n维空间, $\mathcal{A},\mathcal{B}$ 为V的线性变换, 且$\mathcal{AB}=\mathcal{BA}$, 证明:

   (1) 如果λ_0是$\mathcal{A}$的特征值, 则V_{λ_0}是$\mathcal{B}$-不变子空间;
   (2) $\mathcal{A},\mathcal{B}$至少有一个公共特征向量.

5. 设$\mathcal{A}$是n维线性空间V的线性变换, 证明: V可以分解成$\mathcal{A}$的n个一维不变子空间的直和的充要条件是V有一组由$\mathcal{A}$的特征向量组成的基.
6. 设$\mathcal{A}$为复数域上线性空间V的线性变换.

   (1) 证明: V中有一组基$\boldsymbol{\epsilon}_1,\cdots,\boldsymbol{\epsilon}_n$, 使得, 对$i=1,\cdots,n$, $W_i=L(\boldsymbol{\epsilon}_1,\cdots,\boldsymbol{\epsilon}_i)$均为$V$的$\mathcal{A}$-不变子空间且$\mathcal{A}$在$\boldsymbol{\epsilon}_1,\cdots,\boldsymbol{\epsilon}_n$下的矩阵为上三角阵;
   (2) 对$i=1,\cdots,n$, 由$\mathcal{A}$诱导出V/W_i的线性变换$\mathcal{A}_i$满足
   $$\mathcal{A}_i(\boldsymbol{\alpha}+W_i)=\mathcal{A}(\boldsymbol{\alpha})+W_i.$$
   证明: $\boldsymbol{\epsilon}_{i+1}+W_i$为$\mathcal{A}_i$的特征向量.

7. 证明: 对于复数域上的任意一个矩阵$\boldsymbol{A}$, 均有如下分解$\boldsymbol{A}=\boldsymbol{B}+\boldsymbol{C}$, 使得其中$\boldsymbol{C}$为幂零阵, $\boldsymbol{B}$相似于一个对角矩阵, 且$\boldsymbol{BC}=\boldsymbol{CB}$.
8. 求$\boldsymbol{A}=\left(\begin{array}{ccc|cc} a & b & & & \\ & a & b & & \\ & & a & & \\ \hline & & & c & d \\ & & & & c \end{array}\right)$, 其中$a,b,c,d\neq 0$, 的最小多项式.
9. 设$\boldsymbol{A}$是数域$\mathbb{P}$上n级方阵, $m(\lambda),f(\lambda)$分别是$\boldsymbol{A}$的最小多项式和特征多项式. 证明: 存在正整数t, 使得$f(\lambda)|m^t(\lambda)$.
10. 设$m(x)$是n阶复矩阵$\boldsymbol{A}$的最小多项式, $\varphi(x)$是次数大于零的复多项式. 证明: 对$\boldsymbol{A}$的任一个特征值λ均有$\varphi(\lambda)\neq 0$的充分必要条件是$(\varphi(x),\ m(x))=1$.
11. 已知λ-矩阵
$$\boldsymbol{A}(\lambda)=\begin{pmatrix} \lambda & 2\lambda+1 & 1 \\ 1 & \lambda+1 & \lambda^2+1 \\ \lambda-1 & \lambda & -\lambda^2 \end{pmatrix},\quad \boldsymbol{B}(\lambda)=\begin{pmatrix} 1 & 0 & 1 \\ 1 & \lambda+1 & \lambda \\ 1 & 1 & \lambda^2 \end{pmatrix},$$
$$\boldsymbol{C}(\lambda)=\begin{pmatrix} 1 & \lambda & 0 \\ 2 & \lambda & 1 \\ \lambda^2+1 & 2 & \lambda^2+1 \end{pmatrix},\quad \boldsymbol{D}(\lambda)=\begin{pmatrix} \lambda^2-1 & \lambda & \lambda & 0 \\ \lambda^2 & 1 & 0 & \lambda \\ 0 & 0 & \lambda^2-1 & \lambda \\ 0 & 0 & \lambda^2 & 1 \end{pmatrix}.$$

    (1) 试求上述λ-矩阵的秩并指出哪些是满秩的;
    (2) 上述λ-矩阵哪个是可逆的？求出其逆矩阵.

12. 化下列λ-矩阵成标准形:
$$(1)\ \begin{pmatrix} \lambda^3-\lambda & 2\lambda^2 \\ \lambda^2+5\lambda & 3\lambda \end{pmatrix};\quad (2)\ \begin{pmatrix} 1-\lambda & \lambda^2 & \lambda \\ \lambda & \lambda & -\lambda \\ 1+\lambda^2 & \lambda^2 & -\lambda^2 \end{pmatrix}.$$

13. 证明: 两个等价的λ-矩阵$\boldsymbol{A}(\lambda)$和$\boldsymbol{B}(\lambda)$ 的行列式只差一个非零常数.

14. 将可逆λ-矩阵$\boldsymbol{A}(\lambda)=\begin{pmatrix}\lambda^2 & \lambda & 1\\ 0 & 1 & 0\\ 1 & 0 & 0\end{pmatrix}$表为初等$\lambda$-矩阵的乘积.

15. 求下列λ-矩阵的各阶行列式因子:

(1) $\begin{pmatrix}2\lambda & 1 & 0\\ 0 & -\lambda(\lambda+2) & -3\\ 0 & 0 & \lambda^2-1\end{pmatrix}$, (2) $\begin{pmatrix}\lambda & 0 & 0 & 5\\ -1 & \lambda & 0 & 4\\ 0 & -1 & \lambda & 3\\ 0 & 0 & -1 & \lambda+2\end{pmatrix}$.

(3) $\begin{pmatrix}1-\lambda & 2\lambda-1 & \lambda\\ \lambda & \lambda^2 & -\lambda\\ 1+\lambda^2 & \lambda^2+\lambda-1 & -\lambda^2\end{pmatrix}$, (4) $\begin{pmatrix}\lambda & 1 & 0 & 0\\ 0 & \lambda & 1 & 0\\ 0 & 1 & \lambda & 0\\ 0 & 0 & 1 & \lambda\end{pmatrix}$.

16. 求上题中各λ-矩阵的不变因子:

17. 求15题中各λ-矩阵的初等因子:

18. 设$\boldsymbol{A}(\lambda)$为一个5阶方阵, 其秩为4, 初等因子组是

$$\lambda,\ \lambda^2,\ \lambda^2,\ \lambda-1,\ \lambda-1,\ \lambda+1,\ (\lambda+1)^3.$$

试求$\boldsymbol{A}(\lambda)$的标准形.

19. 已知n阶方阵

$$\boldsymbol{A}=\begin{pmatrix}0 & & & -a_0\\ 1 & \ddots & & -a_1\\ & \ddots & 0 & \vdots\\ & & 1 & -a_{n-1}\end{pmatrix}.$$

证明: $\boldsymbol{A}$的不变因子为$\overbrace{1,\ 1,\ \cdots,\ 1}^{n-1}$, $d_n(\lambda)=\lambda^n+a_{n-1}\lambda^{n-1}+\cdots+a_1\lambda+a_0$.

20. 设$\boldsymbol{A}$是数域$\mathbb{P}$上n级方阵, 证明: $m(\lambda)=d_n(\lambda)$, 即$\boldsymbol{A}$的最小多项式等于$\boldsymbol{A}$的最后一个不变因子.

21. 已知

$$\boldsymbol{A}(\lambda)=\begin{pmatrix}\lambda-a & 0 & -1 & 0\\ 0 & \lambda-a & 0 & -1\\ \beta^2 & 1 & \lambda-a & 0\\ 0 & \beta^2 & 0 & \lambda-a\end{pmatrix},$$

$$\boldsymbol{B}(\lambda)=\begin{pmatrix}1 & 0 & 0 & 0\\ 0 & 1 & 0 & 0\\ 0 & 0 & (\lambda-\alpha)^2+\beta^2 & 0\\ 0 & 0 & 0 & (\lambda-\alpha)^2+\beta^2\end{pmatrix}.$$

判断$\boldsymbol{A}(\lambda)$与$\boldsymbol{B}(\lambda)$是否等价.

22. 判断$\boldsymbol{A}(\lambda)$与$\boldsymbol{B}(\lambda)$是否等价，这里

(1) $\boldsymbol{A}(\lambda)=\begin{pmatrix}\lambda & 1\\ 0 & \lambda\end{pmatrix}$, $\boldsymbol{B}(\lambda)=\begin{pmatrix}1 & -\lambda\\ 1 & \lambda\end{pmatrix}$;

(2) $\boldsymbol{A}(\lambda)=\begin{pmatrix}\lambda(\lambda+1) & 0 & 0\\ 0 & \lambda & 0\\ 0 & 0 & (\lambda+1)^2\end{pmatrix}$, $\boldsymbol{B}(\lambda)=\begin{pmatrix}0 & 0 & \lambda+1\\ 0 & 2\lambda & 0\\ \lambda(\lambda+1)^2 & 0 & 0\end{pmatrix}$.

23. 证明: 若多项式$f(\lambda)$与$g(\lambda)$互素，则下列λ-矩阵彼此等价:

$$\boldsymbol{A}(\lambda)=\begin{pmatrix}f(\lambda) & 0\\ 0 & g(\lambda)\end{pmatrix},\ \boldsymbol{B}(\lambda)=\begin{pmatrix}g(\lambda) & 0\\ 0 & f(\lambda)\end{pmatrix},\ \boldsymbol{C}(\lambda)=\begin{pmatrix}1 & 0\\ 0 & f(\lambda)g(\lambda)\end{pmatrix}.$$

24. 证明: n阶方阵$\boldsymbol{A}$与$\boldsymbol{A}^{\mathrm{T}}$相似.

25. 下列矩阵哪些相似？哪些不相似？

$$\boldsymbol{A}=\begin{pmatrix}-1 & 1 & 0\\ -4 & 3 & 0\\ 1 & 0 & 2\end{pmatrix},\ \boldsymbol{B}=\begin{pmatrix}3 & 0 & 8\\ 3 & -1 & 6\\ -2 & 0 & -5\end{pmatrix},\ \boldsymbol{C}=\begin{pmatrix}2 & 0 & 0\\ 0 & 1 & 1\\ 1 & 0 & 1\end{pmatrix}.$$

26. 设$\boldsymbol{A},\boldsymbol{B}$是数域$\mathbb{P}$上两个$n$阶方阵，$f_i(\lambda),\ g_i(\lambda)\in\mathbb{P}[\lambda]$ 对$i=1,2,\cdots n$, 并且

$$(f_1(\lambda)f_2(\lambda)\cdots f_n(\lambda),\ g_1(\lambda)g_2(\lambda)\cdots g_n(\lambda))=1,$$

$$\lambda\boldsymbol{E}-\boldsymbol{A}\simeq\begin{pmatrix}f_1(\lambda)g_1(\lambda) & & \\ & \ddots & \\ & & f_n(\lambda)g_n(\lambda)\end{pmatrix},$$

$$\lambda\boldsymbol{E}-\boldsymbol{B}\simeq\begin{pmatrix}f_{i_1}(\lambda)g_{j_1}(\lambda) & & \\ & \ddots & \\ & & f_{i_n}(\lambda)g_{j_n}(\lambda)\end{pmatrix},$$

其中$\simeq$表示λ–矩阵等价，$i_1\cdots i_n$和$j_1\cdots j_n$是任意两个n–排列，证明: $\boldsymbol{A}$与$\boldsymbol{B}$相似.

27. 设a,b,c是实数,

$$\boldsymbol{A}=\begin{pmatrix}b & c & a\\ c & a & b\\ a & b & c\end{pmatrix},\boldsymbol{B}=\begin{pmatrix}c & a & b\\ a & b & c\\ b & c & a\end{pmatrix},\boldsymbol{C}=\begin{pmatrix}a & b & c\\ b & c & a\\ c & a & b\end{pmatrix}.$$

证明:

(1) $\boldsymbol{A},\boldsymbol{B},\boldsymbol{C}$彼此相似;

(2) 如果$\boldsymbol{BC}=\boldsymbol{CB}$, 则$\boldsymbol{A}$至少有两个特征根等于0.

28. 求下列矩阵的Jordan标准形:

(1) $\boldsymbol{A}=\begin{pmatrix}-1 & 1 & 1\\ -5 & 21 & 17\\ 6 & 26 & -21\end{pmatrix}$; (2) $\boldsymbol{B}=\begin{pmatrix}1 & 2 & 0\\ 0 & 2 & 0\\ -2 & -2 & -1\end{pmatrix}$;

(3) $\boldsymbol{C}=\begin{pmatrix}3&0&8\\3&-1&6\\-2&0&-5\end{pmatrix}$; (4) $\boldsymbol{D}=\begin{pmatrix}3&-4&0&0\\4&-5&0&0\\0&0&3&-2\\0&0&2&-1\end{pmatrix}$.

29. 设$n\times n$矩阵

$$\boldsymbol{A}=\begin{pmatrix}0&&&1\\1&0&&\\&\ddots&\ddots&\\&&1&0\end{pmatrix}.$$

(1) 求$\boldsymbol{A}$的行列式因子组, 不变因子组和初等因子组;

(2) 求$\boldsymbol{A}$的Jordan标准形.

30. 设复矩阵$\boldsymbol{A}=\begin{pmatrix}2&0&0\\a&2&0\\b&c&-1\end{pmatrix}$, 问矩阵$\boldsymbol{A}$可能有什么样的Jordan标准形？并求$\boldsymbol{A}$相似于对角矩阵的充要条件.

第 6 章　线性函数与欧氏空间的推广

在上册中, 我们已经介绍了欧氏空间的基本理论. 在本册的第三章和第四章, 我们又通过进一步的工具和方法, 对欧氏空间有了更深入的理解. 可以看出, 欧氏空间结构是线性代数中非常完善漂亮的部分, 对几何性质的实现更体现了它的重要性. 但它的局限性也是明显的, 就是只能在实数域上讨论. 因此, 如何将欧氏空间的思想在广泛的线性空间上实现, 是一个很自然, 并且尤为重要的问题. 这就是我们将在本章要完成的工作. 其中最重要的三类可以认为是: 一般数域上的正交空间、辛空间、复数域上的酉空间.

§ 6.1　线性函数与对偶空间

对于数域$\mathbb{P}$上的线性空间V与W, 如果我们把线性映射$f: V \to W$中的W取作特殊情况: $W = \mathbb{P}$, 那么就等于给出了V上的一个满足线性关系的函数, 即我们有如下定义:

定义 1　设V是数域$\mathbb{P}$上的线性空间, f是V到$\mathbb{P}$的一个映射, 且满足:

(i) $f(\boldsymbol{\alpha}+\boldsymbol{\beta}) = f(\boldsymbol{\alpha}) + f(\boldsymbol{\beta})$;

(ii) $f(k\boldsymbol{\alpha}) = kf(\boldsymbol{\alpha})$,

对任意$\boldsymbol{\alpha}, \boldsymbol{\beta} \in V, k \in \mathbb{P}$, 则称$f$是$V$上的一个**线性函数**.

将V上所有线性函数的集合表为$L(V, \mathbb{P})$, 将$\mathbb{P}$看作它自身上的线性空间, 那么由此定义, 线性函数就是从V到$\mathbb{P}$上的线性映射, 即$L(V, \mathbb{P}) = \mathrm{Hom}_{\mathbb{P}}(V, \mathbb{P})$. 因此, 线性函数满足线性映射的所有性质, 比如: $f(\boldsymbol{\theta}) = 0, f(-\boldsymbol{\alpha}) = -f(\boldsymbol{\alpha}), f(\sum k_i\boldsymbol{\alpha}_i) = \sum k_i f(\boldsymbol{\alpha}_i)$等.

设$\{\boldsymbol{\varepsilon}_i\}_{i\in\Lambda}$是$V$的一组基, 那么任一$\boldsymbol{\alpha} \in V$可表为$\boldsymbol{\alpha} = \sum\limits_{i\in\Lambda} k_i\boldsymbol{\varepsilon}_i$, 其中只有有限个$k_i \in \mathbb{P}$是非零的. 于是, $f(\boldsymbol{\alpha}) = f(\sum\limits_{i\in\Lambda} k_i\boldsymbol{\varepsilon}_i) = \sum\limits_{i\in\Lambda} k_i f(\boldsymbol{\varepsilon}_i)$. 令$a_i = f(\boldsymbol{\varepsilon}_i)$对$i \in \Lambda$, 则

$$f(\boldsymbol{\alpha}) = \sum_{i\in\Lambda} k_i a_i.$$

反之, 对任一组数$\{a_i\}_{i\in\Lambda}$, 其中$a_i \in \mathbb{P}$, 定义$f: V \to \mathbb{P}$, 使对任一$\boldsymbol{\alpha} = \sum k_i\boldsymbol{\varepsilon}_i$ 满足$f(\boldsymbol{\alpha}) = \sum k_i a_i$, 那么易证$f$确为$V$上的一个线性函数, 且有:

$$f(\boldsymbol{\varepsilon}_i) = a_i, \text{ 对任一} i \in \Lambda.$$

从而, 我们有:

定理 1　(i) 设V是$\mathbb{P}$上线性空间, 有基$\{\boldsymbol{\varepsilon}_i\}_{i\in\Lambda}$, 那么, 一个映射$f: V \to \mathbb{P}$是$V$上的线性函数, 当且仅当存在一组数$\{a_i\}_{i\in\Lambda} \subseteq \mathbb{P}$, 使得对任一$\boldsymbol{\alpha} = \sum\limits_{i\in\Lambda} k_i\boldsymbol{\varepsilon}_i \in V$, 有

$$f(\boldsymbol{\alpha}) = \sum_{i\in\Lambda} k_i a_i.$$

这时, 对任一$i \in \Lambda, f(\boldsymbol{\varepsilon}_i) = a_i$.

(ii) 将$\mathbb{P}$中所有数组$\{a_i\}_{i\in\Lambda}$的集合表为$\prod\limits_{\lambda\in\Lambda}\mathbb{P}$, 其中可能$a_i=a_j$, 对$i\neq j$, 且$\{a_i\}_{i\in\Lambda}=\{b_i\}_{i\in\Lambda}$当且仅当$a_i=b_i$对任一$i\in\Lambda$. 那么映射

$$\begin{aligned}\pi:\ L(V,\mathbb{P}) &\longrightarrow \prod_{\lambda\in\Lambda}\mathbb{P}\\ f &\longmapsto \{f(\boldsymbol{\varepsilon}_i)\}_{i\in\Lambda}\end{aligned}$$

建立了两个集合之间的$1-1$对应.

证明 (i) 前述已证明.

(ii) 首先, 由(i)可见, π确是一个映射, 并且是满的.

若有线性函数$f,\ g\in L(V,\ \mathbb{P})$使$\pi(f)=\pi(g)$, 即$\{f(\boldsymbol{\varepsilon}_i)\}_{i\in\Lambda}=\{g(\boldsymbol{\varepsilon}_i)\}_{i\in\Lambda}$, 那么$f(\boldsymbol{\varepsilon}_i)=g(\boldsymbol{\varepsilon}_i)$, 对任一$i\in\Lambda$, 从而对任一$\boldsymbol{\alpha}=\sum k_i\boldsymbol{\varepsilon}_i\in V$,

$$f(\boldsymbol{\alpha})=\sum k_if(\boldsymbol{\varepsilon}_i)=\sum k_ig(\boldsymbol{\varepsilon}_i)=g(\boldsymbol{\alpha}),$$

得$f=g$, 这说明π是单的. □

在这个定理中, 我们甚至可以让Λ是任一指标集. 若Λ是有限集, 即$|\Lambda|<+\infty$, 那么就得:

推论 1 设V是$\mathbb{P}$上n维线性空间, $\boldsymbol{\varepsilon}_1,\boldsymbol{\varepsilon}_2,\cdots,\boldsymbol{\varepsilon}_n$是$V$的一组基, $a_1,a_2,\cdots,a_n$是$\mathbb{P}$中任意n个数, 那么存在唯一的V上线性函数f使:

$$f(\boldsymbol{\varepsilon}_i)=a_i,\ i=1,2,\cdots,n.$$

例 1 **零函数**$\theta:V\to\mathbb{P}$使$\theta(\boldsymbol{\alpha})=0$对任一$\boldsymbol{\alpha}\in V$.

例 2 令$V=\mathbb{P}^n$, 对任意$a_1,\cdots,a_n\in\mathbb{P}$, 定义

$$f(\boldsymbol{z})=f(x_1,\cdots,x_n)=a_1x_1+\cdots+a_nx_n$$

对任一$\boldsymbol{z}=(x_1,\cdots,x_n)\in\mathbb{P}^n$, 则$f\in L(\mathbb{P}^n,\mathbb{P})$.

例 3 设$\mathbb{P}^{n\times n}$表示数域$\mathbb{P}$上$n\times n$阶全矩阵线性空间, 定义$\mathrm{tr}:\mathbb{P}^{n\times n}\to\mathbb{P}$使得

$$\mathrm{tr}(\boldsymbol{A})=a_{11}+\cdots+a_{nn},\ \text{对任一}\boldsymbol{A}=(a_{ij})\in\mathbb{P}^{n\times n}.$$

那么$\mathrm{tr}\in L(\mathbb{P}^{n\times n},\mathbb{P})$. 这时, 对于$\mathbb{P}^{n\times n}$的基$\{\boldsymbol{E}_{ij}\}_{i,j\in\{1,\cdots,n\}}$,

$$f(\boldsymbol{E}_{ij})=\begin{cases}1, & i=j;\\ 0, & i\neq j.\end{cases}$$

故

$$\mathrm{tr}(\boldsymbol{A})=a_{11}+\cdots+a_{nn}=a_{11}\cdot 1+\cdots+a_{nn}\cdot 1+\sum_{i\neq j}a_{ij}\cdot 0,$$

即tr对应于数组$\{1,\cdots,1,0,\cdots,0\}$. 我们称$\mathrm{tr}$为$n$阶矩阵的**迹函数**.

例 4 对于$V=\mathbb{P}[x]$, $t\in\mathbb{P}$, 定义$L_t:\mathbb{P}[x]\to\mathbb{P}$使得$f(x)\mapsto f(t)$. 直接验证可得$L_t\in L(\mathbb{P}[x],\ \mathbb{P})$. 对任一$x^n$, $L_t(x^n)=t^n$, 所以对$f(x)=\sum a_ix^i$有$L_t(f(x))=\sum a_it^i$, 即L_t对应于数组$\{1,t,t^2,\cdots,t^n,\cdots\}$.

由上册, $L(V,\mathbb{P})=\mathrm{Hom}_{\mathbb{P}}(V,\mathbb{P})$是一个线性空间, 其加法和数乘如下:

对$f,\ g\in L(V,\mathbb{P})$, $f+g$满足:

$$(f+g)(\boldsymbol{\alpha})=f(\boldsymbol{\alpha})+g(\boldsymbol{\alpha})\text{对任一}\boldsymbol{\alpha}\in V.$$

对$f \in L(V, \mathbb{P}), k \in \mathbb{P}, kf$满足:

$$(kf)(\boldsymbol{\alpha}) = kf(\boldsymbol{\alpha}),\ 对任一\boldsymbol{\alpha} \in V.$$

称$L(V, \mathbb{P})$为V的**对偶空间**, 简单地记为V^*.

根据上述定义和定理1，我们有如下推论.

推论 2 π是线性空间$L(V, \mathbb{P})$到$\prod\limits_{\lambda \in \Lambda} \mathbb{P}$的一个同构映射.

设$\{\boldsymbol{\varepsilon}_i\}_{i\in\Lambda}$是$V$的一组基, 定义$V$上一组线性函数$\{f_i\}_{i\in\Lambda}$满足:

$$f_i(\boldsymbol{\varepsilon}_j) = \begin{cases} 1, & i = j; \\ 0, & i \neq j \end{cases}$$

对于$i, j \in \Lambda$, 由定理1, 这样的线性函数f_i存在且唯一, 就是对应数组$\{a_j^{(i)}\}_{j\in\Lambda}$的那一个, 其中

$$a_j^{(i)} = \begin{cases} 1, & i = j; \\ 0, & i \neq j. \end{cases}$$

对于任一$\boldsymbol{\alpha} = \sum\limits_{j\in\Lambda} x_j \boldsymbol{\varepsilon}_j \in V$, 有

$$f_i(\boldsymbol{\alpha}) = \sum_{j\in\Lambda} x_j f_i(\boldsymbol{\varepsilon}_j) = x_i f_i(\boldsymbol{\varepsilon}_i) = x_i \tag{6.1.1}$$

即$f_i(\boldsymbol{\alpha})$实际上就是$\boldsymbol{\alpha}$的第i个坐标的值. 于是, 有$\boldsymbol{\alpha} = \sum\limits_{i\in\Lambda} f_i(\boldsymbol{\alpha})\boldsymbol{\varepsilon}_i$.

进一步, 我们有:

定理 2 取线性空间V的一组基$\{\boldsymbol{\varepsilon}_i\}_{i\in\Lambda}$及如上定义的对偶组$\{f_i\}_{i\in\Lambda}$, 那么

(i) 对于任一$\boldsymbol{\alpha} \in V$, 有$\boldsymbol{\alpha} = \sum\limits_{i\in\Lambda} f_i(\boldsymbol{\alpha})\boldsymbol{\varepsilon}_i$;

(ii) $\{f_i\}_{i\in\Lambda}$是线性空间V^*中的一个线性无关的向量组;

(iii) 当$\dim V < \infty$时，对于任一$f \in V^*$, 有$f = \sum\limits_{i\in\Lambda} f(\boldsymbol{\varepsilon}_i) f_i$;

(iv) 当$\dim V < \infty$时，$\{f_i\}_{i\in\Lambda}$是V^*的一组基, 从而$\dim V^* = \dim V$.

证明 (i) 由式(6.1.1)即得.

(ii) 任取$\{f_i\}_{i\in\Lambda}$中的一个仅含有有限个向量的子向量组，设为$f_1, \cdots, f_n$. 下面只要证明$f_1, \cdots, f_n$是线性无关组即可. 假设存在数组$c_1, \cdots, c_n$使

$$\sum_{i=1}^n c_i f_i = 0.$$

两边作用到$\boldsymbol{\varepsilon}_j (j = 1, \cdots, n)$上, 得

$$\sum_{i=1}^n c_i f_i(\boldsymbol{\varepsilon}_j) = 0.$$

但

$$f_i(\boldsymbol{\varepsilon}_j) = \begin{cases} 1, & i = j; \\ 0, & i \neq j, \end{cases}$$

故

$$\sum_{i=1}^n c_i f_i(\boldsymbol{\varepsilon}_j) = c_j f_j(\boldsymbol{\varepsilon}_j) = c_j.$$

从而, $c_j = 0$对任何$j = 1, \cdots, n$. 这说明$f_1, \cdots, f_n$是线性无关组.

(iii) 由$\dim V = n < \infty$，不妨设$\Lambda = \{1, 2, \cdots, n\}$. 对于任一$\boldsymbol{\alpha} \in V$, 有

$$\left(\sum_{i=1}^{n} f(\boldsymbol{\varepsilon}_i) f_i\right)(\boldsymbol{\alpha}) = \sum_{i=1}^{n} f(\boldsymbol{\varepsilon}_i) f_i(\boldsymbol{\alpha}) = f(\sum_{i=1}^{n} f_i(\boldsymbol{\alpha})\boldsymbol{\varepsilon}_i) = f(\boldsymbol{\alpha}),$$

其中最后一个等式由(i)即得. 据$\boldsymbol{\alpha}$的任意性得

$$f = \sum_{i=1}^{n} f(\boldsymbol{\varepsilon}_i) f_i.$$

(iv) 由(ii)和(iii)易得. □

注 当$\dim V = \infty$时，由上面定理，虽然向量组$\{f_i\}_{i\in\Lambda}$是线性空间V^*中的一个线性无关的向量组，但是V^*中的向量并不总能被向量组$\{f_i\}_{i\in\Lambda}$中的有限个向量线性表示. 因此向量组$\{f_i\}_{i\in\Lambda}$不是线性空间V^*的一组基.

基于定理2(iii), 当$\dim V = n < \infty$时，我们把上述定义的V^*的基$f_1, \cdots, f_n$称为V的基$\boldsymbol{\varepsilon}_1, \cdots, \boldsymbol{\varepsilon}_n$ 的**对偶基**.

例 5 设$V = \mathbb{P}[x]_n$, 则$\dim \mathbb{P}[x]_n = n$, 取不同的$a_1, \cdots, a_n \in \mathbb{P}$, 对数组

$$\{0, \cdots, \underset{i}{1}, \cdots, 0\},$$

用Lagrange插值公式, 对$i = 1, \cdots, n$, 得到n个多项式为

$$p_i(x) = \frac{(x-a_1)\cdots(x-a_{i-1})(x-a_{i+1})\cdots(x-a_n)}{(a_i-a_1)\cdots(a_i-a_{i-1})(a_i-a_{i+1})\cdots(a_i-a_n)}$$

且满足

$$p_i(a_j) = \begin{cases} 1, & i = j\,; \\ 0, & i \neq j\,. \end{cases}$$

设有$c_1, \cdots, c_n \in \mathbb{P}$使

$$c_1 p_1(x) + \cdots + c_n p_n(x) = 0.$$

用$x = a_i$代入, 得

$$0 = \sum_{k=1}^{n} c_k p_k(a_i) = c_i p_i(a_i) = c_i, \ 对i = 1, \cdots, n.$$

因此, $p_1(x), \cdots, p_n(x)$是线性无关的, 从而它们是n维线性空间$\mathbb{P}[x]_n$的一组基.

与例4一样, 取$\mathbb{P}[x]_n$上的线性函数L_{a_i}:

$$L_{a_i}(p(x)) = p(a_i), \ 对任一p(x) \in \mathbb{P}[x]_n.$$

那么, 对$p_1(x), \cdots, p_n(x)$, 有

$$L_{a_i}(p_j(x)) = p_j(a_i) = \begin{cases} 1, & i = j; \\ 0, & i \neq j, \end{cases}$$

这说明$L_{a_1}, \cdots, L_{a_n}$是$p_1(x), \cdots, p_n(x)$的对偶基.

有限维线性空间上不同基之间可以通过过渡矩阵联系. 下面, 讨论这不同基的对偶基的相互关系.

设V是数域$\mathbb{P}$上有限维线性空间, $\boldsymbol{\varepsilon}_1, \cdots, \boldsymbol{\varepsilon}_n$与$\boldsymbol{\eta}_1, \cdots, \boldsymbol{\eta}_n$是$V$的两组基, 它们的对偶基分别是$f_1, \cdots, f_n$与$g_1, \cdots, g_n$.

再设它们在V和V^*中的过渡阵分别是$\boldsymbol{A}=(a_{ij})_{n\times n}, \boldsymbol{B}=(b_{ij})_{n\times n}$, 即设

$$(\boldsymbol{\eta}_1,\cdots,\boldsymbol{\eta}_n)=(\boldsymbol{\varepsilon}_1,\cdots,\boldsymbol{\varepsilon}_n)\boldsymbol{A},$$
$$(g_1,\cdots,g_n)=(f_1,\cdots,f_n)\boldsymbol{B}.$$

那么对$i,j=1,\cdots,n$,有

$$\boldsymbol{\eta}_i=a_{1i}\boldsymbol{\varepsilon}_1+\cdots+a_{ni}\boldsymbol{\varepsilon}_n,$$
$$g_j=b_{1j}f_1+\cdots+b_{nj}f_n.$$

因为$\boldsymbol{\varepsilon}_1,\cdots,\boldsymbol{\varepsilon}_n$和$f_1,\cdots,f_n$是对偶基, 所以

$$\begin{aligned}g_j(\boldsymbol{\eta}_i)&=(b_{1j}f_1+\cdots+b_{nj}f_n)(a_{1i}\boldsymbol{\varepsilon}_1+\cdots+a_{ni}\boldsymbol{\varepsilon}_n)\\&=\sum_{s,t=1}^{n}b_{sj}a_{ti}f_s(\boldsymbol{\varepsilon}_t)=b_{1j}a_{1i}+\cdots+b_{nj}a_{ni}.\end{aligned}$$

又$\boldsymbol{\eta}_1,\cdots,\boldsymbol{\eta}_n$和$g_1,\cdots,g_n$是对偶基, 故

$$g_j(\boldsymbol{\eta}_i)=\begin{cases}1, & i=j;\\ 0, & i\neq j.\end{cases}$$

于是,

$$b_{1j}a_{1i}+\cdots+b_{nj}a_{ni}=\begin{cases}1, & i=j;\\ 0, & i\neq j,\end{cases}$$

由此得$\boldsymbol{B}^{\mathrm{T}}\boldsymbol{A}=\boldsymbol{E}, \boldsymbol{B}^{\mathrm{T}}=\boldsymbol{A}^{-1}$, 从而$\boldsymbol{B}=(\boldsymbol{A}^{-1})^{\mathrm{T}}=(\boldsymbol{A}^{\mathrm{T}})^{-1}$, 即得

定理 3 设$\varepsilon_1, \cdots, \varepsilon_n$和$\boldsymbol{\eta}_1, \cdots, \boldsymbol{\eta}_n$是$V$的两组基, 又设它们的对偶基分别是$f_1, \cdots, f_n$和$g_1, \cdots, g_n$. 那么当$\varepsilon_1, \cdots, \varepsilon_n$到$\boldsymbol{\eta}_1, \cdots, \boldsymbol{\eta}_n$过渡阵是$\boldsymbol{A}$时, $f_1, \cdots, f_n$到$g_1, \cdots, g_n$的过渡阵是$(\boldsymbol{A}^{\mathrm{T}})^{-1}$.

现在研究如何把两个线性空间之间的线性映射, 诱导为它们的对偶空间之间的线性映射. 设U,V是$\mathbb{P}$上线性空间, φ是U到V的线性映射, 由上已知道, U,V分别有对偶空间U^*,V^*. 这时, 任取$f\in V^*$, 则$f\varphi: U\to V\to\mathbb{P}$, 即$f\varphi\in U^*$, 或说, $f\varphi$是U上的线性函数. 我们可定义如下:

$$\begin{aligned}\varphi^*:\ V^* &\ \to\ U^*,\\ f &\ \mapsto\ f\varphi\end{aligned}$$

即$\varphi^*(f)=f\varphi$. 显然, φ^*是一个映射, 且对$f,g\in V^*, k\in\mathbb{P}$, 有

$$\varphi^*(f+g)=(f+g)\varphi=f\varphi+g\varphi=\varphi^*(f)+\varphi^*(g),$$
$$\varphi^*(kf)=(kf)\varphi=k(f\varphi)=k\varphi^*(f),$$

因此φ^*是V^*到U^*的线性映射. 由于φ^*是由φ决定的, 称φ^*是线性映射φ的**对偶映射**.

性质 1 设U,V,W是数域$\mathbb{P}$上线性空间, φ,ψ分别是U到V和V到W的线性映射, φ^*,ψ^*分别是它们的对偶映射, 那么

(1) $(\psi\varphi)^*=\varphi^*\psi^*$;

(2) $(id_V)^*=id_{V^*}$.

证明 (1) $(\psi\varphi)^*$与$\varphi^*\psi^*$都是W^*到U^*的, 所以任取$g\in W^*$, 有

$$(\psi\varphi)^*(g)=g(\psi\varphi)=(g\psi)\varphi=(\psi^*(g))(\varphi)=\varphi^*(\psi^*(g))=(\varphi^*\psi^*)(g),$$

即得$(\psi\varphi)^*=\varphi^*\psi^*$.

(2)直接验证, 显然. □

对$\mathbb{P}$上线性空间V, 其对偶空间V^*也是$\mathbb{P}$上的, 因此V^*也可做其相应的对偶空

间$(V^*)^*$, 表为V^{**}. 下面我们来讨论V和V^{**}之间的关系.

取$\boldsymbol{\alpha}\in V$, 定义$\boldsymbol{\alpha}^{**}$如下:

$$\boldsymbol{\alpha}^{**}(f)=f(\boldsymbol{\alpha})$$

对任一$f\in V^*$. 易验证, $\boldsymbol{\alpha}^{**}$是V^*上的一个线性函数, 即$\boldsymbol{\alpha}^{**}\in V^{**}$. 于是, 可定义映射$l:V\to V^{**}$使$\boldsymbol{\alpha}\mapsto\boldsymbol{\alpha}^{**}$. 对此, 我们有

定理 4 对数域$\mathbb{P}$上线性空间V及$V^{**}=(V^*)^*$, 定义映射

$$\begin{array}{rccc} l: & V & \to & V^{**} \\ & \boldsymbol{\alpha} & \mapsto & \boldsymbol{\alpha}^{**} \end{array}.$$

那么, l是V到V^{**}的单线性映射, 即V通过l嵌入V^{**}.

特别地, 当$\dim V<+\infty$时, $V\overset{l}{\cong}V^{**}$.

证明 对任意$\boldsymbol{\alpha}_1,\boldsymbol{\alpha}_2\in V, f\in V^*, k\in\mathbb{P}$, 有

$$\begin{aligned}(\boldsymbol{\alpha}_1+\boldsymbol{\alpha}_2)^{**}(f)&=f(\boldsymbol{\alpha}_1+\boldsymbol{\alpha}_2)=f(\boldsymbol{\alpha}_1)+f(\boldsymbol{\alpha}_2)\\&=\boldsymbol{\alpha}_1^{**}(f)+\boldsymbol{\alpha}_2^{**}(f)\\&=(\boldsymbol{\alpha}_1^{**}+\boldsymbol{\alpha}_2^{**})(f),\\(k\boldsymbol{\alpha}_1)^{**}(f)&=f(k\boldsymbol{\alpha}_1)=kf(\boldsymbol{\alpha}_1)=k\boldsymbol{\alpha}_1^{**}(f)=(k\boldsymbol{\alpha}_1^{**})(f),\end{aligned}$$

于是

$$(\boldsymbol{\alpha}_1+\boldsymbol{\alpha}_2)^{**}=\boldsymbol{\alpha}_1^{**}+\boldsymbol{\alpha}_2^{**},\qquad(k\boldsymbol{\alpha}_1)^{**}=k\boldsymbol{\alpha}_1^{**},$$

即l是$V\to V^{**}$的线性映射.

下面证明l是单的.

事实上, 设对$\boldsymbol{\alpha}\in V$, 有$l(\boldsymbol{\alpha})=0$, 即$\boldsymbol{\alpha}^{**}=0$. 则对任何$f\in V^*$, 有$\boldsymbol{\alpha}^{**}(f)=0$, 进而可得

$$f(\boldsymbol{\alpha})=0. \tag{6.1.2}$$

取$\{\boldsymbol{\varepsilon}_i\}_{i\in\Lambda}$是$V$的基, $\{f_i\}_{i\in\Lambda}$是$\{\boldsymbol{\varepsilon}_i\}_{i\in\Lambda}$的对偶组. 由式(6.1.2)我们得, $f_i(\boldsymbol{\alpha})=0$对任一$i\in\Lambda$. 又, 由定理2(i)可得, $\boldsymbol{\alpha}=\sum\limits_{i\in\Lambda}f_i(\boldsymbol{\alpha})\boldsymbol{\varepsilon}_i$, 从而$\boldsymbol{\alpha}=0$. 这说明$l$是单的.

特别地, 当$\dim V<+\infty$时, 有

$$\dim V^{**}=\dim V^*=\dim V.$$

由第四章性质知道, 这时l事实上是一个同构. □

定理4说明, 当V是有限维时, $V\cong V^{**}$, 即V可看作是V^*的线性函数空间, V与V^*实际上是互为线性函数空间的, 这就是对偶空间的意义. 这也说明, 任一有限维线性空间都可看作某个线性空间的线性函数空间. 这个看法是多重线性代数理论中的重要观点.

§ 6.2 双线性函数

在欧氏空间V中, 由内积公理可知有:

$$(\boldsymbol{\alpha},k_1\boldsymbol{\beta}_1+k_2\boldsymbol{\beta}_2)=k_1(\boldsymbol{\alpha},\boldsymbol{\beta}_1)+k_2(\boldsymbol{\alpha},\boldsymbol{\beta}_2),$$
$$(k_1\boldsymbol{\alpha}_1+k_2\boldsymbol{\alpha}_2,\boldsymbol{\beta})=k_1(\boldsymbol{\alpha}_1,\boldsymbol{\beta})+k_2(\boldsymbol{\alpha}_2,\boldsymbol{\beta}).$$

它们对于欧氏空间性质的讨论是很关键的. 现在我们把这样的性质推广到更一般

的线性空间V和映射$f: V \times V \to \mathbb{P}$上, 从而给出与欧氏空间有类似结构但更广泛的线性空间类.

定义 2 设V是数域$\mathbb{P}$上一个线性空间, 映射$f: V \times V \to \mathbb{P}$, 使得$(\boldsymbol{\alpha}, \boldsymbol{\beta}) \mapsto f(\boldsymbol{\alpha}, \boldsymbol{\beta})$ 满足:

1) $f(\boldsymbol{\alpha}, k_1\boldsymbol{\beta}_1 + k_2\boldsymbol{\beta}_2) = k_1 f(\boldsymbol{\alpha}, \boldsymbol{\beta}_1) + k_2 f(\boldsymbol{\alpha}, \boldsymbol{\beta}_2)$,

2) $f(k_1\boldsymbol{\alpha}_1 + k_2\boldsymbol{\alpha}_2, \boldsymbol{\beta}) = k_1 f(\boldsymbol{\alpha}_1, \boldsymbol{\beta}) + k_2 f(\boldsymbol{\alpha}_2, \boldsymbol{\beta})$,

其中$\boldsymbol{\alpha}_1, \boldsymbol{\alpha}_2, \boldsymbol{\alpha}, \boldsymbol{\beta}_1, \boldsymbol{\beta}_2, \boldsymbol{\beta} \in V$, $k_1, k_2 \in \mathbb{P}$, 则称f是V上的一个**双线性函数**.

当固定$\boldsymbol{\alpha} \in V$时, 可得对变元$\boldsymbol{\beta}$的线性函数$f(\boldsymbol{\alpha}, -): V \to \mathbb{P}$使$f(\boldsymbol{\alpha}, -)(\boldsymbol{\beta}) = f(\boldsymbol{\alpha}, \boldsymbol{\beta})$; 对称地, 当固定$\boldsymbol{\beta} \in V$时, 可得对变元$\boldsymbol{\alpha}$的线性函数.

显然, 欧氏空间的内积是特殊的双线性函数.

例 6 设$f_1(\boldsymbol{\alpha}), f_2(\boldsymbol{\alpha})$是线性空间$V$上的两个线性函数, 定义$f: V \times V \to \mathbb{P}$使$f(\boldsymbol{\alpha}, \boldsymbol{\beta}) = f_1(\boldsymbol{\alpha}) f_2(\boldsymbol{\beta})$对任意$\boldsymbol{\alpha}, \boldsymbol{\beta} \in V$, 则$f$是$V$上的一个双线性函数.

一、双线性函数的矩阵表达

回忆一下, 欧氏空间中内积(,) 决定于取定基后的度量矩阵. 另一方面, 任一正定阵在这一取定基下也可以决定一个内积. 事实上, 同样的关系, 对一般双线性函数也可以建立.

首先看一个例子.

例 7 对于数域$\mathbb{P}$上n维向量空间$\mathbb{P}^n$, 其向量均表为列向量. 设$\boldsymbol{X}, \boldsymbol{Y} \in \mathbb{P}^n$, $\boldsymbol{A} \in \mathbb{P}^{n\times n}$, 令$f: \mathbb{P}^n \times \mathbb{P}^n \to \mathbb{P}$使$f(\boldsymbol{X}, \boldsymbol{Y}) = \boldsymbol{X}^{\mathrm{T}}\boldsymbol{A}\boldsymbol{Y}$, 则$f$是$\mathbb{P}^n$上一个双线性函数.

显然, 这里$\boldsymbol{X}^{\mathrm{T}}\boldsymbol{A}\boldsymbol{Y}$中的$\boldsymbol{X}$, $\boldsymbol{Y}$可以看作是$f(\boldsymbol{X}, \boldsymbol{Y})$中的$\boldsymbol{X}$, $\boldsymbol{Y}$关于向量空间$\mathbb{P}^n$的常用基$\boldsymbol{e}_1, \cdots, \boldsymbol{e}_n$的坐标, 其中$\boldsymbol{e}_i = (0, \cdots, 0, 1, 0, \cdots, 0)^{\mathrm{T}}$ 对$i = 1, \cdots, n$.

对于$\mathbb{P}$上一般的n维线性空间V, 设f是V上的一个双线性函数, $\boldsymbol{\varepsilon}_1, \cdots, \boldsymbol{\varepsilon}_n$是$V$的基, $\boldsymbol{\alpha} = (\boldsymbol{\varepsilon}_1, \cdots, \boldsymbol{\varepsilon}_n)\boldsymbol{X}, \boldsymbol{\beta} = (\boldsymbol{\varepsilon}_1, \cdots, \boldsymbol{\varepsilon}_n)\boldsymbol{Y} \in V$, 其中$\boldsymbol{X} = \begin{pmatrix} x_1 \\ \vdots \\ x_n \end{pmatrix}, \boldsymbol{Y} = \begin{pmatrix} y_1 \\ \vdots \\ y_n \end{pmatrix} \in \mathbb{P}^n$. 则有$f(\boldsymbol{\alpha}, \boldsymbol{\beta}) = f(\sum\limits_{i=1}^n x_i\boldsymbol{\varepsilon}_i, \sum\limits_{j=1}^n y_j\boldsymbol{\varepsilon}_j) = \sum\limits_{i,j=1}^n x_i y_j f(\boldsymbol{\varepsilon}_i, \boldsymbol{\varepsilon}_j)$. 于是, 我们称

$$\boldsymbol{A} = \begin{pmatrix} f(\boldsymbol{\varepsilon}_1, \boldsymbol{\varepsilon}_1) & \cdots & f(\boldsymbol{\varepsilon}_1, \boldsymbol{\varepsilon}_n) \\ \cdots & \cdots & \cdots \\ f(\boldsymbol{\varepsilon}_n, \boldsymbol{\varepsilon}_1) & \cdots & f(\boldsymbol{\varepsilon}_n, \boldsymbol{\varepsilon}_n) \end{pmatrix}$$

是双线性函数f在基$\boldsymbol{\varepsilon}_1, \cdots, \boldsymbol{\varepsilon}_n$下的**度量矩阵**.

反过来, 任取一个$\boldsymbol{A} \in \mathbb{P}^{n\times n}$, 可定义$f: V\times V \to \mathbb{P}$使$f(\boldsymbol{\alpha}, \boldsymbol{\beta}) = \boldsymbol{X}^{\mathrm{T}}\boldsymbol{A}\boldsymbol{Y}$ 对任一向量$\boldsymbol{\alpha} = (\boldsymbol{\varepsilon}_1, \cdots, \boldsymbol{\varepsilon}_n)\boldsymbol{X}$, $\boldsymbol{\beta} = (\boldsymbol{\varepsilon}_1, \cdots, \boldsymbol{\varepsilon}_n)\boldsymbol{Y} \in V$. 易证, 这个$f$是$V$上的双线性函数. 这时, $f(\boldsymbol{\alpha}, \boldsymbol{\beta}) = f(\sum\limits_{i=1}^n x_i\boldsymbol{\varepsilon}_i, \sum\limits_{j=1}^n y_j\boldsymbol{\varepsilon}_j) = \sum\limits_{i,j=1}^n f(\boldsymbol{\varepsilon}_i, \boldsymbol{\varepsilon}_j)x_i y_j = \boldsymbol{X}^{\mathrm{T}}(f(\boldsymbol{\varepsilon}_i, \boldsymbol{\varepsilon}_j))_{i,j=1,\cdots,n}\boldsymbol{Y}$, 从而$\boldsymbol{X}^{\mathrm{T}}\boldsymbol{A}\boldsymbol{Y} = \boldsymbol{X}^{\mathrm{T}}(f(\boldsymbol{\varepsilon}_i, \boldsymbol{\varepsilon}_j))_{i,j=1,\cdots,n}\boldsymbol{Y}$ 对任何$\boldsymbol{X}, \boldsymbol{Y} \in \mathbb{P}^n$. 于是可得,

$$\boldsymbol{A} = (f(\boldsymbol{\varepsilon}_i, \boldsymbol{\varepsilon}_j))_{i,j=1,\cdots,n},$$

即$\boldsymbol{A}$是f的度量矩阵. 由此, 有

定理 5 设$\boldsymbol{\varepsilon}_1, \cdots, \boldsymbol{\varepsilon}_n$是$\mathbb{P}$上线性空间$V$的一组基, 则$V$上的双线性函数集与$\mathbb{P}^{n\times n}$

之间通过度量矩阵建立了一一对应关系$\pi: f \mapsto \boldsymbol{A} = (f(\varepsilon_i, \varepsilon_j))_{i,j=1,\cdots,n}$.

证明 上面的讨论已经说明了这样的对应是一个映射，并且是一个满射. 现在来说明还是一个单射，即：若有双线性函数f_1, f_2使得$\pi(f_1) = \pi(f_2)$，则$f_1 = f_2$.

事实上，

$$\begin{aligned}\pi(f_1) = \pi(f_2) \quad &\Rightarrow (f_1(\varepsilon_i, \varepsilon_j))_{i,j=1,\cdots,n} = (f_2(\varepsilon_i, \varepsilon_j))_{i,j=1,\cdots,n} \\ &\Rightarrow \forall i, j = 1, \cdots, n, f_1(\varepsilon_i, \varepsilon_j) = f_2(\varepsilon_i, \varepsilon_j) \\ &\Rightarrow \forall \boldsymbol{\alpha} = \sum x_i \varepsilon_i, \boldsymbol{\beta} = \sum y_j \varepsilon_j \in V, \\ &\quad\; f_1(\boldsymbol{\alpha}, \boldsymbol{\beta}) = \sum x_i y_j f_1(\varepsilon_i, \varepsilon_j) = \sum x_i y_j f_2(\varepsilon_i, \varepsilon_j) = f_2(\boldsymbol{\alpha}, \boldsymbol{\beta}) \\ &\Rightarrow f_1 = f_2.\end{aligned}$$

□

二、不同基下双线性函数度量矩阵的关系

这与欧氏空间中完全类似.

设$\varepsilon_1, \cdots, \varepsilon_n$和$\boldsymbol{\eta}_1, \cdots, \boldsymbol{\eta}_n$是$V$的两组不同基，过渡阵是可逆阵$\boldsymbol{C}$，即

$$(\boldsymbol{\eta}_1, \cdots, \boldsymbol{\eta}_n) = (\varepsilon_1, \cdots, \varepsilon_n)\boldsymbol{C}.$$

令V上双线性函数f关于基$\varepsilon_1, \cdots, \varepsilon_n$ 和$\boldsymbol{\eta}_1, \cdots, \boldsymbol{\eta}_n$的度量阵分别是$\boldsymbol{A}$和$\boldsymbol{B}$. 对$\boldsymbol{\alpha}, \boldsymbol{\beta} \in V$，又令

$$\begin{aligned}\boldsymbol{\alpha} = (\varepsilon_1, \cdots, \varepsilon_n)\boldsymbol{X}_1, \quad \boldsymbol{\beta} = (\varepsilon_1, \cdots, \varepsilon_n)\boldsymbol{Y}_1, \\ \boldsymbol{\alpha} = (\boldsymbol{\eta}_1, \cdots, \boldsymbol{\eta}_n)\boldsymbol{X}_2, \quad \boldsymbol{\beta} = (\boldsymbol{\eta}_1, \cdots, \boldsymbol{\eta}_n)\boldsymbol{Y}_2,\end{aligned}$$

其中$\boldsymbol{X}_1, \boldsymbol{X}_2, \boldsymbol{Y}_1, \boldsymbol{Y}_2 \in \mathbb{P}^n$，则$\boldsymbol{X}_1 = \boldsymbol{C}\boldsymbol{X}_2, \boldsymbol{Y}_1 = \boldsymbol{C}\boldsymbol{Y}_2$. 于是$f(\boldsymbol{\alpha}, \boldsymbol{\beta}) = \boldsymbol{X}_1^{\mathrm{T}}\boldsymbol{A}\boldsymbol{Y}_1$且$f(\boldsymbol{\alpha}, \boldsymbol{\beta}) = \boldsymbol{X}_2^{\mathrm{T}}\boldsymbol{B}\boldsymbol{Y}_2$，但$\boldsymbol{X}_1^{\mathrm{T}}\boldsymbol{A}\boldsymbol{Y}_1 = (\boldsymbol{C}\boldsymbol{X}_2)^{\mathrm{T}}\boldsymbol{A}(\boldsymbol{C}\boldsymbol{Y}_2) = \boldsymbol{X}_2^{\mathrm{T}}\boldsymbol{C}^{\mathrm{T}}\boldsymbol{A}\boldsymbol{C}\boldsymbol{Y}_2$. 从而，对任意的$\boldsymbol{X}_2, \boldsymbol{Y}_2 \in \mathbb{P}^n$，有$\boldsymbol{X}_2^{\mathrm{T}}\boldsymbol{B}\boldsymbol{Y}_2 = \boldsymbol{X}_2^{\mathrm{T}}\boldsymbol{C}^{\mathrm{T}}\boldsymbol{A}\boldsymbol{C}\boldsymbol{Y}_2$，则$\boldsymbol{B} = \boldsymbol{C}^{\mathrm{T}}\boldsymbol{A}\boldsymbol{C}$. 即：不同基下的双线性函数的不同度量矩阵之间是合同的，其合同过渡阵就是基之间的过渡阵.

三、非退化双线性函数

双线性函数定义推广了欧氏空间内积公理的双线性性. 但内积公理的其他两条，即$(\boldsymbol{\alpha}, \boldsymbol{\alpha}) \geqslant 0$且$(\boldsymbol{\alpha}, \boldsymbol{\alpha}) = 0$当且仅当$\boldsymbol{\alpha} = \boldsymbol{\theta}$以及$(\boldsymbol{\alpha}, \boldsymbol{\beta}) = (\boldsymbol{\beta}, \boldsymbol{\alpha})$，并没有反映在一般双线性函数中. 下面我们来看看，对一般双线性函数如何定义相应的条件？以及定义后该特殊双线性函数会如何影响空间的结构？

定义 3 称线性空间 V上的一个双线性函数 f是**非退化的**，如果 f满足下述条件：设 $\boldsymbol{\alpha} \in V$，若对任意 $\boldsymbol{\beta} \in V$有$f(\boldsymbol{\alpha}, \boldsymbol{\beta}) = 0$，则必有 $\boldsymbol{\alpha} = \boldsymbol{\theta}$.

注 (1) 由公理$(\boldsymbol{\alpha}, \boldsymbol{\alpha}) = 0 \Rightarrow \boldsymbol{\alpha} = \boldsymbol{\theta}$ 即可推出欧氏空间的内积作为双线性函数总是非退化的. 因此，非退化性可以看作欧氏空间中这一内积公理的推广.

(2) 由上册可知欧氏空间的内积在某一组基下的度量矩阵必为正定矩阵，而由下面的定理6可知，非退化双线性函数的度量矩阵只要非退化即可. 因此，非退化双线性函数一般不能作为欧氏空间的内积.

不难给出非退化性定义的对称性和矩阵刻画如下：

定理 6 设 f 是 $\mathbb{P}$上线性空间V的双线性函数，下列陈述等价：

(i) f 是非退化的；

(ii) f 的度量矩阵(在任意基下)必为非退化的；

(iii) 对 $\boldsymbol{\beta}\in V$, 若 $f(\boldsymbol{\alpha},\boldsymbol{\beta})=0,\ \forall\boldsymbol{\alpha}\in V$, 则必 $\boldsymbol{\beta}=\boldsymbol{\theta}$.

证明 "(i) $\Leftrightarrow$ (ii)":

取$\varepsilon_1,\varepsilon_2,\cdots,\varepsilon_n$是$V$的基, 设 $\boldsymbol{A}$是 f在该基下的度量矩阵, 即对

$$\boldsymbol{\alpha}=(\varepsilon_1,\varepsilon_2,\cdots,\varepsilon_n)\boldsymbol{X}\in V,\ \ \boldsymbol{\beta}=(\varepsilon_1,\varepsilon_2,\cdots,\varepsilon_n)\boldsymbol{Y}\in V$$

有

$$f(\boldsymbol{\alpha},\boldsymbol{\beta})=\boldsymbol{X}^{\mathrm{T}}\boldsymbol{A}\boldsymbol{Y}.$$

于是, 我们有下面的等价陈述:

$$\begin{aligned}&\text{(i) 即: 对 } \boldsymbol{\alpha}\in V, \text{若 } f(\boldsymbol{\alpha},\boldsymbol{\beta})=0,\forall\boldsymbol{\beta}\in V,\ \text{必 } \boldsymbol{\alpha}=\boldsymbol{\theta};\\ &\Leftrightarrow \text{对 } \boldsymbol{X}\in\mathbb{P}^n,\ \text{若 } \boldsymbol{X}^{\mathrm{T}}\boldsymbol{A}\boldsymbol{Y}=0,\forall\boldsymbol{Y}\in\mathbb{P}^n,\ \text{必 } \boldsymbol{X}=\boldsymbol{\theta}.\end{aligned}\qquad (*)$$

但易见,

$$\boldsymbol{X}^{\mathrm{T}}\boldsymbol{A}\boldsymbol{Y}=0,\forall\boldsymbol{Y}\in\mathbb{P}^n\Leftrightarrow\boldsymbol{X}^{\mathrm{T}}\boldsymbol{A}=\boldsymbol{\theta},$$

因此, 我们有

$$\begin{aligned}\text{上面陈述(*)}\ &\Leftrightarrow \text{若}\boldsymbol{X}^{\mathrm{T}}\boldsymbol{A}=\boldsymbol{\theta}, \text{则必有}\boldsymbol{X}=\boldsymbol{\theta};\\ &\Leftrightarrow \boldsymbol{A}^{\mathrm{T}}\boldsymbol{X}=\boldsymbol{\theta}\text{只有零解};\\ &\Leftrightarrow \boldsymbol{A}\text{是可逆矩阵},\end{aligned}$$

于是得: (i) $\Leftrightarrow$ 度量矩阵 $\boldsymbol{A}$是可逆的.

"(ii) $\Leftrightarrow$ (iii)":

由于(iii)的陈述是 f为非退化定义的对称说法, 所以同理可证(ii) $\Leftrightarrow$ (iii). □

四、对称/反对称双线性函数

一般的双线性函数对应的度量矩阵未必是对称矩阵, 因此无法通过改变基使得度量矩阵进行合同化而化简为对角矩阵. 但如果我们和欧氏空间内积一样要求满足对称性公理, 即 $(\boldsymbol{\alpha},\boldsymbol{\beta})=(\boldsymbol{\beta},\boldsymbol{\alpha})$, 也就可以做到同样的事. 同时, 对双线性函数来说, 我们可以有另一选择, 即反对称性, 这时其度量阵就可以合同于某个简单的反对称阵. 这种具有反对称性的双线性函数的空间结构(见下文), 也是有实际意义的, 在几何、物理等各领域都很重要.

定义 4 设 f 是 $\mathbb{P}$上线性空间 V的一个双线性函数.

(i) 若对任意 $\boldsymbol{\alpha},\boldsymbol{\beta}\in V$, 有 $f(\boldsymbol{\alpha},\boldsymbol{\beta})=f(\boldsymbol{\beta},\boldsymbol{\alpha})$, 则称 f是**对称双线性函数**;

(ii) 若对任意 $\boldsymbol{\alpha},\boldsymbol{\beta}\in V$, 有 $f(\boldsymbol{\alpha},\boldsymbol{\beta})=-f(\boldsymbol{\beta},\boldsymbol{\alpha})$, 则称 f是**反对称双线性函数**.

注 f为反对称双线性函数的一个等价说法是, 对任一 $\boldsymbol{\alpha}\in V$, 有$f(\boldsymbol{\alpha},\boldsymbol{\alpha})=0$.

事实上, 由 $f(\boldsymbol{\alpha},\ \boldsymbol{\alpha})=-f(\boldsymbol{\alpha},\ \boldsymbol{\alpha})$ 易知 $f(\boldsymbol{\alpha},\ \boldsymbol{\alpha})=0$; 反之, 若对任一 $\boldsymbol{\alpha}\in V$, 均有$f(\boldsymbol{\alpha},\ \boldsymbol{\alpha})=0$, 则 $f(\boldsymbol{\alpha}+\boldsymbol{\beta},\boldsymbol{\alpha}+\boldsymbol{\beta})=0$, 由此即可推出 $f(\boldsymbol{\alpha},\boldsymbol{\beta})=-f(\boldsymbol{\beta},\boldsymbol{\alpha})$.

作为这一概念的矩阵刻画, 我们有:

命题 1 设 f 是线性空间 V 上的一个双线性函数, $\varepsilon_1,\varepsilon_2,\cdots,\varepsilon_n$是 V的基, f 在该基下的度量矩阵是 $\boldsymbol{A}$. 那么,

(i) f是对称的当且仅当 $\boldsymbol{A}$是对称矩阵;

(ii) f是反对称的当且仅当 $\boldsymbol{A}$是反对称矩阵.

证明 令

$$\boldsymbol{\alpha}=(\varepsilon_1,\varepsilon_2,\cdots,\varepsilon_n)\boldsymbol{X},\ \boldsymbol{\beta}=(\varepsilon_1,\varepsilon_2,\cdots,\varepsilon_n)\boldsymbol{Y}\in V,$$

其中 $\boldsymbol{X},\boldsymbol{Y}\in\mathbb{P}^n$.

(i) 因为$f(\boldsymbol{\alpha},\boldsymbol{\beta})=\boldsymbol{X}^{\mathrm{T}}\boldsymbol{A}\boldsymbol{Y}$, $f(\boldsymbol{\beta},\boldsymbol{\alpha})=\boldsymbol{Y}^{\mathrm{T}}\boldsymbol{A}\boldsymbol{X}$, 但

$$\boldsymbol{Y}^{\mathrm{T}}\boldsymbol{A}^{\mathrm{T}}\boldsymbol{X}=(\boldsymbol{X}^{\mathrm{T}}\boldsymbol{A}\boldsymbol{Y})^{\mathrm{T}}=\boldsymbol{X}^{\mathrm{T}}\boldsymbol{A}\boldsymbol{Y}.$$

所以,

$$\begin{aligned}\forall\boldsymbol{\alpha},\boldsymbol{\beta}\in V, f(\boldsymbol{\alpha},\boldsymbol{\beta})=f(\boldsymbol{\beta},\boldsymbol{\alpha}) &\Leftrightarrow \forall\boldsymbol{X},\boldsymbol{Y}\in\mathbb{P}^n,\boldsymbol{Y}^{\mathrm{T}}\boldsymbol{A}\boldsymbol{X}=\boldsymbol{Y}^{\mathrm{T}}\boldsymbol{A}^{\mathrm{T}}\boldsymbol{X}\\ &\Leftrightarrow \boldsymbol{A}=\boldsymbol{A}^{\mathrm{T}}.\end{aligned}$$

(ii) 同理可证. □

由此命题, 反对称双线性函数和对称双线性函数的关系如同反对称矩阵和对称矩阵的关系一样, 有许多可以类比但又不同的性质, 在下文的讨论中可以逐步看得更清楚这一点. 下面, 我们先讨论对称双线性函数.

若 f是对称双线性函数, 则 $f(\boldsymbol{\alpha},\boldsymbol{\alpha})=\boldsymbol{X}^{\mathrm{T}}\boldsymbol{A}\boldsymbol{X}$就成为$\mathbb{P}$上一个二次型.

由上册我们知道, 一个二次型总能化简为标准形, 或等价的说, 一个对称矩阵总能合同于一个对角矩阵, 也即, 存在可逆矩阵 $\boldsymbol{C}$, 使

$$\boldsymbol{C}^{\mathrm{T}}\boldsymbol{A}\boldsymbol{C}=\begin{pmatrix}a_1&&\\&\ddots&\\&&a_n\end{pmatrix}.$$

令

$$(\boldsymbol{\eta}_1,\boldsymbol{\eta}_2,\cdots,\boldsymbol{\eta}_n)=(\varepsilon_1,\varepsilon_2,\cdots,\varepsilon_n)\boldsymbol{C},$$

则 $\boldsymbol{\eta}_1,\boldsymbol{\eta}_2,\cdots,\boldsymbol{\eta}_n$ 是 V上的一组新的基. 在这组基下,

$$\boldsymbol{\alpha}=(\boldsymbol{\eta}_1,\boldsymbol{\eta}_2,\cdots,\boldsymbol{\eta}_n)\boldsymbol{C}^{-1}\boldsymbol{X},\quad \boldsymbol{\beta}=(\boldsymbol{\eta}_1,\boldsymbol{\eta}_2,\cdots,\boldsymbol{\eta}_n)\boldsymbol{C}^{-1}\boldsymbol{Y}.$$

这时,

$$\begin{aligned}f(\boldsymbol{\alpha},\boldsymbol{\beta})=\boldsymbol{X}^{\mathrm{T}}\boldsymbol{A}\boldsymbol{Y}&=(\boldsymbol{C}^{-1}\boldsymbol{X})^{\mathrm{T}}\boldsymbol{C}^{\mathrm{T}}\boldsymbol{A}\boldsymbol{C}(\boldsymbol{C}^{-1}\boldsymbol{Y})\\&=(\boldsymbol{C}^{-1}\boldsymbol{X})^{\mathrm{T}}\begin{pmatrix}a_1&&\\&\ddots&\\&&a_n\end{pmatrix}(\boldsymbol{C}^{-1}\boldsymbol{Y})\end{aligned}$$

即 f在基 $\boldsymbol{\eta}_1,\boldsymbol{\eta}_2,\cdots,\boldsymbol{\eta}_n$ 下的度量矩阵是对角矩阵$\begin{pmatrix}a_1&&\\&\ddots&\\&&a_n\end{pmatrix}$. 于是, 我们有:

定理 7 设 f是 n维线性空间V上的对称双线性函数, 则存在 V的一组基, 使f在该组基下的度量矩阵为对角矩阵.

推论 3 (i) 设 f是复数域上 n维线性空间 V的对称双线性函数, 则存在V的一组基 $\varepsilon_1,\varepsilon_2,\cdots,\varepsilon_n$, 使得$f$在这组基下的度量矩阵形如

$$\begin{pmatrix}\boldsymbol{E}_r&\\&\boldsymbol{O}\end{pmatrix}_{n\times n};$$

(ii) 设 f是实数域上 n维线性空间 V的对称双线性函数, 则存在V的一组基

$\varepsilon_1, \varepsilon_2, \cdots, \varepsilon_n$, 使得$f$在这组基下的度量矩阵形如

$$\begin{pmatrix} \boldsymbol{E}_p & & \\ & -\boldsymbol{E}_q & \\ & & \boldsymbol{O} \end{pmatrix}_{n\times n}.$$

证明 由上册第8章复二次型和实二次型的规范形可知，本推论显然成立. □

当然, 这个推论中(ii)的 p和 q就是 $\boldsymbol{A}$的正惯性指标和负惯性指标.

上面这些性质如果都加于一个双线性函数, 它的特点就会与欧氏空间的内积更类似了. 这由下面讨论可见.

令 f是 V上的非退化对称双线性函数. 如果对$\boldsymbol{\alpha}, \boldsymbol{\beta} \in V$ 满足

$$f(\boldsymbol{\alpha}, \boldsymbol{\beta}) = 0,$$

则称$\boldsymbol{\alpha}$和$\boldsymbol{\beta}$关于f是**正交**的. 由定理7, 存在 V的基 $\varepsilon_1, \varepsilon_2, \cdots, \varepsilon_n$使 f的度量矩阵

$$\boldsymbol{A} = (f(\varepsilon_i, \varepsilon_j))_{i,j=1,\cdots,n}$$

是对角矩阵, 即 $f(\varepsilon_i, \varepsilon_j) = 0$当 $i \neq j$; 而由定理6, $\boldsymbol{A}$必为非退化的, 即 $\boldsymbol{A}$的对角元 $f(\varepsilon_i, \varepsilon_i) \neq 0$ 对任一个 i. 综上所述, 对于基 $\varepsilon_1, \varepsilon_2, \cdots, \varepsilon_n$, 我们有,

$$\begin{cases} f(\varepsilon_i, \varepsilon_i) \neq 0, & i = 1, 2, \cdots, n; \\ f(\varepsilon_i, \varepsilon_j) = 0, & i \neq j. \end{cases}$$

称这样的基$\varepsilon_1, \varepsilon_2, \cdots, \varepsilon_n$是 V关于 f的**正交基**.

显然, 欧氏空间中的正交基是关于一般双线性函数的正交基的特例. 事实上, 对非退化对称双线性函数, 我们可以利用其正交基对空间的结构作类似于欧氏空间的讨论. 这方面我们不再深入.

现在, 讨论一下双线性函数和二次齐次函数(即二次型)的关系. 由第一章已知二次齐次函数就是形如

$$f(x_1, \cdots, x_n) = \sum_{i,j=1,\cdots,n} a_{ij} x_i x_j$$

的多元多项式函数. 对$\boldsymbol{X} = (x_1, \cdots, x_n)^{\mathrm{T}}$, 我们总有

$$f(\boldsymbol{X}) = \boldsymbol{X}^{\mathrm{T}} \boldsymbol{A} \boldsymbol{X}$$

其中 $\boldsymbol{A} = (a_{ij})_{n\times n}$未必是对称矩阵.

对$\boldsymbol{\alpha} = (\varepsilon_1, \varepsilon_2, \cdots, \varepsilon_n)\boldsymbol{X}, \boldsymbol{\beta} = (\varepsilon_1, \varepsilon_2, \cdots, \varepsilon_n)\boldsymbol{Y} \in \mathbb{P}^n$及一个双线性函数 $f(\boldsymbol{\alpha}, \boldsymbol{\beta}) = \boldsymbol{X}^{\mathrm{T}} \boldsymbol{A} \boldsymbol{Y}$. 当取 $\boldsymbol{\alpha} = \boldsymbol{\beta}$ 时, 得 $f(\boldsymbol{\alpha}, \boldsymbol{\alpha}) = \boldsymbol{X}^{\mathrm{T}} \boldsymbol{A} \boldsymbol{X}$, 称为 $f(\boldsymbol{\alpha}, \boldsymbol{\beta})$**对应的二次齐次函数**(或**二次型**).

如果f是非对称的双线性函数，则$\boldsymbol{A}$不是对称矩阵. 对任意 i, j, 令

$$c_{ij} = \frac{1}{2}(a_{ij} + a_{ji}),\ \boldsymbol{C} = (c_{ij})_{n\times n}.$$

则$\boldsymbol{C}$ 是对称矩阵且

$$f(\boldsymbol{\alpha}, \boldsymbol{\alpha}) = \boldsymbol{X}^{\mathrm{T}} \boldsymbol{A} \boldsymbol{X} = \boldsymbol{X}^{\mathrm{T}} \boldsymbol{C} \boldsymbol{X}.$$

但是，双线性函数

$$f(\boldsymbol{\alpha}, \boldsymbol{\beta}) = \boldsymbol{X}^{\mathrm{T}} \boldsymbol{A} \boldsymbol{Y} \neq \boldsymbol{X}^{\mathrm{T}} \boldsymbol{C} \boldsymbol{Y}.$$

因此不同的双线性函数可以对应相同的二次齐次函数.

但如果我们限定讨论对称双线性函数 $h(\boldsymbol{\alpha}, \boldsymbol{\beta}) = \boldsymbol{X}^{\mathrm{T}} \boldsymbol{C} \boldsymbol{Y}$, 那么其对应的二次齐次函数 $\boldsymbol{X}^{\mathrm{T}} \boldsymbol{C} \boldsymbol{X}$ 是唯一的. 若有另一个对称双线性函数 $g(\boldsymbol{\alpha}, \boldsymbol{\beta}) = \boldsymbol{X}^{\mathrm{T}} \boldsymbol{D} \boldsymbol{Y}$使得其对应二

次型

$$X^{\mathrm{T}}DX = X^{\mathrm{T}}CX \ (\forall X \in \mathbb{P}^n),$$

因为此时$\boldsymbol{C}$, $\boldsymbol{D}$都是对称矩阵，由上册第8章可知，必有 $\boldsymbol{C} = \boldsymbol{D}$，从而 $g(\boldsymbol{\alpha}, \boldsymbol{\beta}) = h(\boldsymbol{\alpha}, \boldsymbol{\beta})$.

综之, 对称双线性函数与二次齐次函数(二次型)是一一对应的.

在这部分的最后, 我们来讨论一下反对称双线性函数的简化问题.

定理 8 设 f是 $\mathbb{P}$上 n维线性空间 V的反对称双线性函数, 则存在整数 $r \geq 0$ 使 $2r \leq n$, 且存在 V的一组基

$$\boldsymbol{\varepsilon}_1, \boldsymbol{\varepsilon}_{-1}, \cdots, \boldsymbol{\varepsilon}_r, \boldsymbol{\varepsilon}_{-r}, \boldsymbol{\eta}_1, \cdots, \boldsymbol{\eta}_s,$$

使得 f在这组基下的度量矩阵具有形式

$$\boldsymbol{A} = \left(\begin{array}{ccccccc} \begin{array}{|cc|} 0 & 1 \\ -1 & 0 \end{array} & & & & & \\ & \ddots & & & & \\ & & \begin{array}{|cc|} 0 & 1 \\ -1 & 0 \end{array} & & & \\ & & & 0 & & \\ & & & & \ddots & \\ & & & & & 0 \end{array}\right) \begin{array}{l} \left.\vphantom{\begin{array}{c} 1\\1\\1\\1\\1\\1 \end{array}}\right\} r \\ \left.\vphantom{\begin{array}{c} 1\\1\\1 \end{array}}\right\} s \end{array} \tag{6.2.1}$$

其中r表示$\begin{pmatrix} 0 & 1 \\ -1 & 0 \end{pmatrix}$的个数, s表示0的个数.

证明 对 V的维数n用数学归纳法.

当 $n = 1$时, 设 $\boldsymbol{\varepsilon}_1$是 V的基, 则 $f(\boldsymbol{\varepsilon}_1, \boldsymbol{\varepsilon}_1) = 0$, 得$f = 0$, 所以可取$\boldsymbol{A} = \boldsymbol{O}$.

假设$\dim V < n$时结论成立, 下面考虑$\dim V = n$的情况.

当 $f = 0$时, 取 $\boldsymbol{A} = \boldsymbol{O}$即可.

当$f \neq 0$时, 存在$\boldsymbol{\alpha}, \boldsymbol{\beta} \in V$, 使得$f(\boldsymbol{\alpha}, \boldsymbol{\beta}) \neq 0$.

令

$$f(\boldsymbol{\alpha}, \boldsymbol{\beta}) = k, \ \boldsymbol{\varepsilon}_1 = \boldsymbol{\alpha}, \ \boldsymbol{\varepsilon}_{-1} = \frac{1}{k}\boldsymbol{\beta},$$

则$f(\boldsymbol{\varepsilon}_1, \boldsymbol{\varepsilon}_{-1}) = 1$.

可见, $\boldsymbol{\varepsilon}_1, \boldsymbol{\varepsilon}_{-1}$是线性无关的(不然, $\boldsymbol{\varepsilon}_1 = l\boldsymbol{\varepsilon}_{-1}$, 则$f(\boldsymbol{\varepsilon}_1, \boldsymbol{\varepsilon}_{-1}) = lf(\boldsymbol{\varepsilon}_{-1}, \boldsymbol{\varepsilon}_{-1}) = 0$, 矛盾).

将$\boldsymbol{\varepsilon}_1, \boldsymbol{\varepsilon}_{-1}$扩充为$V$的基$\boldsymbol{\varepsilon}_1, \boldsymbol{\varepsilon}_{-1}, \boldsymbol{\beta}'_3, \cdots, \boldsymbol{\beta}'_n$.

令

$$\boldsymbol{\beta}_i = \boldsymbol{\beta}'_i - f(\boldsymbol{\beta}'_i, \boldsymbol{\varepsilon}_{-1})\boldsymbol{\varepsilon}_1 + f(\boldsymbol{\beta}'_i, \boldsymbol{\varepsilon}_1)\boldsymbol{\varepsilon}_{-1},$$

对 $i = 3, \cdots, n$, 验证得$f(\boldsymbol{\beta}_i, \boldsymbol{\varepsilon}_1) = f(\boldsymbol{\beta}_i, \boldsymbol{\varepsilon}_{-1}) = 0$ 且 $\boldsymbol{\varepsilon}_1, \boldsymbol{\varepsilon}_{-1}, \boldsymbol{\beta}_3, \cdots, \boldsymbol{\beta}_n$是$V$的基. 于是,

$$V = L(\boldsymbol{\varepsilon}_1, \boldsymbol{\varepsilon}_{-1}) \oplus L(\boldsymbol{\beta}_3, \cdots, \boldsymbol{\beta}_n).$$

这时$V_1 = L(\boldsymbol{\beta}_3, \cdots, \boldsymbol{\beta}_n)$是$n-2$维的且与子空间$L(\boldsymbol{\varepsilon}_1, \boldsymbol{\varepsilon}_{-1})$是正交的，$f$在$V_1$上也是反对称双线性函数. 因此由归纳假设，存在$V_1$ 的基

$$\boldsymbol{\varepsilon}_2, \boldsymbol{\varepsilon}_{-2}, \cdots, \boldsymbol{\varepsilon}_r, \boldsymbol{\varepsilon}_{-r}, \boldsymbol{\eta}_1, \cdots, \boldsymbol{\eta}_s,$$

使得f在V_1上的度量矩阵形式为

$$\left.\begin{pmatrix} \begin{matrix} 0 & 1 \\ -1 & 0 \end{matrix} & & & & & \\ & \ddots & & & & \\ & & \begin{matrix} 0 & 1 \\ -1 & 0 \end{matrix} & & & \\ & & & 0 & & \\ & & & & \ddots & \\ & & & & & 0 \end{pmatrix}\right. \begin{matrix} \}r-1 \\ \}s \end{matrix}$$

其中 $r-1$表示$\begin{pmatrix} 0 & 1 \\ -1 & 0 \end{pmatrix}$的个数，$s$ 表示0的个数. 这时函数f在$L(\boldsymbol{\varepsilon}_1, \boldsymbol{\varepsilon}_{-1})$上关于基 $\boldsymbol{\varepsilon}_1, \boldsymbol{\varepsilon}_{-1}$的度量矩阵是$\begin{pmatrix} 0 & 1 \\ -1 & 0 \end{pmatrix}$. 于是, f在$V = L(\boldsymbol{\varepsilon}_1, \boldsymbol{\varepsilon}_{-1}) \oplus V_1$上关于基

$$\boldsymbol{\varepsilon}_1, \boldsymbol{\varepsilon}_{-1}, \boldsymbol{\varepsilon}_2, \boldsymbol{\varepsilon}_{-2}, \cdots, \boldsymbol{\varepsilon}_r, \boldsymbol{\varepsilon}_{-r}, \boldsymbol{\eta}_1, \cdots, \boldsymbol{\eta}_s$$

的度量矩阵是

$$\left.\begin{pmatrix} \begin{matrix} 0 & 1 \\ -1 & 0 \end{matrix} & & & & & \\ & \ddots & & & & \\ & & \begin{matrix} 0 & 1 \\ -1 & 0 \end{matrix} & & & \\ & & & 0 & & \\ & & & & \ddots & \\ & & & & & 0 \end{pmatrix}\right. \begin{matrix} \}r \\ \}s \end{matrix}$$

其中r表示$\begin{pmatrix} 0 & 1 \\ -1 & 0 \end{pmatrix}$的个数，$s$表示0的个数. □

注意到该定理证明中构作$\boldsymbol{\beta}_i$的方法事实上就是欧氏空间中用Schmidt正交化方法构作正交基的类似方法.

在该定理中, 所得的基为

$$\boldsymbol{\varepsilon}_1, \boldsymbol{\varepsilon}_{-1}, \cdots, \boldsymbol{\varepsilon}_r, \boldsymbol{\varepsilon}_{-r}, \boldsymbol{\eta}_1, \cdots, \boldsymbol{\eta}_s.$$

这时式(6.2.1)作为度量矩阵等价地给出了如下关系:

$$\boxed{\begin{cases} f(\boldsymbol{\varepsilon}_i, \boldsymbol{\varepsilon}_{-i}) = 1, & i = 1, 2, \cdots, r; \\ f(\boldsymbol{\varepsilon}_i, \boldsymbol{\varepsilon}_j) = 0, & i + j \neq 0; \\ f(\boldsymbol{\alpha}, \boldsymbol{\eta}_k) = 0, & \boldsymbol{\alpha} \in V, k = 1, 2, \cdots, s. \end{cases}}$$

显然地，反对称双线性函数f是非退化的当且仅当矩阵(6.2.1)中的后s个0不出现，当且仅当定理8的基中 $\boldsymbol{\eta}_1,\cdots,\boldsymbol{\eta}_s$ 不出现．也即：

推论 4　设f是n维线性空间V上的非退化反对称双线性函数，则V必为偶数维的且存在V的一组基$\boldsymbol{\varepsilon}_1,\boldsymbol{\varepsilon}_{-1},\cdots,\boldsymbol{\varepsilon}_m,\boldsymbol{\varepsilon}_{-m}$ 使得f在这组基下的度量阵形如

$$\begin{pmatrix} \begin{array}{cc} 0 & 1 \\ -1 & 0 \end{array} & & \\ & \ddots & \\ & & \begin{array}{cc} 0 & 1 \\ -1 & 0 \end{array} \end{pmatrix},$$

其中$m=\dfrac{n}{2}$，二阶子矩阵$\begin{pmatrix} 0 & 1 \\ -1 & 0 \end{pmatrix}$有$m$个.

此引理中的基类似于对称双线性函数下线性空间中的正交基，在§6.4中我们将称之为**辛正交基**.

反过来，任给$\mathbb{P}$上一个$n\times n$阶反对称阵$\boldsymbol{A}$，我们可以在$\mathbb{P}$上有基$\boldsymbol{\mu}_1,\cdots,\boldsymbol{\mu}_n$的$n$维线性空间$V$上定义一个反对称双线性函数$f:V\times V\to\mathbb{P}$，使

$$f(\boldsymbol{\alpha},\boldsymbol{\beta})=\boldsymbol{X}^{\mathrm{T}}\boldsymbol{A}\boldsymbol{Y},$$

其中$\boldsymbol{\alpha}=(\boldsymbol{\mu}_1,\boldsymbol{\mu},\cdots,\boldsymbol{\mu}_n)\boldsymbol{X},\boldsymbol{\beta}=(\boldsymbol{\mu}_1,\boldsymbol{\mu}_2,\cdots,\boldsymbol{\mu}_n)\boldsymbol{Y}\in V$. 由定理8, 存在基

$$\boldsymbol{\varepsilon}_1,\boldsymbol{\varepsilon}_{-1},\cdots,\boldsymbol{\varepsilon}_r,\boldsymbol{\varepsilon}_{-r},\boldsymbol{\eta}_1,\cdots,\boldsymbol{\eta}_s$$

使f在该基下的矩阵为

$$\boldsymbol{C}=\begin{pmatrix} \begin{array}{cc} 0 & 1 \\ -1 & 0 \end{array} & & & & & \\ & \ddots & & & & \\ & & \begin{array}{cc} 0 & 1 \\ -1 & 0 \end{array} & & & \\ & & & 0 & & \\ & & & & \ddots & \\ & & & & & 0 \end{pmatrix}.$$

于是，$\boldsymbol{A}$与矩阵$\boldsymbol{C}$合同. 因此有

命题 2　数域$\mathbb{P}$上任一$n\times n$阶反对称阵$\boldsymbol{A}$合同于矩阵

$$\begin{pmatrix} \begin{array}{cc} 0 & 1 \\ -1 & 0 \end{array} & & & & & \\ & \ddots & & & & \\ & & \begin{array}{cc} 0 & 1 \\ -1 & 0 \end{array} & & & \\ & & & 0 & & \\ & & & & \ddots & \\ & & & & & 0 \end{pmatrix}\begin{array}{l} \left.\vphantom{\begin{array}{c}1\\1\\1\\1\\1\end{array}}\right\} r \\ \left.\vphantom{\begin{array}{c}1\\1\\1\end{array}}\right\} s \end{array}$$

其中r表示$\begin{pmatrix} 0 & 1 \\ -1 & 0 \end{pmatrix}$的个数，$s$表示0的个数，有$2r+s=n$.

这个命题是对称阵合同于对角阵这一性质的类似结论，在上册中我们已用配方法证明过(见上册第8章补充题9). 但这里的证明体现了反对称双线性函数的本质. 由推论4，有:

推论 5 数域$\mathbb{P}$上任一$n\times n$阶非退化反对称阵$\boldsymbol{A}$一定是偶数阶的且合同于矩阵

$$\begin{pmatrix} \begin{array}{|cc|} 0 & 1 \\ -1 & 0 \end{array} & & \\ & \ddots & \\ & & \begin{array}{|cc|} 0 & 1 \\ -1 & 0 \end{array} \end{pmatrix},$$

其中二阶子矩阵$\begin{pmatrix} 0 & 1 \\ -1 & 0 \end{pmatrix}$有$m=\dfrac{n}{2}$个.

§6.3 欧氏空间的推广

从上一节讨论知道，对于具有双线性函数f的线性空间V，f可以看成欧氏空间的内积的推广. 在f满足进一步的一些条件时，可以得到空间的一些类似于欧氏空间的性质特征，比如类似意义下的度量性质、正交性、正交基等，虽然一般情况下，长度、角度等概念很难推广建立. 本节主要就是根据第2节的讨论，给出线性空间在不同双线性函数下对欧氏空间的几类不同的推广概念.

定义 5 设V是数域$\mathbb{P}$上的线性空间，f是V上的一个双线性函数，表示为(V,f).

(i) 当f是非退化的，称V是一个**双线性度量空间**;

(ii) 当f是非退化且对称的，称V是一个**正交空间**;

(iii) 当V关于f是正交空间且$\mathbb{P}$是实数域，称V是一个**准欧氏空间**;

(iv) 当f是非退化且反对称的，称V是一个**辛空间**.

设V是关于双线性函数f的准欧氏空间且对任意$\boldsymbol{\alpha}\in V$，有$f(\boldsymbol{\alpha},\boldsymbol{\alpha})\geq 0$，并且$f(\boldsymbol{\alpha},\boldsymbol{\alpha})=0$必有$\boldsymbol{\alpha}=\boldsymbol{\theta}$. 那么，$f$成为$V$的一个内积映射，$(V,f)$是一个欧氏空间.

我们有如下关系:

$$\begin{array}{ccccc} \text{辛空间} & \Rightarrow & \text{双线性度量空间} & \Rightarrow & \text{线性空间} \\ & & & & \Uparrow \\ \text{欧氏空间} & \Rightarrow & \text{准欧氏空间} & \Rightarrow & \text{正交空间} \end{array}$$

其中“$A\Rightarrow B$”表示定义A一定满足定义B(后面亦这样).

作为接近欧氏空间的结构，我们先来探讨正交空间. 事实上，正交空间的许多基本性质与欧氏空间是相仿的.

定义 6 设有限维正交空间V_1和V_2各自的非退化对称双线性函数是f_1和f_2. 若存在V_1到V_2的线性映射η，使对任何$\boldsymbol{\alpha},\boldsymbol{\beta}\in V_1$有$f_2(\eta(\boldsymbol{\alpha}),\eta(\boldsymbol{\beta}))=f_1(\boldsymbol{\alpha},\boldsymbol{\beta})$，则称$\eta:V_1\to V_2$是**保距映射**. 当$V_1=V_2$且$f_1=f_2$时，称保距映射$\eta$是$V$上的一个**正交变换**.

由定义逐一验证可得:

命题 3 如下结论成立:

(i) 正交空间之间的保距映射必为单射;

(ii) 有限维正交空间上的正交变换必为同构;

(iii) 正交空间的两个正交变换之积仍为正交变换;

(iv) 正交空间的恒等映射是正交变换;

(v) 正交空间的正交变换的逆变换也是正交变换.

在§6.2已指出, 有限维正交空间(V,f)总有正交基$\varepsilon_1,\cdots,\varepsilon_n$满足:

$$\begin{cases} f(\varepsilon_i,\varepsilon_i)\neq 0, & \forall i=1,\cdots,n; \\ f(\varepsilon_i,\varepsilon_j)=0, & \forall i\neq j. \end{cases}$$

事实上, 可以用欧氏空间中类似Schmidt正交化方法来构造正交空间的正交基, 从而给出定理7的另一证明.

正交空间当然有与欧氏空间明显不同之处. 其中一点就是迷向向量的存在性.

定义 7 设f是线性空间V上的非退化双线性函数. 若$0\neq\boldsymbol{\alpha}\in V$有$f(\boldsymbol{\alpha},\boldsymbol{\alpha})=0$, 称$\boldsymbol{\alpha}$是$V$上关于$f$的**迷向向量**.

由定义可知, 对反对称双线性函数f而言, V中任一非零向量$\boldsymbol{\alpha}$都是迷向向量, 即总有$f(\boldsymbol{\alpha},\boldsymbol{\alpha})=0$. 这是空间的一种极端情况.

另一极端情况是整个空间没有任何迷向向量. 最典型的就是我们已经学过的欧氏空间V中的内积$f=(\quad,\quad)$, 即对任意$\boldsymbol{\alpha}\in V$, 若$(\boldsymbol{\alpha},\boldsymbol{\alpha})=0$, 则必$\boldsymbol{\alpha}=\boldsymbol{\theta}$.

但在正交空间V中, 非零向量有一部分可以是迷向向量, 也有一部分可以不是迷向的. 这也说明正交空间是欧氏空间的真推广.

一个双线性度量空间(V,f)(未必正交空间)的子空间W称为**迷向子空间**, 若对任何$\boldsymbol{\alpha},\boldsymbol{\beta}\in W$, 有$f(\boldsymbol{\alpha},\boldsymbol{\beta})=0$.

例 8 设数域$\mathbb{P}$上$2n$维线性空间V有一个非退化对称双线性函数f, 且这个f在某组基$\varepsilon_1,\cdots,\varepsilon_{2n}$下的度量矩阵是

$$\begin{pmatrix} 0 & 1 & & & \\ 1 & 0 & 1 & & \\ & 1 & \ddots & \ddots & \\ & & \ddots & \ddots & 1 \\ & & & 1 & 0 \end{pmatrix}_{2n\times 2n}.$$

那么, (V,f)是一个正交空间, 且每个ε_i $(i=1,\cdots,2n)$都是迷向向量, 但当$|i-j|=1$时$\varepsilon_i+\varepsilon_j$不是迷向向量.

事实上, 读者可证, $\begin{vmatrix} 0 & 1 & & & \\ 1 & 0 & 1 & & \\ & 1 & \ddots & \ddots & \\ & & \ddots & \ddots & 1 \\ & & & 1 & 0 \end{vmatrix}_{2n\times 2n}\neq 0$, 即上述度量矩阵是非退化

对称阵，从而由定理6和命题1，(V,f)是正交空间. 显然，$f(\varepsilon_i,\varepsilon_i)=0$对$i=1,\cdots,n$，即$\varepsilon_i$都是迷向的. 但当$|i-j|=1$时，$f(\varepsilon_i+\varepsilon_j,\varepsilon_i+\varepsilon_j)=f(\varepsilon_i,\varepsilon_i)+f(\varepsilon_j,\varepsilon_j)+f(\varepsilon_i,\varepsilon_j)+f(\varepsilon_j,\varepsilon_i)=2\neq 0$，即$\varepsilon_i+\varepsilon_j$不是迷向的.

作为练习，请读者考虑这类正交空间的基本性质：

(1) 任何两个这类正交空间皆保距同构；

(2) 任何一个这类正交空间有且仅有n个迷向子空间，且都是一维的.

当例8中的$\dim V=2$时，称V是一个**双曲平面**.

下面我们给出一个准欧氏空间的例子.

例 9　设实数域$\mathbb{R}$上的四维线性空间V有一个非退化对称双线性函数g且在V的适当基$\varepsilon_1,\varepsilon_2,\varepsilon_3,\varepsilon_4$下$g$的度量矩阵为

$$\begin{pmatrix}1&&&\\&1&&\\&&1&\\&&&-1\end{pmatrix},$$

则称(V,g)是一个**Minkowski空间**. 该度量阵显然是非退化对称的，而V在$\mathbb{R}$上，所以(V,g)是一个准欧氏空间. (V,g)不是欧氏空间，因为$g(\varepsilon_4,\varepsilon_4)=-1<0$.

Minkowski空间(V,g)的正交变换称为**Lorentz变换**，其中的迷向向量称为**光向量**，满足$g(\boldsymbol{\alpha},\boldsymbol{\alpha})>0$的向量$\boldsymbol{\alpha}$称为**空间向量**，满足$g(\boldsymbol{\beta},\boldsymbol{\beta})<0$的向量$\boldsymbol{\beta}$称为**时间向量**.

Minkowski空间是相对论中的一类重要空间.

由上面讨论我们已知道，辛空间是不同于欧氏空间推广的双线性度量空间的另一极端情况，有重要的理论意义. 我们将在下节专门讨论.

现在我们来看看，作为欧氏空间另一种推广的酉空间与用双线性函数理论建立的欧氏空间推广之间的关系. 先回忆酉空间的定义(见上册)：

定义 8　设V是复数域$\mathbb{C}$上的线性空间，一个映射$(\ ,\ ):V\times V\to\mathbb{C}$称为$V$的**内积**，若它满足

(1) $(\boldsymbol{\alpha},\boldsymbol{\beta})=\overline{(\boldsymbol{\beta},\boldsymbol{\alpha})}$, $\forall\boldsymbol{\alpha},\boldsymbol{\beta}\in V$;

(2) $\forall\boldsymbol{\alpha}\in V,(\boldsymbol{\alpha},\boldsymbol{\alpha})\geq 0$; $(\boldsymbol{\alpha},\boldsymbol{\alpha})=0\Leftrightarrow\boldsymbol{\alpha}=\boldsymbol{\theta}$;

(3) $(k\boldsymbol{\alpha},\boldsymbol{\beta})=k(\boldsymbol{\alpha},\boldsymbol{\beta}),\forall k\in\mathbb{C}$, $\forall\boldsymbol{\alpha},\boldsymbol{\beta}\in V$;

(4) $(\boldsymbol{\alpha}+\boldsymbol{\beta},\boldsymbol{\gamma})=(\boldsymbol{\alpha},\boldsymbol{\gamma})+(\boldsymbol{\beta},\boldsymbol{\gamma})$, $\forall\boldsymbol{\alpha},\boldsymbol{\beta},\boldsymbol{\gamma}\in V$,

称为V关于内积$(\ ,\ )$是**酉空间**.

定义8能导出

$$(k_1\boldsymbol{\alpha}+k_2\boldsymbol{\beta},\boldsymbol{\gamma})=k_1(\boldsymbol{\alpha},\boldsymbol{\gamma})+k_2(\boldsymbol{\beta},\boldsymbol{\gamma});$$
$$(\boldsymbol{\alpha},k_1\boldsymbol{\beta}+k_2\boldsymbol{\gamma})=\overline{k_1}(\boldsymbol{\alpha},\boldsymbol{\beta})+\overline{k_2}(\boldsymbol{\alpha},\boldsymbol{\gamma}).$$

后一式说明$(\ ,\ )$不是双线性函数，因此酉空间不能统一到双线性函数理论给出的欧氏空间推广的范围内，其关键是定义8的(1)：$(\boldsymbol{\alpha},\boldsymbol{\beta})=\overline{(\boldsymbol{\beta},\boldsymbol{\alpha})}$，我们把它称为酉空间的**酉对称性**. 由此原因，我们又称酉空间的内积为**酉内积**.

把酉内积的本质和双线性函数的想法结合起来，我们可以引入下述概念.

定义 9　设V是$\mathbb{C}$上的线性空间，映射$f\colon V\times V\to\mathbb{C}$, $(\boldsymbol{\alpha},\boldsymbol{\beta})\mapsto f(\boldsymbol{\alpha},\boldsymbol{\beta})$,

(i) 若对任何$\boldsymbol{\alpha},\boldsymbol{\beta},\boldsymbol{\alpha}_1,\boldsymbol{\alpha}_2,\boldsymbol{\beta}_1,\boldsymbol{\beta}_2\in V,k_1,k_2\in\mathbb{C}$, 有

$$f(k_1\boldsymbol{\alpha}_1+k_2\boldsymbol{\alpha}_2,\boldsymbol{\beta})=k_1f(\boldsymbol{\alpha}_1,\boldsymbol{\beta})+k_2f(\boldsymbol{\alpha}_2,\boldsymbol{\beta}),$$
$$f(\boldsymbol{\alpha},k_1\boldsymbol{\beta}_1+k_2\boldsymbol{\beta}_2)=\overline{k_1}f(\boldsymbol{\alpha},\boldsymbol{\beta}_1)+\overline{k_2}f(\boldsymbol{\alpha},\boldsymbol{\beta}_2),$$

则称f是**酉双线性函数**;

(ii) 当f是酉双线性函数, $\boldsymbol{\alpha}\in V$, 若$f(\boldsymbol{\alpha},\boldsymbol{\beta})=0,\ \forall\boldsymbol{\beta}\in V\Rightarrow\boldsymbol{\alpha}=\boldsymbol{\theta}$, 则称$f$是**非退化的**; 称$(V,f)$是**酉双线性度量空间**;

(iii) 当f是酉双线性函数, 若$f(\boldsymbol{\alpha},\ \boldsymbol{\beta})=\overline{f(\boldsymbol{\beta},\ \boldsymbol{\alpha})}$对任何$\boldsymbol{\alpha},\ \boldsymbol{\beta}\in V$, 则称$f$是**酉对称的**;

(iv) 当f是酉双线性函数, 若$f(\boldsymbol{\alpha},\boldsymbol{\beta})=-\overline{f(\boldsymbol{\beta},\boldsymbol{\alpha})}$对任何$\boldsymbol{\alpha},\boldsymbol{\beta}\in V$, 则称$f$是**酉反对称的**;

(v) 当f是非退化酉对称酉双线性函数, 则称(V,f)是**酉正交空间**或**准酉空间**;

(vi) 当(V,f)是非退化酉反对称酉双线性函数, 则称(V,f)是**酉辛空间**.

显然, 有如下关系:

$$\begin{array}{ccccc}\text{酉辛空间} & \Rightarrow & \text{酉双线性度量空间} & \Rightarrow & \text{线性空间}\\ & & \Uparrow & & \\ & \text{酉空间} & \Rightarrow\ \text{准酉空间} & & \end{array}$$

可以对这些酉空间的推广进行欧氏空间推广的类似讨论, 其结论会有相仿和不同之处, 是上册介绍酉空间理论的自然推广. 从方法论上说, 都源于欧氏空间理论.

下一节我们专门讨论辛空间, 但读者也许可同时考虑酉辛空间会怎样.

§ 6.4* 辛空间

定义5说 (V,f)是辛空间, 若 f是非退化反对称双线性函数. 由推论4, V必为偶数维的(令$\dim V=n=2m$)且存在基$\boldsymbol{\varepsilon}_1,\boldsymbol{\varepsilon}_{-1},\cdots,\boldsymbol{\varepsilon}_m,\boldsymbol{\varepsilon}_{-m}$, 使得 f在该基下的度量矩阵为

$$\begin{pmatrix}\begin{array}{|cc|}\hline 0 & 1\\ -1 & 0\\ \hline\end{array} & & \\ & \ddots & \\ & & \begin{array}{|cc|}\hline 0 & 1\\ -1 & 0\\ \hline\end{array}\end{pmatrix}_{n\times n},$$

这时称$\boldsymbol{\varepsilon}_1,\boldsymbol{\varepsilon}_{-1},\cdots,\boldsymbol{\varepsilon}_m,\boldsymbol{\varepsilon}_{-m}$是**辛正交基**.

事实上, 反过来, 我们有:

命题 4 数域$\mathbb{P}$上任一偶数维线性空间V都可以定义非退化反对称双线性函数f使V成为辛空间.

证明 取定V的一组基$\boldsymbol{\eta}_1,\boldsymbol{\eta}_2,\cdots,\boldsymbol{\eta}_n$, 任给$\mathbb{P}$上一个$n$阶非退化反对称阵$\boldsymbol{A}$, 就可定义$V$上的非退化反对称双线性函数$f:V\times V\to\mathbb{P}$, 使$f(\boldsymbol{\alpha},\boldsymbol{\beta})=\boldsymbol{X}^{\mathrm{T}}\boldsymbol{A}\boldsymbol{Y}$, 其中$\boldsymbol{\alpha}=(\boldsymbol{\eta}_1,\boldsymbol{\eta}_2,\cdots,\boldsymbol{\eta}_n)\boldsymbol{X},\boldsymbol{\beta}=(\boldsymbol{\eta}_1,\boldsymbol{\eta}_2,\cdots,\boldsymbol{\eta}_n)\boldsymbol{Y}\in V$. □

定义 10 设(V_1,f_1)和(V_2,f_2)是$\mathbb{P}$上两个辛空间, π是V_1到V_2的线性空间同构.

(i) 若对任意 $\boldsymbol{\alpha},\boldsymbol{\beta}\in V_1$, 满足 $f_1(\boldsymbol{\alpha},\boldsymbol{\beta})=f_2(\pi(\boldsymbol{\alpha}),\pi(\boldsymbol{\beta}))$, 则称 π是 (V_1,f_1)到 (V_2,f_2)的**辛同构**, 表为$(V_1,f_1)\overset{\pi}{\cong}(V_2,f_2)$;

(ii) 若 $(V_1,f_1)\overset{\pi}{\cong}(V_2,f_2)$且 $V_1=V_2, f_1=f_2$, 则称π是(V_1,f_1)上的**辛变换**.

命题 5 设 (V_1,f_1)和 (V_2,f_2)是 $\mathbb{P}$上有限维辛空间, $V_1\overset{\pi}{\cong}V_2$是线性空间同构. 那么, 下面陈述等价:

(i) $(V_1,f_1)\overset{\pi}{\cong}(V_2,f_2)$是辛同构;

(ii) 若$\boldsymbol{\varepsilon}_1,\boldsymbol{\varepsilon}_{-1},\cdots,\boldsymbol{\varepsilon}_n,\boldsymbol{\varepsilon}_{-n}$是 (V_1,f_1)的辛正交基, 则

$$\pi(\boldsymbol{\varepsilon}_1),\pi(\boldsymbol{\varepsilon}_{-1}),\cdots,\pi(\boldsymbol{\varepsilon}_n),\pi(\boldsymbol{\varepsilon}_{-n})$$

是 (V_2,f_2)的辛正交基.

证明 作为习题. □

命题 6 辛空间 (V_1,f_1)和 (V_2,f_2)是辛同构的当且仅当 $\dim V_1=\dim V_2$.

证明 "$\Rightarrow$": 由定义10即知.

"$\Leftarrow$": 当 $\dim V_1=\dim V_2$时, 设(V_1,f_1)的辛正交基是 $\boldsymbol{\varepsilon}_1,\boldsymbol{\varepsilon}_{-1},\cdots,\boldsymbol{\varepsilon}_m,\boldsymbol{\varepsilon}_{-m}$, 设$(V_2,f_2)$的辛正交基是 $\boldsymbol{\delta}_1,\boldsymbol{\delta}_{-1},\cdots,\boldsymbol{\delta}_m,\boldsymbol{\delta}_{-m}$. 定义$\pi: V_1\to V_2$使$\pi(\boldsymbol{\varepsilon}_i)=\boldsymbol{\delta}_i$对 $i=\pm1,\pm2\cdots,\pm m$, 再把π线性扩张到整个 V_1上. 由命题5即得, $(V_1,f_1)\overset{\pi}{\cong}(V_2,f_2)$. □

命题 7 (i) 辛同构的乘积和逆同构皆为辛同构;

(ii) 辛变换的乘积和逆同构皆为辛变换.

证明 由命题5即知. □

下面给出辛变换的矩阵刻画.

数域$\mathbb{P}$上$2m$阶矩阵$\boldsymbol{A}$如果满足$\boldsymbol{A}^{\mathrm{T}}\boldsymbol{J}\boldsymbol{A}=\boldsymbol{J}$, 则称$\boldsymbol{A}$为**辛方阵**. 记$Sp(m,\mathbb{P})$为数域$\mathbb{P}$上$2m$阶辛方阵全体构成的集合. 可证$Sp(m,\mathbb{P})$关于矩阵的乘法是封闭的, 且每个辛方阵的逆矩阵也是辛方阵. 通常, $Sp(m,\mathbb{P})$称为$2m$阶**辛群**.

命题 8 设(V,f)是辛空间, 则V的由辛正交基到辛正交基的自同构是辛变换当且仅当自同构在辛正交基下的对应方阵是辛方阵.

证明 由推论4, 把辛空间 (V,f)的辛正交基 $\boldsymbol{\varepsilon}_1,\boldsymbol{\varepsilon}_{-1},\cdots,\boldsymbol{\varepsilon}_m,\boldsymbol{\varepsilon}_{-m}$重新排列为

$$\boldsymbol{\varepsilon}_1,\cdots,\boldsymbol{\varepsilon}_m,\boldsymbol{\varepsilon}_{-1},\cdots,\boldsymbol{\varepsilon}_{-m},$$

则 f 的度量矩阵这时成为 $\boldsymbol{J}=\begin{pmatrix}\boldsymbol{O} & \boldsymbol{E}_m\\ -\boldsymbol{E}_m & \boldsymbol{O}\end{pmatrix}$.

令 π是 V上的线性自同构, 对应可逆矩阵是 $\boldsymbol{K}$, 则

$$\begin{aligned}\pi(\boldsymbol{\varepsilon}_1,\cdots,\boldsymbol{\varepsilon}_m,\boldsymbol{\varepsilon}_{-1},\cdots,\boldsymbol{\varepsilon}_{-m})&=(\pi\boldsymbol{\varepsilon}_1,\cdots,\pi\boldsymbol{\varepsilon}_m,\pi\boldsymbol{\varepsilon}_{-1},\cdots,\pi\boldsymbol{\varepsilon}_{-m})\\&=(\boldsymbol{\varepsilon}_1,\cdots,\boldsymbol{\varepsilon}_m,\boldsymbol{\varepsilon}_{-1},\cdots,\boldsymbol{\varepsilon}_{-m})\boldsymbol{K}.\end{aligned}$$

设由 π所得到的基 $\pi\boldsymbol{\varepsilon}_1,\cdots,\pi\boldsymbol{\varepsilon}_m,\pi\boldsymbol{\varepsilon}_{-1},\cdots,\pi\boldsymbol{\varepsilon}_{-m}$的度量矩阵是 $\boldsymbol{C}$, 则$\boldsymbol{K}^{\mathrm{T}}\boldsymbol{J}\boldsymbol{K}=\boldsymbol{C}$. 于是, π是辛变换当且仅当$\pi\boldsymbol{\varepsilon}_1,\cdots,\pi\boldsymbol{\varepsilon}_m,\pi\boldsymbol{\varepsilon}_{-1},\cdots,\pi\boldsymbol{\varepsilon}_{-m}$是以 $\boldsymbol{J}$为度量矩阵的辛正交基, 当且仅当 $\boldsymbol{C}=\boldsymbol{J}$, 当且仅当 $\boldsymbol{K}^{\mathrm{T}}\boldsymbol{J}\boldsymbol{K}=\boldsymbol{J}$. □

令 $\boldsymbol{K}=\begin{pmatrix}\boldsymbol{A} & \boldsymbol{B}\\ \boldsymbol{C} & \boldsymbol{D}\end{pmatrix}$, 其中 $\boldsymbol{A},\boldsymbol{B},\boldsymbol{C},\boldsymbol{D}$均为 m阶方阵, 则 $\boldsymbol{K}^{\mathrm{T}}\boldsymbol{J}\boldsymbol{K}=\boldsymbol{J}$当且仅当

$C^{\mathrm{T}}A = A^{\mathrm{T}}C$, $D^{\mathrm{T}}B = B^{\mathrm{T}}D$, $A^{\mathrm{T}}D - C^{\mathrm{T}}B = E_m$. 因此, 有:

定理 9 设辛空间 (V, f)有辛正交基 $\varepsilon_1, \cdots, \varepsilon_m, \varepsilon_{-1}, \cdots, \varepsilon_{-m}$, 其度量矩阵为 $J = \begin{pmatrix} O & E_m \\ -E_m & O \end{pmatrix}$. 令 π是 V的自同构, 其关于上述辛正交基的对应可逆矩阵是 $K = \begin{pmatrix} A & B \\ C & D \end{pmatrix}$, 其中 A, B, C, D都是 m阶方阵. 那么, π是 (V, f)的辛变换当且仅当 $C^{\mathrm{T}}A$和 $D^{\mathrm{T}}B$是对称矩阵且$A^{\mathrm{T}}D - C^{\mathrm{T}}B = E_m$.

定义 11 设 (V, f)是辛空间.

(i) 若 $u, v \in V$满足 $f(u, v) = 0$, 则称 u, v是**辛正交**的;

(ii) 设 W是 V的子空间, 令$W^{\perp} = \{u \in V : f(u, w) = 0, \forall w \in W\}$, 则可证$W^{\perp}$是 V的子空间, 称$W^{\perp}$是 W的**辛正交补空间**;

(iii) 若$W \subseteq W^{\perp}$(即等价于 $f(u, v) = 0$, $\forall u, v \in W$), 称W是(V, f)的**迷向子空间**;

(iv) 若 $W = W^{\perp}$, 则称 W是 (V, f)的**拉格朗日子空间**;

(v) 若子空间 W满足$W \cap W^{\perp} = \{\theta\}$, 称 W是 V的**辛子空间**.

由此定义可见, 辛子空间和拉格朗日子空间是辛空间中两类极端情况的子空间. 在一般情况下, V的子空间W_0有$W_0 \cap W_0^{\perp} \neq 0$且$W_0 \neq W_0^{\perp}$. 下面我们要说明, 辛空间的结构就是由这两类子空间决定的.

定理 10 设 (V, f)是辛空间, W是 V的子空间, 则

$$\dim V = \dim W + \dim W^{\perp}.$$

证明 取 V的基 $\varepsilon_1, \cdots, \varepsilon_n$, W的基 $\eta_1, \cdots, \eta_k$. 令 f在基 $\varepsilon_1, \cdots, \varepsilon_n$下的度量矩阵为 A, $\alpha = (\varepsilon_1, \varepsilon_2, \cdots, \varepsilon_n)X$, $\beta = (\varepsilon_1, \varepsilon_2, \cdots, \varepsilon_n)Y$是 V的任意向量, 则

$$f(\alpha, \beta) = X^{\mathrm{T}}AY,$$

其中A的秩是 n.

又设对$i = 1, \cdots, k, \eta_i = (\varepsilon_1, \cdots, \varepsilon_n)X_i$. 那么,

$$\begin{aligned} \beta \in W^{\perp} &\Leftrightarrow f(\eta_i, \beta) = 0 \quad \forall i = 1, 2, \cdots, k \\ &\Leftrightarrow X_i^{\mathrm{T}}AY = 0 \quad \forall i = 1, 2, \cdots, k \\ &\Leftrightarrow \begin{pmatrix} X_1^{\mathrm{T}} \\ \vdots \\ X_k^{\mathrm{T}} \end{pmatrix} AY = 0, \\ &\Leftrightarrow Y\text{属于方程组}By = 0\text{的解空间}, \end{aligned}$$

其中 $B = \begin{pmatrix} X_1^{\mathrm{T}} \\ \vdots \\ X_k^{\mathrm{T}} \end{pmatrix} A$. 因而, $\dim W^{\perp}$等于 $By = 0$的解空间的维数. 于是

$$\dim W^{\perp} = n - r(B).$$

但 $\eta_1, \eta_2 \cdots, \eta_k$线性无关, 所以他们的坐标向量 $X_1^{\mathrm{T}}, \cdots X_k^{\mathrm{T}}$线性无关, 从而

$r(\boldsymbol{B}) = r(\begin{pmatrix} \boldsymbol{X}_1^{\mathrm{T}} \\ \vdots \\ \boldsymbol{X}_k^{\mathrm{T}} \end{pmatrix}) = k = \dim W$. 最后，我们得到 $\dim W^{\perp} = n - \dim W$. □

注 维数关系 $\dim V = \dim W^{\perp} + \dim W$ 并不意味着 $W \cap W^{\perp} = 0$, 即不一定有 $V = W \oplus W^{\perp}$, 除非 W 是 V 的辛子空间.

由此基本定理，首先给出一些基本性质.

性质 2 设 W, U 是辛空间 (V, f) 的子空间，则有:

(1) $(W^{\perp})^{\perp} = W$;

(2) $U \subseteq W \Rightarrow W^{\perp} \subseteq U^{\perp}$;

(3) W 是 (V, f) 的辛子空间，则 $V = W \oplus W^{\perp}$;

(4) W 是 (V, f) 的迷向子空间，则 $\dim W \le \dfrac{1}{2} \dim V$;

(5) W 是 (V, f) 的拉格朗日子空间，则 $\dim W = \dfrac{1}{2} \dim V$.

证明 (1) 由 $W^{\perp}$ 的定义, $f(W, W^{\perp}) = 0$, 这也就说明 $W \subset (W^{\perp})^{\perp}$. 又由定理10,

$$\dim W^{\perp} = \dim V - \dim W,$$
$$\dim (W^{\perp})^{\perp} = \dim V - \dim W^{\perp}.$$

从而，$\dim W = \dim (W^{\perp})^{\perp}$. 因此 $W = (W^{\perp})^{\perp}$.

(2) 由定义直接得.

(3) 由定理10和辛子空间的定义，即得.

(4) 因为 $W \subset W^{\perp}$, 所以

$$\dim W \le \dim W^{\perp} = \dim V - \dim W,$$

得 $\dim W \le \dfrac{1}{2} \dim V$.

(5) 由定理10和 $\dim W = \dim W^{\perp}$ 即得. □

引理 1 设 W 是辛空间 (V, f) 的迷向子空间, 即 $W \subseteq W^{\perp}$. 如果 W 不是 V 的拉格朗日子空间, 则存在 $1 + \dim W$ 维迷向子空间 $W_1 = W \oplus W'$, 其中 W' 是一维子空间具有基元 $\boldsymbol{\alpha}' \in W^{\perp} \backslash W$.

证明 任取 $\boldsymbol{\alpha}' \in W^{\perp} \backslash W$, 则 $f(\boldsymbol{\alpha}', \boldsymbol{\alpha}') = 0$, $f(W, \boldsymbol{\alpha}') = 0$. 又 W 是迷向子空间, 故 $f(W, W) = 0$. 令 $W' = \mathbb{P}\boldsymbol{\alpha}'$, $W_1 = W \oplus W'$, 则 $f(W_1, W_1) = 0$. 这说明 W_1 是 $1 + \dim W$ 维迷向子空间. □

性质 3 设 W 是 $2m$ 维辛空间 (V, f) 的迷向子空间. 那么, W 是 V 的拉格朗日子空间当且仅当 W 是 V 的极大迷向子空间(在集合包含关系下的极大性).

证明 **必要性:** 若存在迷向子空间 $U \supseteq W$, 则 $U^{\perp} \supseteq U$, 得 $U^{\perp} \supseteq W$. 由性质2, 得 $W = W^{\perp} \supseteq (U^{\perp})^{\perp} = U$. 从而, $W = U$, 即 W 是极大的.

充分性: 若 $W \subsetneqq W^{\perp}$, 则由引理1, W 不是极大迷向子空间. 这是矛盾. □

性质 4 设 W 是辛空间 (V, f) 的辛子空间，则

(i) $(W, f|_W)$ 是辛空间，其中 $f|_W$ 表示 f 在 $W \times W$ 上的限制.

(ii) $W^{\perp}$也是(V,f)辛子空间.

证明 (i) 由性质2, $V = W \oplus W^{\perp}$. 则由 f 在 V上的非退化性可导出 f 在 W上的非退化性.

(ii) 由于 $(W^{\perp})^{\perp} = W$, 所以$W^{\perp} \cap (W^{\perp})^{\perp} = W^{\perp} \cap W = 0$, 故 $W^{\perp}$也是 (V,f)的辛子空间. □

由此性质可知, 辛子空间相当于欧氏空间中的欧子空间.

例 10 设辛空间 (V,f)有辛正交基

$$\varepsilon_1, \cdots, \varepsilon_m, \varepsilon_{-1}, \cdots, \varepsilon_{-m}.$$

对$1 \leq k \leq m$, 令

$$W_k^+ = L(\varepsilon_1, \cdots, \varepsilon_k),\ W_k^- = L(\varepsilon_{-1}, \cdots, \varepsilon_{-k}).$$

由于 $f(\varepsilon_i, \varepsilon_j) = 0, f(\varepsilon_{-i}, \varepsilon_{-j}) = 0,\ \forall i, j = 1, 2, \cdots, k$, 故有

(i) W_k^+, W_k^- $(k = 1, \cdots, m)$都是 V的迷向子空间.

当$k = m$, 考虑$(W_m^+)^{\perp}$和$(W_m^-)^{\perp}$. 令

$$\boldsymbol{\alpha} = a_1\varepsilon_1 + \cdots + a_m\varepsilon_m + b_1\varepsilon_{-1} + \cdots + b_m\varepsilon_{-m} \in (W_m^+)^{\perp},$$

则$\forall i = 1, 2, \cdots, m$, 有$0 = f(\varepsilon_i, \boldsymbol{\alpha}) = b_i f(\varepsilon_i, \varepsilon_{-i}) = b_i$, 得

$$\boldsymbol{\alpha} = a_1\varepsilon_1 + \cdots + a_m\varepsilon_m \in W_m^+,$$

即对 $k = 1, \cdots, m$, 总有$(W_m^+)^{\perp} \supseteq W_m^+$, 因此, $W_m^+ = (W_m^+)^{\perp}$.

同理可得: $W_m^- = (W_m^-)^{\perp}$. 因而,

(ii) W_m^+, W_m^-是 (V,f)的拉格朗日子空间.

令$S_k = W_k^+ \oplus W_k^- = L(\varepsilon_1, \cdots, \varepsilon_k, \varepsilon_{-1}, \cdots, \varepsilon_{-k})$, 对 $k = 1, \cdots, m$. 由辛正交基定义可得: $S_k^{\perp} = L(\varepsilon_{k+1}, \cdots, \varepsilon_m, \varepsilon_{-k-1}, \cdots, \varepsilon_{-m})$. 因此, $S_k^{\perp} \cap S_k = 0$. 这说明:

(iii) $S_k = L(\varepsilon_1, \cdots, \varepsilon_k, \varepsilon_{-1}, \cdots, \varepsilon_{-k})\ \forall k = 1, 2, \cdots, m$ 是 V的辛子空间.

这个例子给出了辛空间在取定辛正交基后的一些辛子空间和拉格朗日子空间. 进一步, 下面我们实际上可以证明, 这样形式的 W_k^+, W_k^-、W_m^+, W_m^-、S_k 就是辛空间(V,f)中的所有迷向子空间、拉格朗日子空间、辛子空间.

定理 11 设 L是 n维辛空间 (V,f)的拉格朗日子空间, $\varepsilon_1, \cdots, \varepsilon_m$是 L的一组基, 则 $m = \dfrac{1}{2}n$且这组基可以扩充为 (V,f)的一组辛正交基 $\varepsilon_1, \cdots, \varepsilon_m, \varepsilon_{-1}, \cdots, \varepsilon_{-m}$.

证明 由性质2的(5), $m = \dfrac{1}{2}n$.

对任一给定的$i = 1, 2, \cdots, m$, 令

$$L_i = L(\varepsilon_1, \cdots, \varepsilon_{i-1}, \varepsilon_{i+1} \cdots, \varepsilon_m),$$

则 $\dim L_i = m - 1$, 且 $L_i \subseteq L \Rightarrow L_i^{\perp} \supseteq L^{\perp} = L$. 但

$$\dim L_i^{\perp} = \dim V - \dim L_i = 2m - (m-1) = m + 1.$$

因此$L \subsetneqq L_i^{\perp}$. 特别地, 存在$\varepsilon'_{-i} \in L_i^{\perp} \setminus L$.

由 $\varepsilon'_{-i} \in L_i^{\perp}$可知

$$f(\varepsilon_j, \varepsilon'_{-i}) = 0,\ \forall\ j = 1, \cdots, i-1, i+1, \cdots, m.$$

假设 $f(\varepsilon_i, \varepsilon'_{-i}) = 0$, 则 $\forall\ \boldsymbol{\alpha} \in L = L(\varepsilon_1, \cdots, \varepsilon_m)$, 有$f(\boldsymbol{\alpha}, \varepsilon'_{-i}) = 0$, 即 $\varepsilon'_{-i} \in L^{\perp} = L$. 这与 $\varepsilon'_{-i} \notin L$矛盾.

因此, $f(\varepsilon_i, \varepsilon'_{-i}) \neq 0$. 不妨设 $f(\varepsilon_i, \varepsilon'_{-i}) = 1$.

由上, 我们得到了向量组$\varepsilon'_{-1}, \varepsilon'_{-2}, \cdots, \varepsilon'_{-m}$ 使得对任意的$1 \leq i \leq m$ 有

$$f(\varepsilon_i, \varepsilon'_{-i}) = 1, \tag{6.4.1}$$

且对任意的$1 \leq i \neq j \leq m$有

$$f(\varepsilon_j, \varepsilon'_{-i}) = 0. \tag{6.4.2}$$

但是为了构造辛正交基, 还得为$\varepsilon'_{-1}, \varepsilon'_{-2}, \cdots, \varepsilon'_{-m}$找一组替代的向量$\varepsilon_{-1}, \varepsilon_{-2}, \cdots, \varepsilon_{-m}$, 使(6.4.1)和(6.4.2)成立的同时有

$$f(\varepsilon_{-i}, \varepsilon_{-j}) = 0, \quad \forall\ i, j = 1, 2, \cdots, m.$$

我们用递推方法求$\varepsilon_{-1}, \varepsilon_{-2}, \cdots, \varepsilon_{-m}$.

令$\varepsilon_{-1} = \varepsilon'_{-1}$.

设$f(\varepsilon_{-1}, \varepsilon'_{-2}) = a$, 令

$$\varepsilon_{-2} = a\varepsilon_1 + \varepsilon'_{-2},$$

则

$$\begin{aligned} f(\varepsilon_{-1}, \varepsilon_{-2}) &= af(\varepsilon_{-1}, \varepsilon_1) + f(\varepsilon_{-1}, \varepsilon'_{-2}) = -a + a = 0, \\ f(\varepsilon_{-2}, \varepsilon_{-2}) &= 0, \end{aligned}$$

同时仍有

$$\begin{aligned} f(\varepsilon_2, \varepsilon_{-2}) &= af(\varepsilon_2, \varepsilon_1) + f(\varepsilon_2, \varepsilon'_{-2}) = a \cdot 0 + 1 = 1, \\ f(\varepsilon_j, \varepsilon_{-2}) &= af(\varepsilon_j, \varepsilon_1) + f(\varepsilon_j, \varepsilon'_{-2}) = a \cdot 0 + 0 = 0,\ \forall\ j \neq 2. \end{aligned}$$

故 ε_{-2}是所要求的.

依次下去, 设已求得要求的$\varepsilon_{-1}, \cdots, \varepsilon_{-(m-1)}$, 令

$$\varepsilon_{-m} = a_1\varepsilon_1 + \cdots + a_{m-1}\varepsilon_{m-1} + \varepsilon'_{-m},$$

其中$a_i = f(\varepsilon_{-i}, \varepsilon'_{-m})$ 对$i = 1, 2, \cdots, m-1$, 则

$$\begin{aligned} f(\varepsilon_{-i}, \varepsilon_{-m}) &= f(\varepsilon_{-i},\ a_1\varepsilon_1 + \cdots + a_{m-1}\varepsilon_{m-1} + \varepsilon'_{-m}) \\ &= a_i f(\varepsilon_{-i}, \varepsilon_i) + f(\varepsilon_{-i}, \varepsilon'_{-m}) \\ &= -a_i + a_i \\ &= 0 \end{aligned}$$

以及$f(\varepsilon_{-m}, \varepsilon_{-m}) = 0$, 同时仍有

$$\begin{aligned} f(\varepsilon_m, \varepsilon_{-m}) &= \sum_{i=1}^{m-1} a_i f(\varepsilon_m, \varepsilon_i) + f(\varepsilon_m, \varepsilon'_{-m}) = 1, \\ f(\varepsilon_j, \varepsilon_{-m}) &= \sum_{i=1}^{m-1} a_i f(\varepsilon_j, \varepsilon_i) + f(\varepsilon_j, \varepsilon'_{-m}) = 0,\ \forall j \neq m. \end{aligned}$$

综上, 得到辛正交基 $\varepsilon_1, \cdots, \varepsilon_m, \varepsilon_{-1}, \cdots, \varepsilon_{-m}$. □

定理 12 辛空间 (V, f)的辛子空间$(U, f|_U)$的一组辛正交基可扩充为 (V, f)的辛正交基.

证明 由性质4, $(U, f|_U)$和$(U^{\perp}, f|_{U^{\perp}})$是辛空间. 令$\varepsilon_1, \cdots, \varepsilon_k, \varepsilon_{-1}, \cdots, \varepsilon_{-k}$是$U$

的辛正交基, $\varepsilon_{k+1},\cdots,\varepsilon_m,\varepsilon_{-k-1},\cdots,\varepsilon_{-m}$是$U^\perp$的辛正交基. 由性质2, $V=U\oplus U^\perp$. 因此,

$$\varepsilon_1,\cdots,\varepsilon_k,\varepsilon_{k+1},\cdots,\varepsilon_m,\varepsilon_{-1},\cdots,\varepsilon_{-k},\varepsilon_{-k-1},\cdots,\varepsilon_{-m}$$

是V的基. 由U与$U^\perp$中的向量相互辛正交, 即知$\varepsilon_1,\cdots,\varepsilon_m,\varepsilon_{-1},\cdots,\varepsilon_{-m}$是$V$的辛正交基. □

现在讨论辛空间的辛变换.

设辛空间(V,f)有两个同构的子空间U与W, 同构映射是$\phi:U\to W$. 若ϕ满足

$$f(\boldsymbol{u},\boldsymbol{v})=f(\phi(\boldsymbol{u}),\phi(\boldsymbol{v}))$$

对任何$\boldsymbol{u},\boldsymbol{v}\in U$, 则称$\phi$是$U$与$W$间的**保距同构**.

定理 13 (Witt定理)　若辛空间(V,f)的两个子空间之间有保距同构ϕ, 则ϕ可以扩张成V上的一个辛变换.

该定理的证明超出了本课程范围, 故略去. 但我们对它的一个特例给出证明.

假设两个空间U和W同时为(V,f)的迷向子空间或辛子空间且$\dim U=\dim V$, 令$\varepsilon_1,\cdots,\varepsilon_k$和$\boldsymbol{\eta}_1,\cdots,\boldsymbol{\eta}_k$分别是$U$和$W$的基. 由定理11和定理12, 它们分别可扩充为$(V,f)$的辛正交基$\varepsilon_1,\cdots,\varepsilon_k,\varepsilon_{k+1},\cdots,\varepsilon_n$和$\boldsymbol{\eta}_1,\cdots,\boldsymbol{\eta}_k,\boldsymbol{\eta}_{k+1},\cdots,\boldsymbol{\eta}_n$. 由于$U$和$W$同时是迷向子空间或辛子空间, 可以构作一个双射$\phi:\varepsilon_i\mapsto\boldsymbol{\eta}_i$, 使$f(\varepsilon_i,\varepsilon_j)=f(\phi(\varepsilon_i),\phi(\varepsilon_j))=f(\boldsymbol{\eta}_i,\boldsymbol{\eta}_j)$(若必要, 可把$\boldsymbol{\eta}_{k+1},\cdots,\boldsymbol{\eta}_n$的排序调整). 则$\phi$可以线性扩张为$(V,f)$的辛变换, 且$\phi(U)=W$.

综之, 有

定理 14　令辛空间(V,f)有两个同维子空间U和W, 同时为迷向子空间或辛子空间, 则有(V,f)的辛变换把U变成W.

该定理显然是Witt定理的特例.

§6.5　习　题

1. 设$\varepsilon_1,\varepsilon_2,\varepsilon_3$是数域$\mathbb{P}$上线性空间$V$的一组基, f是V上的一个线性函数, 且
$$f(\varepsilon_1-2\varepsilon_2+\varepsilon_3)=4,\ f(\varepsilon_1+\varepsilon_2)=4,\ f(-\varepsilon_1+\varepsilon_2+\varepsilon_3)=-2.$$
对$x_1,x_2,x_3\in\mathbb{P}$, 求$f(x_1\varepsilon_1+x_2\varepsilon_2+x_3\varepsilon_3)$.

2. V是数域$\mathbb{P}$上一个3维线性空间, $\varepsilon_1,\varepsilon_2,\varepsilon_3$是它的一组基, f是V上的一个线性函数, 已知
$$f(\varepsilon_1+\varepsilon_3)=1,\ \ f(\varepsilon_2-2\varepsilon_3)=-1,\ \ f(\varepsilon_1+\varepsilon_2)=-3,$$
对$x_1,x_2,x_3\in\mathbb{P}$, 求$f(x_1\varepsilon_1+x_2\varepsilon_2+x_3\varepsilon_3)$.

3. V及$\varepsilon_1,\varepsilon_2,\varepsilon_3$同上题, 试找出一个线性函数$f$, 使
$$f(\varepsilon_1+\varepsilon_3)=f(\varepsilon_2-2\varepsilon_3)=0,f(\varepsilon_1+\varepsilon_2)=1.$$

4. 把$\mathbb{P}^{n\times n}$看作是数域$\mathbb{P}$上的线性空间, $\boldsymbol{X}$, $\boldsymbol{A}\in\mathbb{P}^{n\times n}$, 定义由$\mathbb{P}^{n\times n}$到$\mathbb{P}$的映射$f$为: $f(\boldsymbol{X})=\mathrm{tr}(\boldsymbol{A}\boldsymbol{X})$, 问$f$是否为$V$上的线性函数? 为什么?

5. 设V是数域$\mathbb{P}$上的n维线性空间, f是V上的一个非零线性函数, 证明: $f^{-1}(0)=\{\boldsymbol{\alpha}\in V|f(\boldsymbol{\alpha})=0\}$是$V$的一个$n-1$维子空间.

6. 求 $\mathbb{P}^3$的基 $\boldsymbol{\alpha}_1 = (1, -1, 3)$, $\boldsymbol{\alpha}_2 = (0, 1, -1)$, $\boldsymbol{\alpha}_3 = (0, 3, -2)$的对偶基 f_1, f_2, f_3.
7. 设 $\boldsymbol{\alpha}_1, \boldsymbol{\alpha}_2, \boldsymbol{\alpha}_3$ 是数域$\mathbb{P}$上线性空间V的一组基, f_1, f_2, f_3是 $\boldsymbol{\alpha}_1, \boldsymbol{\alpha}_2, \boldsymbol{\alpha}_3$的对偶基, 令 $\boldsymbol{\beta}_1 = \boldsymbol{\alpha}_1 + \boldsymbol{\alpha}_2 + \boldsymbol{\alpha}_3, \boldsymbol{\beta}_2 = \boldsymbol{\alpha}_2 + \boldsymbol{\alpha}_3, \boldsymbol{\beta}_3 = \boldsymbol{\alpha}_3$.

   (1) 证明: $\boldsymbol{\beta}_1, \boldsymbol{\beta}_2, \boldsymbol{\beta}_3$是 V的基;
   (2) 求 $\boldsymbol{\beta}_1, \boldsymbol{\beta}_2, \boldsymbol{\beta}_3$的对偶基, 并用 f_1, f_2, f_3表示 $\boldsymbol{\beta}_1, \boldsymbol{\beta}_2, \boldsymbol{\beta}_3$的对偶基.

8. 证明: n维线性空间V的对偶空间V^*中的任一组基均为V中某一组基的对偶基.
9. 假如 V是数域 $\mathbb{P}$上的线性空间, f_1, f_2 都是线性空间 V到 $\mathbb{P}$的线性函数. V到 $\mathbb{P}$的函数 ψ : $\boldsymbol{\alpha} \mapsto f_1(\boldsymbol{\alpha}) f_2(\boldsymbol{\alpha})$ 对任何$\boldsymbol{\alpha} \in V$. 证明: ψ是零函数时, f_1 或 f_2 是零函数.
10. 设U, V均为有限维线性空间. 证明:

    (1) $\pi : L(U, V) \to L(V^*, U^*)$, $\varphi \mapsto \varphi^*$ 是双射;
    (2) φ是单/满射、同构分别等价于φ^*是满/单射、同构.

11. 证明: 函数 $f(\boldsymbol{X}, \boldsymbol{Y}) = \mathrm{tr}(\boldsymbol{X}\boldsymbol{Y})$ $(\forall \boldsymbol{X}, \boldsymbol{Y} \in \mathbb{P}^{n\times n})$ 是$\mathbb{P}^{n\times n}$ 上的一个非退化双线性函数.
12. 设 $f(\boldsymbol{\alpha}, \boldsymbol{\beta})$是 n维线性空间 V上的非退化对称双线性函数, 对 V中一个元素 $\boldsymbol{\alpha}$, 定义 V^* 中一个元素 $\boldsymbol{\alpha}^*$满足$\boldsymbol{\alpha}^*(\boldsymbol{\beta}) = f(\boldsymbol{\alpha}, \boldsymbol{\beta})$对任一$\boldsymbol{\beta} \in V$. 证明:

    (1) V到 V^* 的映射$\boldsymbol{\alpha} \to \boldsymbol{\alpha}^*$ 是一个同构映射;
    (2) 对 V的每组基$\boldsymbol{\varepsilon}_1, \boldsymbol{\varepsilon}_2, \cdots, \boldsymbol{\varepsilon}_n$, 有$V$的另一唯一一组基$\boldsymbol{\varepsilon}'_1, \boldsymbol{\varepsilon}'_2, \cdots, \boldsymbol{\varepsilon}'_n$ 使得 $f(\boldsymbol{\varepsilon}_i, \boldsymbol{\varepsilon}'_j) = \delta_{ij}$(Kronecker符号);
    (3) 如果 V是复数域上的 n维线性空间, 则有V的一组基$\boldsymbol{\eta}_1, \boldsymbol{\eta}_2, \cdots, \boldsymbol{\eta}_n$, 使对$i = 1, 2, \cdots, n$, 有$\boldsymbol{\eta}_i = \boldsymbol{\eta}'_i$.

13. 设 $V = \mathbb{R}[x]_n$, 定义 V上的二元函数如下:

$$\psi(f(x), g(x)) = \int_{-1}^{1} f(x)g(x)dx, \ \ \forall f(x), g(x) \in \mathbb{R}[x]_n.$$

    (1) 证明: ψ是 V上的一个双线性函数;
    (2) 当 $n = 4$时, 求 ψ在基 $1, x, x^2, x^3$ 下的度量矩阵;
    (3) 证明: ψ是非退化的.

14. 设 V是数域 $\mathbb{P}$上的 n维线性空间.

    (1) 证明: V上的一个对称双线性函数 $f(\boldsymbol{\alpha}, \boldsymbol{\beta})$ 由它对应的二次齐次函数 $q(\boldsymbol{\alpha})$完全确定.
    (2) 问：V上的一个非对称双线性函数能否由它对应的二次齐次函数唯一确定? 若能, 证明之; 若不能, 试举一反例.

15. 在 $\mathbb{P}^4$中定义一个双线性函数 $f(\boldsymbol{X}, \boldsymbol{Y})$, 使得对 $\boldsymbol{X} = (x_1, x_2, x_3, x_4)^{\mathrm{T}}$, $\boldsymbol{Y} = (y_1, y_2, y_3, y_4)^{\mathrm{T}}$, 有

$$f(\boldsymbol{X}, \boldsymbol{Y}) = 3x_1y_2 - 5x_2y_1 + x_3y_4 - 4x_4y_3,$$

(1) 给出 $\mathbb{P}^4$的一组基

$$\boldsymbol{\varepsilon}_1=(1,-2,-1,0),\ \ \boldsymbol{\varepsilon}_2=(1,-1,1,0),$$
$$\boldsymbol{\varepsilon}_3=(-1,2,1,1),\ \ \boldsymbol{\varepsilon}_4=(-1,-1,0,1),$$

求出 $f(\boldsymbol{X},\boldsymbol{Y})$ 在这组基下的度量矩阵;

(2) 另取一组基$\boldsymbol{\eta}_1,\boldsymbol{\eta}_2,\boldsymbol{\eta}_3,\boldsymbol{\eta}_4$使得$(\boldsymbol{\eta}_1,\boldsymbol{\eta}_2,\boldsymbol{\eta}_3,\boldsymbol{\eta}_4)=(\boldsymbol{\varepsilon}_1,\boldsymbol{\varepsilon}_2,\boldsymbol{\varepsilon}_3,\boldsymbol{\varepsilon}_4)\boldsymbol{C}$, 其中

$$\boldsymbol{C}=\begin{pmatrix}1&1&1&1\\1&1&-1&-1\\1&-1&1&-1\\1&-1&-1&1\end{pmatrix},$$

求 $f(\boldsymbol{X},\boldsymbol{Y})$在$\boldsymbol{\eta}_1,\boldsymbol{\eta}_2,\boldsymbol{\eta}_3,\boldsymbol{\eta}_4$下的度量矩阵.

16. 设V是复数域上的n维线性空间, 其维数$n\geq 2$, $f(\boldsymbol{\alpha},\boldsymbol{\beta})$ 是V上一个对称双线性函数. 证明:

(1) V中有非零元素 $\boldsymbol{\xi}$, 使 $f(\boldsymbol{\xi},\boldsymbol{\xi})=0$;

(2) 如果 $f(\boldsymbol{\alpha},\boldsymbol{\beta})$是非退化的, 则存在线性无关的元素 $\boldsymbol{\xi},\boldsymbol{\eta}$ 满足

$$f(\boldsymbol{\xi},\boldsymbol{\eta})=1, f(\boldsymbol{\xi},\boldsymbol{\xi})=f(\boldsymbol{\eta},\boldsymbol{\eta})=0.$$

(3) 如果 $f(\boldsymbol{\alpha},\boldsymbol{\beta})$是非退化的, 是否存在$\boldsymbol{\xi}_1,\cdots,\boldsymbol{\xi}_n$使得对任意的$i\neq j$有$f(\boldsymbol{\xi}_i,\boldsymbol{\xi}_j)=1$, $f(\boldsymbol{\xi}_i,\boldsymbol{\xi}_i)=0$?

17. 设V是实数域上的n维线性空间, f为V上的正定(即对任一$\boldsymbol{\alpha}\in V$, 有$f(\boldsymbol{\alpha},\boldsymbol{\alpha})\geq 0$且等号成立当且仅当$\boldsymbol{\alpha}=\boldsymbol{\theta}$)的对称双线性函数, W是 V 的子空间, 令 $W^{\perp}=\{\boldsymbol{\alpha}\in V|f(\boldsymbol{\alpha},\boldsymbol{\beta})=0,\forall\boldsymbol{\beta}\in W\}$. 证明:

(1) $W^{\perp}$ 是V的子空间;

(2) $V=W\oplus W^{\perp}$.

18. 证明: 任意一个双线性函数都可唯一表为一个对称双线性函数和一个反对称双线性函数之和.

19. 证明: 线性空间 V上双线性函数 $f(\boldsymbol{\alpha},\boldsymbol{\beta})$ 为反对称的充要条件是对任意$\boldsymbol{\alpha}\in V$ 都有 $f(\boldsymbol{\alpha},\boldsymbol{\alpha})=0$.

20. 已知 $\mathbb{P}^4$上的双线性函数 $f(\boldsymbol{\alpha},\boldsymbol{\beta})=-2x_1y_2+4x_1y_3-6x_1y_4+2x_2y_1-x_2y_3+2x_2y_4-4x_3y_1+x_3y_2+x_3y_4+6x_4y_1-2x_4y_2-x_4y_3$, 其中 $\boldsymbol{\alpha}=(x_1,x_2,x_3,x_4),\boldsymbol{\beta}=(y_1,y_2,y_3,y_4)\in\mathbb{P}^4$.

(1) 证明: $f(\boldsymbol{\alpha},\boldsymbol{\beta})$是 $\mathbb{P}^4$上的反对称双线性函数;

(2) 求 $\mathbb{P}^4$的一组基$\boldsymbol{\alpha}_1,\boldsymbol{\alpha}_{-1},\boldsymbol{\alpha}_2,\boldsymbol{\alpha}_{-2}$, 使得

$$f(\boldsymbol{\alpha}_i,\boldsymbol{\alpha}_{-i})=1\ \ (i=1,2),\ f(\boldsymbol{\alpha}_i,\boldsymbol{\alpha}_j)=0\ \ (i+j\neq 0).$$

21. 设 V是对于非退化对称双线性函数 $f(\boldsymbol{\alpha},\boldsymbol{\beta})$ 的 n维准欧氏空间. 对于V的一组基$\boldsymbol{\varepsilon}_1,\boldsymbol{\varepsilon}_2,\cdots,\boldsymbol{\varepsilon}_n$, 如果满足

$$f(\boldsymbol{\varepsilon}_i,\boldsymbol{\varepsilon}_i)=1, i=1,2\cdots,p;$$
$$f(\boldsymbol{\varepsilon}_i,\boldsymbol{\varepsilon}_i)=-1, i=p+1,\cdots n;$$
$$f(\boldsymbol{\varepsilon}_i,\boldsymbol{\varepsilon}_j)=0, i\neq j,$$

则称之为V的一组正交基. 如果V上的线性变换$\mathcal{A}$满足

$$f(\mathcal{A}\boldsymbol{\alpha},\mathcal{A}\boldsymbol{\beta})=f(\boldsymbol{\alpha},\boldsymbol{\beta})\ \ (\boldsymbol{\alpha},\boldsymbol{\beta}\in V),$$

则称$\mathcal{A}$为V的一个**准正交变换**. 证明:

(1) 准正交变换是可逆的, 且逆变换是准正交变换;
(2) 准正交变换的乘积仍是准正交变换;
(3) 准正交变换的特征向量若非迷向向量, 则对应的特征值等于 1或 -1;
(4) 准正交变换在正交基下的矩阵$\boldsymbol{C}$满足:

$$\boldsymbol{C}^{\mathrm{T}}\begin{pmatrix}1&&&&&\\&\ddots&&&&\\&&1&&&\\&&&-1&&\\&&&&\ddots&\\&&&&&-1\end{pmatrix}\boldsymbol{C}=\begin{pmatrix}1&&&&&\\&\ddots&&&&\\&&1&&&\\&&&-1&&\\&&&&\ddots&\\&&&&&-1\end{pmatrix}.$$

22. 证明: Minkowski空间的性质:

(1) 任意两个时间向量不可能互相正交;
(2) 任意一个时间向量都不可能正交于一个光向量;
(3) 两个光向量正交的充要条件是它们线性相关.

23. 证明: 设(V_1,f_1)和(V_2,f_2)是$\mathbb{P}$上有限维辛空间, $V_1\overset{\pi}{\cong}V_2$是线性空间同构. 那么, 下面陈述等价:

(1) $(V_1,f_1)\overset{\pi}{\cong}(V_2,f_2)$是辛同构;
(2) 若$\boldsymbol{\varepsilon}_1,\boldsymbol{\varepsilon}_{-1},\cdots,\boldsymbol{\varepsilon}_n,\boldsymbol{\varepsilon}_{-n}$是$(V_1,f_1)$的辛正交基, 则

$$\pi(\boldsymbol{\varepsilon}_1),\pi(\boldsymbol{\varepsilon}_{-1}),\cdots,\pi(\boldsymbol{\varepsilon}_n),\pi(\boldsymbol{\varepsilon}_{-n})$$

是(V_2,f_2)的辛正交基.

附录A

§ A.1　整数理论的一些基本性质

整数理论的一些基本性质在中小学数学里已经部分地接触过，但一些重要的基本性质没有给出，已给出的可能缺乏严格的证明. 针对本书，特别是多项式理论的需要，这一节我们将就这些性质展开讨论. 阅读本节的一个关键点是，注意到整数和多项式之间基于理论内在联系，在结论与方法上的类同点. 本节内容主要参考了文献[7].

设 a, b 是两个整数. 如果存在一个整数 d，使得 $b=ad$，则称 a **整除** b (或称 b **被** a **整除**)，记为 $a|b$. 这时称 a 为 b 的一个**因数**，称 b 为 a 的一个**倍数**. 如果a不整除b，那么就记作$a\nmid b$.

下面我们列出整除的一些基本性质:

1) $a|b,\ b|c\Rightarrow a|c$.

2) $a|b,\ a|c\Rightarrow a|(b+c)$.

3) $a|b$且$c\in\mathbb{Z}\Rightarrow a|bc$.

4) $a|b_i$且$c_i\in\mathbb{Z}$, $i=1,\ 2,\ \cdots,\ t\Rightarrow a|(b_1c_1+b_2c_2+\cdots+b_tc_t)$.

5) 每一个整数都可以被1和-1整除.

6) 每一个整数a都可以被它自己和它的相反数$-a$整除.

7) $a|b$且$b|a\Rightarrow b=a$或$b=-a$.

这些性质都是显然的. 这里我们只证明最后一个，其余请读者自证.

因为$a|b$且$b|a$，由定义可得，存在$c,\ d\in\mathbb{Z}$，使得$b=ac$, $a=bd$. 于是$a=acd$. 如果$a=0$，那么$b=ac=0=a$；如果$a\neq 0$，那么$cd=1$. 从而$c=d=1$或$c=d=-1$. 所以$b=a$或$b=-a$.

整数的带余除法在整数的整除性理论中占有重要的地位，下面我们给出证明.

定理 1 (带余除法)　*设a, b是整数且$a\neq 0$. 则存在一对整数q和r使得*

$$b=aq+r,\ \text{且}0\leq r<|a|.$$

而且，满足以上条件的整数q, r是由a, b所唯一确定的.

证明　令$S=\{b-ax|x\in\mathbb{Z},\ b-ax\geq 0\}$. 因为$a\neq 0$，所以$S$是$\mathbb{N}$的一个非空子集. 根据最小数原理(对于$\mathbb{N}$)，$S$含有一个最小数$r$，也就是说，$r\in S$，且对任一$r'\in S$，有$r\leq r'$. 特别地，存在$q\in\mathbb{Z}$使得$b=aq+r$.

如果$r\geq|a|$，令$r'=r-|a|$，则$r'\geq 0$，且

$$r'=\begin{cases} b-a(q+1), & a>0;\\ b-a(q-1), & a<0.\end{cases}$$

所以$r'\in S$且$r'<r$. 这与"r是s中的最小数"这一事实矛盾. 因此$r<|a|$.

假设还有$q_0,\ r_0\in\mathbb{Z}$使得

$$b=aq_0+r_0,\ 且0\leq r_0<|a|,$$

则$a(q-q_0)=r_0-r$. 如果$q-q_0\neq 0$, 那么有

$$|r_0-r|=|a(q-q_0)|\geq|a|.$$

由此$r_0\geq|a|+r\geq|a|$, 或者$r\geq|a|+r_0\geq|a|$. 不论是哪一种情形, 都将导致矛盾. 从而, 必有$q-q_0=0$, 进而$r_0-r=0$. 即$q=q_0,\ r=r_0$. □

定理1中唯一确定的整数q和r分别被称之为a除b所得的**商**和**余数**.

例如, $a=-3,\ b=16$, 那么$q=-5,\ r=1$; $a=-3,\ b=-16$, 那么$q=6,\ r=2$.

对任给的整数$a,\ b$, 我们都可以根据带余除法判断a能否整除b. 事实上, 如果$a=0$, 那么a只能整除0; 如果$a\neq 0$, 那么$a|b$当且仅当a除b的余数$r=0$.

下面介绍整数的最大公因数的概念.

设$a,\ b$是两个整数. 称满足下列条件的整数d为a与b的一个**最大公因数**:

(1) $d|a$且$d|b$;

(2) 如果$c\in\mathbb{Z}$且$c|a,\ c|b$, 那么$c|d$.

一般地, 设$a_1,\ a_2,\ \cdots,\ a_n$是n个整数. 称满足下列条件的整数d为$a_1,\ a_2,\ \cdots,\ a_n$的一个**最大公因数**:

(1) $d|a_i,\ i=1,\ 2,\ \cdots,\ n$;

(2) 如果$c\in\mathbb{Z}$且$c|a_i,\ i=1,\ 2,\ \cdots,\ n$, 那么$c|d$.

关于最大公因数, 我们有

定理 2 设$a_1,a_2,\cdots,a_n\in\mathbb{Z}$,其中$n\geq 2$. 则

(1) $a_1,a_2,\cdots,a_n$的最大公因数必存在;

(2) 如果d是$a_1,\ a_2,\ \cdots,\ a_n$的一个最大公因数, 那么$-d$也是一个最大公因数;

(3) $a_1,\ a_2,\ \cdots,\ a_n$的任两个最大公因数最多相差一个符号.

证明 由最大公因数的定义和整除的基本性质, 结论(3)显然成立.

(1) 如果$a_1=a_2=\cdots=a_n=0$, 那么0显然是$a_1,a_2,\cdots,a_n$的最大公因数.

设$a_1,a_2,\cdots,a_n$不全为零. 我们考虑$\mathbb{Z}$的子集

$$I=\{t_1a_1+\cdots+t_na_n|t_i\in\mathbb{Z},\ 1\leq i\leq n\}.$$

显然I不是空集. 因为对任一i, 有

$$a_i=0\cdot a_1+\cdots+0\cdot a_{i-1}+1\cdot a_i+0\cdot a_{i+1}+\cdots+0\cdot a_n\in I.$$

因为$a_1,\ a_2,\ \cdots,\ a_n$不全为零, 所以I含有非零整数. 因此

$$I^+\triangleq\{s|s\in I且s>0\}$$

是正整数集的一个非空子集. 于是由最小数原理, I^+有一个最小数d. 下面证明d就是$a_1,a_2,\cdots,a_n$的一个最大公因数.

首先, 因为$d\in I^+$, 所以$d>0$并且d有形式

$$d=t_1a_1+\cdots+t_na_n,\ t_i\in\mathbb{Z}\,(1\leq i\leq n).$$

又由带余除法, 有

$$a_i=dq_i+r_i,\ 0\leq r_i<d,\ (1\leq i\leq n).$$

如果某一$r_i > 0$, 不妨设$r_1 > 0$, 那么

$$r_1 = a_1 - dq_1 = (1 - t_1q_1)a_1 - t_2q_1a_2 - \cdots - t_nq_1a_n \in I^+.$$

则$r_1 < d$与"d是I^+中的最小数"这一事实矛盾. 故对$1 \le i \le n$, 必有$r_i = 0$, 即$d|a_i$, $1 \le i \le n$.

其次, 如果$c \in \mathbb{Z}$且$c|a_i$, $1 \le i \le n$, 那么$c|(t_1a_1 + \cdots + t_na_n)$, 即$c|d$. 这就证明了$d$是$a_1, a_2, \cdots, a_n$的一个最大公因数.

(2) 由(1)显然可得. □

这个定理告诉我们, 任意n个整数的最大公因数一定存在, 并且在可以相差一个符号的意义下是唯一的. 我们把n个整数$a_1, a_2, \cdots, a_n$的非负最大公因数记作$(a_1, a_2, \cdots, a_n)$.

由定理2的证明, 我们还可以得出最大公因数的一个重要性质. 这就是

定理 3 设d是整数$a_1, a_2, \cdots, a_n$的一个最大公因数. 则存在整数$t_1, t_2, \cdots, t_n$, 使得

$$t_1a_1 + \cdots + t_na_n = d.$$

设a, b是两个整数. 如果$(a, b) = 1$, 则称a与b**互素**. 一般地, 设$a_1, a_2, \cdots, a_n$是n个整数. 如果$(a_1, a_2, \cdots, a_n) = 1$, 则称这$n$个整数$a_1, a_2, \cdots, a_n$**互素**. 例如6与7是一对互素的整数; 3, 8, 15是三个互素的整数.

由定理3, 我们有

定理 4 整数$a_1, a_2, \cdots, a_n$互素的充要条件是存在整数$t_1, t_2, \cdots, t_n$, 使得

$$t_1a_1 + t_2a_2 + \cdots + t_na_n = 1.$$

与最大公因数对偶的一个概念是最小公倍数.

设a, b是两个整数. 称整数m为a与b的一个**最小公倍数**, 如果:

(1) $a|m$且$b|m$;

(2) 如果$c \in \mathbb{Z}$且$a|c$, $b|c$, 那么$m|c$.

当a, b不全为零时, 有$(a, b) \ne 0$且$(a, b)|ab$. 此时我们可以证明$\dfrac{ab}{(a, b)}$是a与b的一个最小公倍数(请读者自己完成证明). 又, 由定义容易得到: 如果m是a与b的一个最小公倍数, 则$-m$也是a与b的一个最小公倍数, 而且a与b没有其他的最小公倍数. 我们以$[a, b]$表示a与b的那个唯一的非负最小公倍数. 显然, 我们有

$$[a, b](a, b) = |ab|.$$

最后介绍关于素数的一些简单性质.

称整数p为一个**素数**, 如果$p > 1$且其因数只有± 1和$\pm p$.

根据这个定义, 如果p是一个素数而a是任意一个整数, 那么$(a, p) = p$或者$(a, p) = 1$. 在前一情形, $p|a$; 在后一情形, $p \nmid a$.

另外, 每一个不等于0和± 1的整数一定可以被某一个素数整除. 事实上, 设$a \in \mathbb{Z}$, $a \ne 0$, $a \ne \pm 1$. 如果$|a|$就是一个素数, 这时自然有$|a| \mid a$; 如果$|a|$不是素数, 那么必有一个因数d使得$d > 1$且$d < |a|$. 如果d不是素数, 那么d又有一个因数d_1使得$1 < d_1 < d$. 自然d_1也是a的一个因数. 由自然数的最小数原理, 这个过程不能无限地进行下去. 因此最后一定有一个素数p且$p|a$.

下面的定理是素数的一个基本性质.

定理 5 一个素数如果整除a与b的乘积, 那么它至少整除a与b中的一个.

证明 设p是一个素数. 如果$p|ab$但$p \nmid a$, 那么由上面指出的素数的性质, 必定有$(p,\ a) = 1$. 于是由定理4, 存在整数s和t, 使得

$$sp + ta = 1.$$

把这个等式两端同乘以b可得

$$spb + tab = b.$$

上式左端第一项显然能被p整除; 又因为$p|ab$, 所以左端第二项也能被p整除. 于是p整除左端两项的和, 从而$p|b$. □

索引

(以下按汉语拼音字母顺序排列)

A

B

参考文献

[1] 杨子胥. 高等代数习题解. 山东: 山东科学技术出版社, 1991.
[2] 许以超. 线性代数与矩阵论. 北京：高等教育出版社, 1992.
[3] 丘维声. 高等代数(下册). 北京: 高等教育出版社, 1996.
[4] 姚慕生. 高等代数. 上海: 复旦大学出版社, 2002.
[5] 萧树铁, 居余马. 大学数学——代数与几何. 北京: 高等教育出版社, 2002.
[6] 北京大学数学系几何代数教研室前代数小组编(王萼芳, 石生明修订). 高等代数(第3版). 北京: 高等教育出版社, 2003.
[7] 张禾瑞, 郝鈵新. 高等代数(第4版). 北京: 高等教育出版社, 2005.
[8] 刘仲奎, 杨永保, 程辉等. 高等代数. 北京: 高等教育出版社, 2003.
[9] 郭聿琦, 岑嘉评, 徐贵桐. 线性代数导引. 北京: 科学出版社, 2003.
[10] 李慧陵. 线性代数. 北京: 高等教育出版社, 2004.
[11] A. И. 柯斯特利金. 基础代数(第2版)//代数学引论(第一卷). 张英伯译. 北京: 高等教育出版社, 2006.
[12] 孟道骥. 高等代数与解析几何(上下册). 北京: 科学出版社, 2007.
[13] 李尚志. 线性代数(数学专业用). 北京: 高等教育出版社, 2007.
[14] 陈维新. 线性代数(第2版), 北京: 科学出版社, 2007.
[15] David C. Lay. 线性代数及其应用(第3版修订版). 沈复兴等译. 北京: 人民邮电出版社, 2007.
[16] 陈志杰. 高等代数与解析几何(上下册). 北京: 高等教育出版社, 2006.
[17] 石赫. 机械化数学引论. 长沙: 湖南教育出版社, 1998.
[18] 关蔼雯. 吴方法系列讲座. 北京: 北京理工大学, 讲稿, 1990.

图书在版编目（CIP）数据

高等代数. 下册 / 李方等编著. —杭州：浙江大学出版社，2013. 3

ISBN 978-7-308-11265-9

Ⅰ. ①高… Ⅱ. ①李… Ⅲ. ①高等代数－高等学校－教材 Ⅳ. ①015

中国版本图书馆 CIP 数据核字（2013）第 042591 号

高等代数（下册）（第二版）

李　方　黄正达　温道伟　汪国军　编著

责任编辑　徐素君
封面设计　刘依群
出版发行　浙江大学出版社
（杭州市天目山路 148 号　邮政编码 310007）
（网址：http://www.zjupress.com）
排　　版　杭州中大图文设计有限公司
印　　刷　浙江省良渚印刷厂
开　　本　787mm×1092mm　1/16
印　　张　11
字　　数　262 千
版 印 次　2013 年 3 月第 1 版　2013 年 3 月第 1 次印刷
书　　号　ISBN 978-7-308-11265-9
定　　价　24.50 元